"十三五"职业教育规划教材

平法钢筋计算

主 编 金 燕

副主编 李菊芳 姜 威 辛翠香

编 写 李剑慧 李美玲

- 微信扫码关注，加入平法识图交流圈；
- 阅览钢筋排布图、现场图片、动画，以及相关课件、微课视频等；
- 使用平法识图题库（付费内容）。

微信扫码，获取本书以上配套资源

中国电力出版社

CHINA ELECTRIC POWER PRESS

内 容 提 要

本书根据 G101 和 G901 系列图集以及相关规范要求，详细介绍了如何识读平法施工图，对基础、柱、剪力墙、梁、板、板式楼梯等构件的识图和钢筋计算的步骤、方法和技巧进行了详细阐述，这些内容紧贴实际，反映产业技术升级，符合高职教育的人才培养目标。

本书充分展示"项目导向""任务驱动""工学结合"的特点。教学内容按照项目展开，对各种构件均安排实例操练，先识读图纸再计算钢筋，然后再通过框架结构和剪力墙结构的工程案例，计算完整的工程图纸的钢筋，使学生具有平法钢筋计算能力，为今后的职业生涯打下坚实的基础。

本书可作为土建类高职高专院校的专业课教材，也可供在职工程技术人员参考使用。

图书在版编目（CIP）数据

平法钢筋计算/金燕主编. —北京：中国电力出版社，2018.9（2020.1重印）

"十三五"职业教育规划教材

ISBN 978 - 7 - 5198 - 2276 - 7

Ⅰ.①平⋯　Ⅱ.①金⋯　Ⅲ.①钢筋混凝土结构－结构计算－高等职业教育－教材　Ⅳ.①TU375

中国版本图书馆 CIP 数据核字（2018）第 166541 号

出版发行：中国电力出版社

地　　址：北京市东城区北京站西街 19 号（邮政编码 100005）

网　　址：http://www.cepp.sgcc.com.cn

责任编辑：熊荣华（010 - 63412543　124372496@qq.com）

责任校对：黄　蓓　太兴华

装帧设计：赵姗姗

责任印制：吴　迪

印　　刷：北京雁林吉兆印刷有限公司

版　　次：2018 年 9 月第一版

印　　次：2020 年 1 月北京第二次印刷

开　　本：787 毫米×1092 毫米　16 开本

印　　张：14

字　　数：375 千字　　7 插页

定　　价：48.00 元

前　言

"建筑结构施工图平面整体设计方法"（简称平法）从 1996 年推出至今，已经经历了 20 多年的岁月，在建筑工程界产生了巨大影响，在教育界的影响也日益显现。为了满足社会对人才的需求，越来越多的高等职业院校以及本科院校开设了平法识图与钢筋计算课程。尤其是全国高等职业院校土建施工类专业学生建筑工程识图技能竞赛的举办，进一步推动了平法教学的开展。我们可喜地看到由此带来的社会效果是，高职毕业生越来越受到用人单位的欢迎。

正确识读建筑工程施工图并进行钢筋计算是土建类专业技术人员的技能之一，本书根据 G101 和 G901 系列图集以及相关规范要求，详细介绍了如何识读平法施工图，对不同构件平法识图和钢筋计算的步骤、方法和技巧进行了详细阐述，同时配有框架结构和剪力墙结构的工程案例，这些内容紧贴实际，反映产业技术升级要求，符合高职教育人才培养目标。

一、教材特色

1. 本书充分展示项目导向、任务驱动、工学结合的特色。教学内容按照项目展开，对各种构件均安排实操训练，即针对平法施工图，画出立面钢筋排布图和截面钢筋排布图，并计算钢筋工程量，让学生完成"工作任务（学业成果）"，达到实训目的，通过"理论—实操—再理论—再实操"的教学方式，使学生具有识图能力和钢筋计算能力。

2. 充分利用教材的封面 2 和封面 3，用彩色钢筋图片加说明展示钢筋构造，可以与教材和图集中的钢筋构造对照学习，使学生更容易理解，提高学习效率。

二、教学建议

1. 采用"三步教学法"：

第一步：首先利用教材和图集学习平法设计规则和构造详图；

第二步：利用教材中的例题练习计算钢筋；

第三步：利用工程案例施工图，计算钢筋工程量。

只有通过"三步教学法"，才能使学生的学习层层深入，透彻理解施工图，最终提高识图能力和钢筋计算能力。

2. 建议教师把当地实际工程图纸引进课堂，以图纸为主线开展教学活动，让学生熟悉当地图纸。当第一套图纸为框架结构、独立基础时，教材的项目排序作调整，按照独立基础、框架柱、非框架梁、框架梁、楼板……的顺序教学；第二套图纸就可选为剪力墙结构、筏板基础，再继续学习筏板基础、剪力墙，以工学结合的模式进行教学，提高学生的实际

技能。

三、其他

本书由烟台职业学院的金燕、李菊芳、姜威、李剑慧、李美玲，以及烟台大学的辛翠香等老师共同编写完成，此外刘爱华老师和徐春媛老师也参与了部分工作，在此表示感谢！

编者们一直在平法钢筋教学方面进行改革和探索，本教材的结构、内容、形式等方面都有大胆的创新，但难免有不足之处，欢迎广大师生和读者提出批评或改进意见。

本教材配有课件等资源，读者可以扫描下面二维码阅读、下载使用（部分资源需付费）。

编 者

2018 年 6 月

- 微信扫码关注，加入平法交流圈；
- 浏览钢筋排布图、现场图片及动画；
- 使用平法识图题库（付费内容）；
- 查看平法识图与钢筋计算相关课件；

微信扫码，获取本书以上配套资源

符 号 表

A_s	钢筋截面面积
a	钢筋最小净距，或柱、剪力墙在基础内的插筋弯钩直段长度
b	矩形截面宽度
b_w	剪力墙的墙宽
b_f	与 b_w 相垂直的相邻的墙宽
C	混凝土强度等级
c	混凝土保护层厚度
c_c	柱的混凝土保护层厚度
c_b	梁的混凝土保护层厚度
c_w	剪力墙混凝土保护层厚度
d	钢筋直径
d_c	柱纵筋直径
d_b	梁纵筋直径
h	矩形截面高度或板的厚度
h_b	梁截面高度
h_c	柱截面尺寸（圆柱为截面直径）
h_o	梁或柱的截面有效高度
H_n	所在楼层的柱净高
h_w	梁的腹板高度，当矩形截面时为梁全高
l	构件长度或悬挑梁净长
l_a	受拉钢筋锚固长度
l_{ab}	受拉钢筋基本锚固长度
l_{aE}	受拉钢筋抗震锚固长度
l_{abE}	受拉钢筋抗震基本锚固长度
l_l	受拉钢筋搭接长度
l_{lE}	受拉钢筋抗震搭接长度
l_n	梁的净跨
$m \times n$	矩形截面柱箍筋以 $m \times n$ 形式表示时，m 为 b 边宽度上的肢数，n 为 h 边宽度上的肢数
$m/n(k)$	梁横截面箍筋以 $m/n(k)$ 形式表示时，m 为梁上部第一排纵筋根数，n 为梁下部第一排纵筋根数，k 为梁箍筋肢数
s	钢筋间距
Δ	框架柱变截面时上柱截面缩进尺寸
ρ	钢筋配筋率

目　　录

项目 1　平法钢筋计算基本知识

1.1　混凝土结构的一般构造

1.1.1　钢筋的锚固长度

为了保证钢筋与混凝土共同受力，它们之间必须要有足够的黏结强度。为了保证黏结效果，钢筋在混凝土中要有足够的锚固长度。

我国的钢筋强度不断提高，结构形式的多样性也使锚固条件有了很大变化，根据近年来系统实验研究及可靠度分析的结果并参考国外标准，GB 50010—2010《混凝土结构设计规范》给出了受拉钢筋的基本锚固长度计算公式。

当计算中充分利用钢筋的抗拉强度时，受拉钢筋的基本锚固长度计算公式为：

$$l_{ab} = \alpha \frac{f_y}{f_t} d \tag{1-1}$$

当考虑工程中的具体情况时，受拉钢筋锚固长度应根据锚固条件按下式计算，且不应小于 200mm：

$$l_a = \zeta_a l_{ab} \tag{1-2}$$

抗震设计时，纵向受拉钢筋基本锚固长度计算公式为：

$$l_{abE} = \zeta_{aE} l_{ab} \tag{1-3}$$

纵向受拉钢筋抗震锚固长度计算公式为：

$$l_{aE} = \zeta_{aE} l_a \tag{1-4}$$

式中　l_{ab}——受拉钢筋基本锚固长度；

　　l_a——受拉钢筋锚固长度；

　　l_{abE}——抗震设计时受拉钢筋基本锚固长度；

　　l_{aE}——纵向受拉钢筋抗震锚固长度；

　　f_y——普通钢筋的抗拉强度设计值；

　　f_t——混凝土的轴心抗拉强度设计值，当混凝土强度等级大于 C60 时，按 C60 级取值；

　　d——锚固钢筋的公称直径；

　　α——锚固钢筋的外形系数；

　　ζ_a——锚固长度修正系数，按表 1-1 取用，当多于一项时，可按连乘计算，但不应小于 0.6；

　　ζ_{aE}——抗震锚固长度修正系数，对一、二级抗震等级取 1.15，对三级抗震等级取 1.05，对四级抗震等级取 1.00。

受拉钢筋基本锚固长度 l_{ab} 见表 1-2，抗震设计时受拉钢筋基本锚固长度 l_{abE} 见表 1-3，

受拉钢筋锚固长度 l_a 见表 1-4，纵向受拉钢筋抗震锚固长度 l_{aE} 见表 1-5。

表 1-1 受拉钢筋锚固长度修正系数 ζ_a

锚 固 条 件		ζ_a	备 注
带肋钢筋的公称直径大于 25		1.10	
环氧树脂涂层带肋钢筋		1.25	—
施工过程中易受扰动的钢筋		1.10	
锚固区保护层厚度	3d	0.80	锚固区保护层厚度值大于 3d 小于 5d 时，按内插法取值
	5d	0.70	

表 1-2 受拉钢筋基本锚固长度 l_{ab}

钢筋种类	混凝土强度等级								
	C20	C25	C30	C35	C40	C45	C50	C55	≥C60
HPB300	39d	34d	30d	28d	25d	24d	23d	22d	21d
HRB335、HRBF335	38d	33d	29d	27d	25d	23d	22d	21d	21d
HRB400、HRBF400、RRB400	—	40d	35d	32d	29d	28d	27d	26d	25d
HRB500、HRBF500	—	48d	43d	39d	36d	34d	32d	31d	30d

表 1-3 抗震设计时受拉钢筋基本锚固长度 l_{abE}

钢筋种类	抗震等级	混凝土强度等级								
		C20	C25	C30	C35	C40	C45	C50	C55	≥C60
HPB300	一、二级	45d	39d	35d	32d	29d	28d	26d	25d	24d
	三级	41d	36d	32d	29d	26d	25d	24d	23d	22d
HRB335 HRBF335	一、二级	44d	38d	33d	31d	29d	26d	25d	24d	24d
	三级	40d	35d	31d	28d	26d	24d	23d	22d	22d
HRB400 HRBF400	一、二级	—	46d	40d	37d	33d	32d	31d	30d	29d
	三级	—	42d	37d	34d	30d	29d	28d	27d	26d
HRB500 HRBF500	一、二级	—	55d	49d	45d	41d	39d	37d	36d	35d
	三级	—	50d	45d	41d	38d	36d	34d	33d	32d

注 1. 四级抗震时，$l_{abE} = l_{ab}$。

2. 当锚固钢筋的保护层厚度不大于 5d 时，锚固钢筋长度范围内应设置横向构造钢筋，其直径不应小于 $d/4$（d 为锚固钢筋的最大直径）；对梁、柱等构件间距不应大于 5d，对板、墙等构件间距不应大于 10d，且均不应大于 100mm（d 为锚固钢筋的最小直径）。

表 1-4 受拉钢筋锚固长度 l_a

钢筋种类	混凝土强度等级							
	C20	C25		C30		C35		C40
	$d \leqslant 25$	$d \leqslant 25$	$d > 25$	$d \leqslant 25$	$d > 25$	$d \leqslant 25$	$d > 25$	$d \leqslant 25$	$d > 25$
HPB300	39d	34d	—	30d	—	28d	—	25d	—

续表

钢筋种类	混凝土强度等级								
	C20	C25		C30		C35		C40	
	$d\leq25$	$d\leq25$	$d>25$	$d\leq25$	$d>25$	$d\leq25$	$d>25$	$d\leq25$	$d>25$
HRB335、HRBF335	$38d$	$33d$	—	$29d$	—	$27d$	—	$25d$	—
HRB400、HRBF400、RRB400	—	$40d$	$44d$	$35d$	$39d$	$32d$	$35d$	$29d$	$32d$
HRB500、HRBF500	—	$48d$	$53d$	$43d$	$47d$	$39d$	$43d$	$36d$	$40d$

注　混凝土强度等级≥C50 所对应的受拉钢筋锚固长度 l_a 见图集。

表 1-5　　　　　　　　　　　　**受拉钢筋抗震锚固长度 l_{aE}**

钢筋种类	抗震等级	混凝土强度等级								
		C20	C25		C30		C35		C40	
		$d\leq25$	$d\leq25$	$d>25$	$d\leq25$	$d>25$	$d\leq25$	$d>25$	$d\leq25$	$d>25$
HPB300	一、二级	$45d$	$39d$		$35d$	—	$32d$	—	$29d$	—
	三级	$41d$	$36d$		$32d$		$29d$		$26d$	
HRB335 HRBF335	一、二级	$44d$	$38d$		$33d$		$31d$		$29d$	
	三级	$40d$	$35d$		$30d$		$28d$		$26d$	
HRB400 HRBF400	一、二级	—	$46d$	$51d$	$40d$	$45d$	$37d$	$40d$	$33d$	$37d$
	三级	—	$42d$	$46d$	$37d$	$41d$	$34d$	$37d$	$30d$	$34d$
HRB500 HRBF500	一、二级	—	$55d$	$61d$	$49d$	$54d$	$45d$	$49d$	$41d$	$46d$
	三级	—	$50d$	$56d$	$45d$	$49d$	$41d$	$45d$	$38d$	$42d$

注　1. 当为环氧树脂涂层带肋钢筋时，表中数据尚应乘以 1.25。

2. 当纵向受拉钢筋在施工过程中易受扰动时，表中数据尚应乘以 1.1。

3. 当锚固长度范围内纵向受拉钢筋周边保护层厚度为 $3d$、$5d$（d 为锚固钢筋的直径）时，表中数据可分别乘以 0.8、0.7；中间按内插值。

4. 当纵向受拉普通钢筋锚固长度修正系数（注 1～注 3）多于一项时，可按连乘计算。

5. 受拉钢筋的锚固长度 l_a、l_{aE} 计算值不应小于 200mm。

6. 四级抗震等级时，$l_{aE}=l_a$。

7. 当锚固钢筋的保护层厚度不大于 $5d$ 时，锚固长度范围内应设置横向构造钢筋，其直径不应小于 $d/4$（d 为锚固钢筋的最大直径）；对梁、柱等构件间距不应大于 $5d$，对板、墙等构件间距不应大于 $10d$，且均不应大于 100mm（d 为锚固钢筋的最小直径）。

8. 混凝土强度等级≥C50 所对应的受拉钢筋抗震锚固长度 l_{aE} 见图集。

1.1.2　钢筋的连接构造

在施工过程中，当构件的钢筋不够长（钢筋定长一般为 9m 时），钢筋需要连接。钢筋连接可采用绑扎搭接、机械连接或焊接连接。混凝土结构中受力钢筋的连接接头宜设置在受力较小处，在同一根受力钢筋上宜少设接头，在结构的重要构件和关键传力部位，纵向受力钢筋不宜设置连接接头。

同一构件相邻纵向受力钢筋的绑扎搭接、机械连接、焊接接头构造见图 1-1。图中 d 为相互连接两根钢筋中较小直径；当同一构件同一截面有不同钢筋直径时，取较大直径计算连接区段长度。

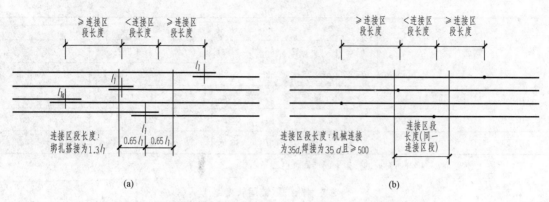

注：1.考虑抗震时绑扎搭接长度取 l_{lE}；
　　2.d 为相互连接钢筋的较小直径，当同一构件连接区段长度不同时，取大值；
　　3.当受拉钢筋直径>25mm及受压钢筋直径>28mm时，不宜采用绑扎搭接。

图1-1　同一连接区段内纵向受拉钢筋连接接头构造

纵向受拉钢筋绑扎搭接接头的搭接长度，应根据位于同一连接区段内的钢筋搭接接头面积百分率按下列公式计算，且不应小于300mm。

$$l_l = \zeta_l l_a \tag{1-5}$$

纵向受拉钢筋绑扎搭接接头的抗震搭接长度按下列公式计算：

$$l_{lE} = \zeta_l l_{aE} \tag{1-6}$$

式中　ζ_l——纵向受拉钢筋搭接长度修正系数，按表1-6取值；

　　　l_l——纵向受拉钢筋搭接长度，见表1-7；

　　　l_{lE}——纵向受拉钢筋抗震搭接长度，见表1-8。

表1-6　　　　　　　　　　纵向受拉钢筋搭接长度修正系数

纵向钢筋搭接接头面积百分率（%）	≤25	50	100	注：当纵向钢筋搭接接头面积百分率为表中的中间值时，ζ_l可按内插取值
ζ_l	1.2	1.4	1.6	

表1-7　　　　　　　　　　纵向受拉钢筋搭接长度 l_l

钢筋种类及同一区段内搭接钢筋面积百分率		混凝土强度等级								
		C20	C25		C30		C35		C40	
		$d{\leq}25$	$d{\leq}25$	$d{>}25$	$d{\leq}25$	$d{>}25$	$d{\leq}25$	$d{>}25$	$d{\leq}25$	$d{>}25$
HPB300	≤25%	47d	41d	—	36d	—	34d	—	30d	—
	50%	55d	48d	—	42d	—	39d	—	35d	—
	100%	62d	54d	—	48d	—	45d	—	40d	—
HRB335 HRBF335	≤25%	46d	40d	—	35d	—	32d	—	30d	—
	50%	53d	46d	—	41d	—	38d	—	35d	—
	100%	61d	53d	—	46d	—	43d	—	40d	—

续表

钢筋种类及同一区段内搭接钢筋面积百分率		混凝土强度等级								
		C20	C25		C30		C35		C40	
		$d\leqslant25$	$d\leqslant25$	$d>25$	$d\leqslant25$	$d>25$	$d\leqslant25$	$d>25$	$d\leqslant25$	$d>25$
HRB400 HRBF400	≤25%	—	48d	53d	42d	47d	38d	42d	35d	38d
	50%	—	56d	62d	49d	55d	45d	49d	41d	45d
	100%	—	64d	70d	56d	62d	51d	56d	46d	51d
HRB500 HRBF500	≤25%	—	58d	64d	52d	56d	47d	52d	43d	48d
	50%	—	67d	74d	60d	66d	55d	60d	50d	56d
	100%	—	77d	85d	69d	75d	62d	69d	58d	64d

注　1. 表中数值为纵向受拉钢筋绑扎搭接接头的搭接长度。
　　2. 两根不同直径钢筋搭接时，表中 d 取较细钢筋直径。
　　3. 当为环氧树脂涂层带肋钢筋时，表中数据尚应乘以 1.25。
　　4. 当纵向受拉钢筋在施工过程中易受扰动时，表中数据尚应乘以 1.1。
　　5. 当搭接长度范围内纵向受力钢筋周边保护层厚度为 3d、5d（d 为搭接钢筋的直径）时，表中数据可分别乘以 0.8、0.7；中间按内插值。
　　6. 当上述修正系数（注 3～注 5）多于一项时，可按连乘计算。
　　7. 任何情况下搭接长度不应小于 300。
　　8. 混凝土强度等级≥C50 所对应的纵向受拉钢筋搭接长度 l_l 见图集。

表 1-8　　　　　　　　**纵向受拉钢筋抗震搭接长度 l_{lE}**

钢筋种类及同一区段内搭接钢筋面积百分率			混凝土强度等级								
			C20	C25		C30		C35		C40	
			$d\leqslant25$	$d\leqslant25$	$d>25$	$d\leqslant25$	$d>25$	$d\leqslant25$	$d>25$	$d\leqslant25$	$d>25$
一、二级抗震等级	HPB300	≤25%	54d	47d	—	42d	—	38d	—	35d	—
		50%	63d	55d	—	49d	—	45d	—	41d	—
	HRB335 HRBF335	≤25%	53d	46d	—	40d	—	37d	—	35d	—
		50%	62d	53d	—	46d	—	43d	—	41d	—
	HRB400 HRBF400	≤25%	—	55d	61d	48d	54d	44d	48d	40d	44d
		50%	—	64d	71d	56d	63d	52d	65d	46d	52d
	HRB500 HRBF500	≤25%	—	66d	73d	59d	65d	54d	59d	49d	55d
		50%	—	77d	85d	69d	76d	63d	69d	57d	64d
三级抗震等级	HPB300	≤25%	49d	43d	—	38d	—	35d	—	31d	—
		50%	57d	50d	—	45d	—	41d	—	36d	—
	HRB335 HRBF335	≤25%	48d	42d	—	36d	—	34d	—	31d	—
		50%	56d	49d	—	42d	—	39d	—	36d	—
	HRB400 HRBF400	≤25%	—	50d	55d	44d	49d	41d	44d	36d	41d
		50%	—	59d	64d	52d	57d	48d	52d	42d	48d

钢筋种类及同一区段内搭接钢筋面积百分率			混凝土强度等级								
			C20	C25		C30		C35		C40	
			$d{\leqslant}25$	$d{\leqslant}25$	$d{>}25$	$d{\leqslant}25$	$d{>}25$	$d{\leqslant}25$	$d{>}25$	$d{\leqslant}25$	$d{>}25$
三级抗震等级	HRB500 HRBF500	${\leqslant}25\%$	—	$60d$	$67d$	$54d$	$59d$	$49d$	$54d$	$46d$	$50d$
		50%	—	$70d$	$78d$	$63d$	$69d$	$57d$	$63d$	$53d$	$59d$

注 1. 表中数值为纵向受拉钢筋绑扎搭接接头的搭接长度。

2. 两根不同直径钢筋搭接时，表中 d 取较细钢筋直径。

3. 当为环氧树脂涂层带肋钢筋时，表中数据尚应乘以 1.25。

4. 当纵向受拉钢筋在施工过程中易受扰动时，表中数据尚应乘以 1.1。

5. 当搭接长度范围内纵向受力钢筋周边保护层厚度为 $3d$、$5d$（d 为搭接钢筋的直径）时，表中数据可分别乘以 0.8、0.7；中间按内插值。

6. 当上述修正系数（注 3～注 5）多于一项时，可按连乘计算。

7. 任何情况下搭接长度不应小于 300。

8. 四级抗震等级时，$l_{lE}=l_l$。

9. 混凝土强度等级≥C50 所对应的纵向受拉钢筋搭接长度 l_{lE} 见图集。

1.1.3　混凝土结构的环境类别

混凝土结构应根据设计使用年限和环境类别进行耐久性设计，混凝土结构的耐久性与环境类别有很大关系，GB 50010—2010《混凝土结构设计规范》对混凝土结构环境类别规定见表 1-9。

表 1-9　混凝土结构的环境类别

环境类别	条件
一	室内干燥环境； 无侵蚀性静水浸没环境
二 a	室内潮湿环境； 非严寒和非寒冷地区的露天环境； 非严寒和非寒冷地区与无侵蚀性的水或土壤直接接触的环境； 严寒和寒冷地区的冰冻线以下与无侵蚀性的水或土壤直接接触的环境
二 b	干湿交替环境； 水位频繁变动环境； 严寒和寒冷地区的露天环境； 严寒和寒冷地区的冰冻线以上与无侵蚀性的水或土壤直接接触的环境
三 a	严寒和寒冷地区冬季水位变动区环境； 受除冰盐影响环境； 海风环境
三 b	盐渍土环境； 受除冰盐作用环境； 海岸环境
四	海水环境

续表

环境类别	条件
五	受人为或自然的侵蚀性物质影响的环境

注 1. 室内潮湿环境是指构件表面经常结露或湿润状态的环境。

2. 严寒和寒冷地区的划分应符合国家现行标准《民用建筑热工设计工程》（GB 50176）的有关规定。

3. 海岸环境和海风环境宜根据当地情况，考虑主导风向及结构所处迎风、背风部位等因素的影响，由调查研究和工作经验确定。

4. 受除冰盐影响环境是指受到除冰盐盐雾的影响环境；受除冰盐作用环境是指被除冰盐溶液溅射的环境以及使用除冰盐地区的洗车房、停车楼等建筑。

5. 暴露的环境是指混凝土结构表面所处的环境。

1.1.4 混凝土保护层厚度

为了保护钢筋在混凝土内部不被侵蚀，并保证钢筋与混凝土之间的黏结力，钢筋混凝土构件都必须设置一定的保护层厚度。GB 50010—2010《混凝土结构设计规范》对混凝土保护层最小厚度的规定见表 1-10。

表 1-10　　　　　　　　　混凝土保护层的最小厚度 c 　　　　　　　　　mm

环 境 类 别	板、墙、壳	梁、柱、杆
一	15	20
二 a	20	25
二 b	25	35
三 a	30	40
三 b	40	50

注 1. 表中混凝土保护层厚度指最外层钢筋外边缘至混凝土表面的距离，适用于设计使用年限为 50 年的混凝土结构。

2. 构件中受力钢筋的保护层厚度不应小于钢筋的公称直径 d。

3. 设计使用年限为 100 年的混凝土结构，一类环境中，最外层钢筋的保护层厚度不应小于表中数值的 1.4 倍；二、三类环境中，应采取专门的有效措施。

4. 混凝土强度等级不大于 C25 时，表中保护层厚度应增加 5mm。

5. 基础底面钢筋的保护层厚度，有混凝土垫层时应从垫层顶面算起不应小于 40mm。

2010 年版《混凝土结构设计规范》对钢筋的混凝土保护层厚度定义为最外层钢筋（包括箍筋、构造筋、分布筋）外边缘至混凝土表面的距离，见图 1-2，因此 2010 年版规范中的混凝土保护层厚度比 2002 年版规范有所加大。另外，2010 年版规范对混凝土保护层厚度取值进行了简化，根据混凝土碳化反应的差异和构件的重要性，按平面构件（板、墙、壳）及杆状构件（梁、柱、杆）分两类确定保护层厚度，表 1-7 中不再列入混凝土强度等级的影响，C30 及以上统一取值，C25 及以下为表中数值再增加 5mm。

1.1.5 钢筋的一般构造

1. 钢筋间距要求

为了使纵向受拉钢筋保证"足强度"，实现混凝土对钢筋的完全锚固，必须保证各钢筋之间的净距在合理的范围内，见图 1-2。

（1）梁纵向钢筋间距。

当排布梁的纵向钢筋时，必须考虑钢筋根数和间距。梁上部纵向钢筋水平方向的净间距

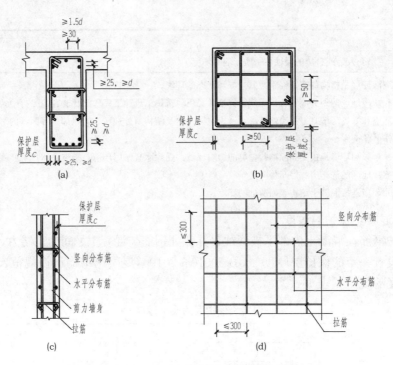

图 1-2　混凝土保护层及纵筋间距

（a）梁截面；（b）柱截面；（c）剪力墙截面；（d）剪力墙钢筋立面

（钢筋外边缘之间的最小距离）不应小于 30mm 和 1.5d（d 为钢筋的最大直径）；下部纵向钢筋水平方向的净间距不应小于 25mm 和 d。梁的下部纵向钢筋配置多于两排时，两排以上钢筋水平方向的中距应比下面两排的中距增大一倍。各排钢筋之间的净间距不应小于 25mm 和 d，见图 1-2（a）。

（2）柱纵向钢筋间距。

柱内纵向受力钢筋的净间距不应小于 50mm，中心距不应大于 300mm；抗震且截面尺寸大于 400mm 的柱，其中心距不宜大于 200mm，见图 1-2（b）。

（3）剪力墙分布筋间距。

剪力墙水平分布筋和竖向分布筋间距（中心距）不宜大于 300mm，见图 1-2（d）。

2. 箍筋和拉筋的弯钩构造

箍筋和拉筋弯钩构造见图 1-3。除焊接封闭环式箍筋外，箍筋的末端均应做弯钩，弯钩形式应符合设计要求，当无设计要求时，应符合下列规定：

（1）箍筋弯钩的弯弧内直径不应小于钢筋直径的 4 倍，且不应小于纵向受力钢筋直径。

（2）箍筋弯钩的弯折角度为 135°。

（3）箍筋弯钩弯后的平直段长度，当构件抗震或受扭时，不应小于 10d 和 75mm 中的较大值；当构件非抗震时，不应小于 5d。

（4）拉筋弯钩构造与箍筋相同。

3. 纵向受拉钢筋机械锚固构造

在工程中，当钢筋由于受限制而不能满足锚固长度要求时，可以采用纵向钢筋弯钩或机械锚固措施，16G101-1 图集第 59 页给出了六种锚固形式，这里只介绍其中的三种：①末

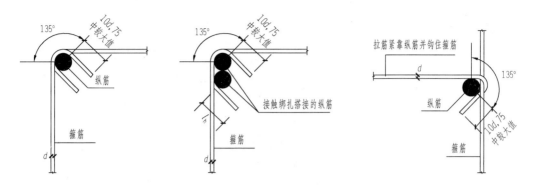

注：非框架梁以及不考虑地震作用的悬挑梁，箍筋及拉筋
弯钩平直段长度可为5d，当其受扭时，应为10d。

图 1-3 箍筋和拉筋弯钩构造

端带 135°弯钩，见图 1-4；②末端与钢板穿孔塞焊，见图 1-5；③末端与短钢筋双面贴焊，
见图 1-6。

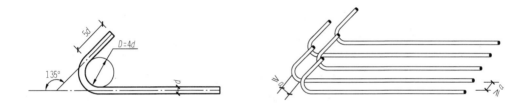

注：a为钢筋最小净距。

图 1-4 钢筋末端带 135°弯钩机械锚固构造

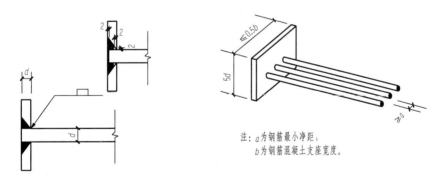

注：a为钢筋最小净距；
b为钢筋混凝土支座宽度。

图 1-5 钢筋末端与钢板穿孔塞焊机械锚固构造

✎ 特别提示

当纵向受拉普通钢筋末端采用弯钩或机械锚固措施时，包括弯钩或锚固端头在内的锚
固长度（投影长度），可取基本锚固长度的60%。

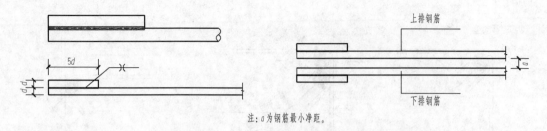

注：a 为钢筋最小净距。

图 1-6　钢筋末端与短钢筋双面贴焊机械锚固构造

1.2　钢筋长度计算概述

"钢筋计算"是指依据工程施工图，按照各构件中钢筋的标注，结合构件的特点和钢筋所在的部位，计算钢筋的根数和长度，再合计得到钢筋的总重量。"钢筋计算长度"包括"钢筋造价长度"和"钢筋下料长度"。"钢筋造价长度"计算相对于"钢筋下料长度"计算要粗，或者说可以简化计算，偏于安全取值，本书主要学习和讨论平法钢筋造价长度计算。

本书平法钢筋计算，依据目前执行的平法图集 16G101 中钢筋构造要求进行计算，如果平法图集发生变化，本书的钢筋计算内容也要相应调整。

1.2.1　钢筋造价长度与下料长度

结构施工图中所标注的钢筋尺寸，是指加工后的钢筋外轮廓尺寸，称为钢筋的外包尺寸（外皮尺寸），即钢筋造价尺寸，见图 1-7。在钢筋弯折处，沿着钢筋内侧衡量的尺寸，称为钢筋的内包尺寸（内皮尺寸）。

由于结构受力上的需要，大多数钢筋需要在规定的位置弯曲。钢筋弯曲时，其外壁伸长，内壁缩短，而中心线长度不变，前面提到的钢筋下料长度就是指钢筋中心线的长度，见图 1-7。

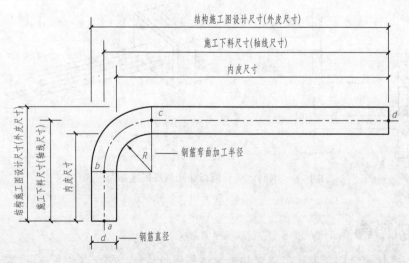

图 1-7　钢筋各种尺寸示意图

1.2.2 钢筋弯钩增加值

为了增加钢筋与混凝土之间的黏结力，钢筋弯折后还要有一定的锚固长度，此段长度再考虑量度差值后称为弯钩增加值。这里只讨论钢筋弯钩 180° 和 135° 后的增加值。

1. 钢筋 180° 弯钩增加值

由于 HPB300 级钢筋（光圆钢筋）在混凝土内与混凝土的握裹力不及带肋钢筋，所以光圆钢筋末端要带 180° 的弯钩，再加平直段 $3d$。

HPB300 级钢筋（光圆钢筋）作为受力筋时，末端做 180° 弯钩，平直段长度取 $3d$，见图 1-8。

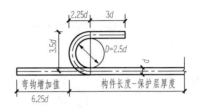

图 1-8 钢筋 180° 弯钩增加值

弯钩全长＝半圆长＋平直段长＝$3.5d \times \pi / 2 + 3d = 8.5d$

弯钩增加值（包括量度差值）＝$8.5d - 2.25d = 6.25d$

这就是大家所熟悉的光圆钢筋末端做 180° 时弯钩增加值 $6.25d$。

2. 钢筋 135° 弯钩增加值

柱、梁、剪力墙构件均配有箍筋和拉筋（单肢箍），一般情况下，箍筋和拉筋的末端要做 135° 弯钩，再加平直段。

GB 506666—2011《混凝土结构工程施工规范》的第 5.3.4 条规定：钢筋弯折的弯弧内直径应符合下列规定：

（1）光圆钢筋，不应小于钢筋直径的 2.5 倍；

（2）335MPa 级、400MPa 级带肋钢筋，不应小于钢筋直径的 4 倍；

（3）箍筋弯折处尚不应小于纵向受力钢筋直径；箍筋弯折处纵向受力钢筋为搭接钢筋或并筋时，应按钢筋实际排布情况确定箍筋弯弧内直径。

第 5.3.6 条规定：箍筋、拉筋的末端应按设计要求作弯钩，并应符合下列规定：

（1）对一般结构构件，箍筋弯钩的弯折角度不应小于 90°，弯折后平直段长度不应小于箍筋直径的 5 倍；对有抗震设防要求或设计有专门要求的结构构件，箍筋弯钩的弯折角度不应小于 135°，弯折后平直段长度不应小于箍筋直径的 10 倍和 75mm 两者中的较大者。

（2）拉筋用作梁、柱复合箍筋中单肢箍筋或梁腰筋间拉结筋时，两端弯钩的弯折角度均不应小于 135°，弯折后平直段长度应符合本条第 1 款对箍筋的有关规定；拉筋用作剪力墙、楼板等构件中拉结筋时，两端弯钩可采用一端 135°，另一端 90°，弯折后平直段长度不应小于拉筋直径的 5 倍。

现依据 GB 506666—2011《混凝土结构工程施工规范》的规定，考虑到目前 HRB400 级钢筋用作箍筋的情况越来越普遍，故钢筋弯折的弯弧内直径取 4 倍的箍筋直径，即 $D = 4d$，以此推导考虑抗震时钢筋弯钩 135° 弯钩增加值，见图 1-9。

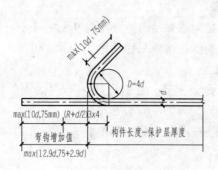

图 1-9　钢筋 135°弯钩增加值

　　由此看来，很多书中箍筋弯钩 135°弯弧内直径用 $D=2.5d$ 计算，弯钩量度差值为 $1.87d$ $(1.9d)$，所得的公式 $L=2b+2h-8c+2\max$ $(11.9d,75+1.9d)$，这是错误的。

　　例如：箍筋 $d=8$mm 时，$D=2.5×8=20$mm，如果主筋 $d\geqslant22$mm，就不满足"箍筋弯折处尚不应小于纵向受力钢筋直径"的要求，即施工时主筋套不进箍筋里。

　　弯钩增加值（包括量度差值）$=(R+d/2)×3\pi/4+\max\{10d,75\}-(R+d)$

　　弯弧内直径 $D=4d$，即 $R=2d$，则

$$\begin{aligned}弯钩增加值&=(R+d/2)×3\pi/4+\max\{10d,75\}-(R+d)\\&=(2d+0.5d)×3\pi/4-(2d+d)+\max\{10d,75\}\\&=2.9d+\max\{10d,75\}\\&=\max\{12.9d,75+2.9d\}\end{aligned}$$

　　不同情况下，钢筋 135°弯钩增加值见表 1-11。

表 1-11　　　　　　　　　　　　　钢筋 135°弯钩增加值

钢筋用途	适用范围	平直段长度	弯钩增加值
1. 柱、梁的箍筋； 2. 柱、梁复合箍筋中单肢箍 　 或梁腰筋间的拉筋。	受扭	$10d$	$12.9d$
	抗震	$\max\{10d,75\}$	$\max\{12.9d,75+2.9d\}$
	非抗震	$5d$	$7.9d$
剪力墙、楼板等构件的拉筋		$5d$	$7.9d$

项目2 基础平法钢筋计算

🔦 看一看、想一想

图2-1和图2-2是独立基础和梁板式筏形基础的施工现场照片，请仔细观察钢筋的位置和形状，你能说出这里有几种钢筋吗？除钢筋以外你还看见了什么？

图2-1 独立基础钢筋

图2-2 梁板式筏形基础钢筋

2.1 独立基础平法设计规则

2.1.1 独立基础编号

独立基础是指钢筋混凝土柱下单独基础，是柱子基础的主要形式，可分为普通独立基础和杯口独立基础，按其截面形状又可分为阶形独立基础和坡形独立基础。对独立基础要按表2-1规定进行编号。

表 2-1 独 立 基 础 编 号

类 型	基础底板截面形状	代 号	序 号
普通独立基础	阶形	DJ_J	××
	坡形	DJ_P	××
杯口独立基础	阶形	BJ_J	××
	坡形	BJ_P	××

2.1.2 普通独立基础的平面注写方式

普通独立基础平法施工图有平面注写和截面注写两种，本书只介绍平面注写方式。

普通独立基础的平面注写方式是指直接在独立基础平面布置图上进行数据项的标注，可分为集中标注和原位标注两部分，见图2-3。

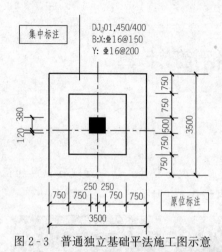

图 2 - 3　普通独立基础平法施工图示意

1. 集中标注

集中标注是在基础平面布置图上集中引注："基础编号、截面竖向尺寸、配筋"三项必注内容，以及基础底面标高（与基础底面基准标高不同时）和必要的文字注解两项选注内容。

普通独立基础集中标注规定如下：

（1）独立基础编号（必注内容）：独立基础编号见表 2 - 1，如阶形普通独立基础表示为 $DJ_J \times \times$；坡形普通独立基础表示为 $DJ_P \times \times$。

（2）独立基础截面竖向尺寸（必注内容）：普通独立基础截面竖向尺寸注写 $h_1/h_2/\cdots$，要求从下往上表示每个台阶的高度。

【例 2 - 1】　当阶形普通独立基础 DJ_J 的竖向尺寸注写为 200/200 时，表示 $h_1 = 200mm$、$h_2 = 200mm$，基础底板厚度为 400mm；当竖向尺寸注写为 400/300/300 时，表示 $h_1 = 400mm$、$h_2 = 300mm$、$h_3 = 300mm$，基础底板总厚度为 1000mm，见图 2 - 4（a）。

【例 2 - 2】　坡形普通独立基础 DJ_P 的竖向尺寸注写为 350/300 时，表示 $h_1 = 350mm$、$h_2 = 300mm$，基础底板厚度为 650mm，见图 2 - 4（b）。

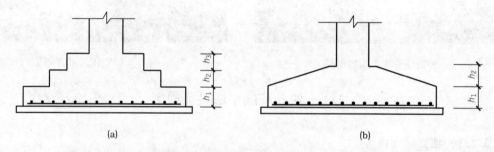

图 2 - 4　普通独立基础竖向尺寸示意
(a) 阶形普通独立基础；(b) 坡形普通独立基础

（3）独立基础配筋（必注内容）：独立基础主要注写底板双向配筋，注写要求规定如下：

1）以 B 代表独立基础底板的底部配筋；

2）X 向配筋以 X 打头、Y 向配筋以 Y 打头注写；当两向配筋相同时，则以 X&Y 打头注写。

【例 2 - 3】　独立基础底板配筋标注为"B：X Φ 16@150，Y：Φ 16@200"时，表示基础底部配置 HRB400 级钢筋，X 向钢筋直径为 16mm，间距 150mm，Y 向钢筋直径为 16mm，间距 200mm，见图 2 - 3。

 特 别 提 示

G101 系列图集规定：以 B（Bottom）代表下部，T（Top）代表上部，B、T 分别代表下部与上部，X 向贯通纵筋以 X 打头，Y 向贯通纵筋以 Y 打头，两向贯通纵筋配置相同时以 X&Y 打头。

（4）注写基础底面标高（选注内容）：当独立基础底面标高与基础底面基准标高不同时，

应将独立基础底面标高注写在括号内。

2．原位标注

原位标注是指在基础平面布置图上标注独立基础的平面尺寸。

普通独立基础往往采用集中标注和原位标注综合表示。

2.1.3　双柱普通独立基础的平面注写方式

双柱普通独立基础的编号、几何尺寸和配筋标注方式与单柱独立基础相同。当为双柱独立基础且柱距较小时，通常仅配置基础底部钢筋；当柱距较大时，除基础底部配筋外，尚需在两柱之间配置基础顶部钢筋或设置基础梁。

1．基础顶部配筋的双柱独立基础

双柱独立基础顶部钢筋注写为 T：×℮××@×××/ϕ×@×××。

【例 2-4】 "T：11 ℮ 18@100/ϕ 10@200"表示基础顶部配置纵向受力钢筋 HRB400 级，直径为 18mm 共设置 11 根，间距 100mm；分布筋为 HPB300 级，直径为 10mm，间距 200mm，见图 2-5。

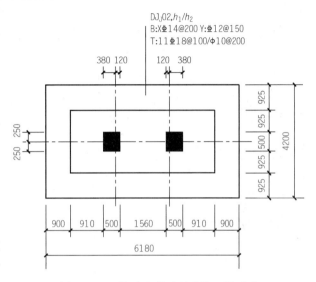

图 2-5　双柱独立基础平法施工图示意

2．基础顶部设置基础梁的双柱独立基础

双柱独立基础设有基础梁时，注写基础梁的编号、几何尺寸和配筋。如 JL×× （1）表示该基础梁为 1 跨，两端无外伸；JL×× （1A）表示该基础梁为 1 跨，一端有外伸；JL×× （1B）表示该基础梁为 1 跨，两端有外伸。

【例 2-5】 JL01 （1B）表示 1 号基础梁为 1 跨，两端有外伸；几何尺寸为 600×1000；箍筋为 ϕ 10@150 （4）；下部钢筋为 6 ℮ 25；上部钢筋为 6 ℮ 22；纵向构造钢筋为 4 ℮ 12，见图 2-6。

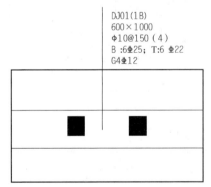

图 2-6　双柱独立基础的基础梁配筋注写示意

2.2　独立基础底板钢筋构造

2.2.1　普通独立基础底板钢筋构造

普通独立基础底板钢筋构造分为一般构造和长度减短 10% 构造。

1．独立基础底板配筋一般构造

独立基础底板双向均要配置钢筋，见图 2-7 （a），要点为：

（1）独立基础底板双向交叉钢筋长向钢筋在下，短向钢筋在上，这与楼层双向板钢筋配置正好相反。

(2) 基础底板第一根钢筋距构件边缘的起步距离为不大于 75mm 且不大于 $s/2$（s 为钢筋间距），即 $\min(75,\ s/2)$。

2. 独立基础底板配筋长度减短 10％构造

当独立基础底板长度≥2500mm 时，采用钢筋长度减短 10％构造，见图 2-7 (b)，要点为：

(1) 最外侧四周的钢筋（四根）不缩减，其他底板钢筋长度可取相应方向底板长度的 0.9 倍。

(2) 0.9 倍底板长度的钢筋交错布置。

当非对称独立基础底板长度≥2500mm，但该基础某侧从柱中心至基础底板边缘距离＜1250mm 时，钢筋在该侧不应减短。

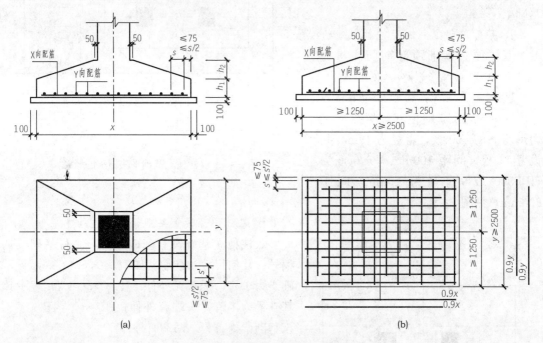

图 2-7　独立基础底板配筋构造
(a) 一般构造；(b) 长度减短 10％构造

2.2.2　双柱普通独立基础底板钢筋构造

1. 双柱普通独立基础配筋构造见图 2-8，要点为：

(1) 双柱普通独立基础底部双向交叉钢筋，根据基础两个方向从柱外缘至基础外缘的伸出长度 ex 和 ey 的大小，较大者方向的钢筋在下，较小者方向的钢筋在上。

(2) 顶部配筋的双柱普通独立基础，其上部纵向钢筋（顶部柱间纵向钢筋）位于上部上排，并伸入柱内缘线 l_a；分布钢筋位于上部下排。

2. 设置基础梁的双柱普通独立基础配筋构造见图 2-9，要点为：

(1) 双柱独立基础底部短向受力钢筋要放在基础梁纵筋之下，与基础梁箍筋的下水平段位于同一层面；基础底板分布钢筋位于短向受力钢筋之上。

（2）基础梁顶部和底部纵筋伸至端部后弯折 $12d$。

（3）当基础梁设有侧面钢筋时，在梁的腹板高度 h_w 范围内设置，并要求侧面钢筋间距 $a \leqslant 200\text{mm}$。

（4）梁侧面钢筋的拉筋直径除注明外均为 8mm，间距为箍筋间距的 2 倍。当设有多排拉筋时，上下两排拉筋竖向错开设置。

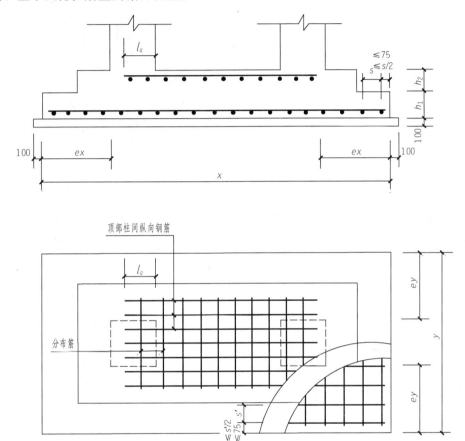

图 2-8 顶部配筋的双柱普通独立基础配筋构造

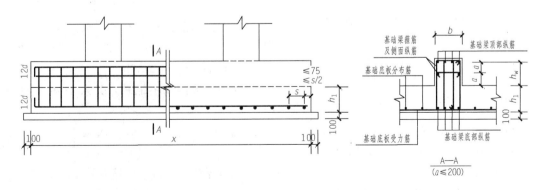

图 2-9 设置基础梁的双柱普通独立基础配筋构造（1）

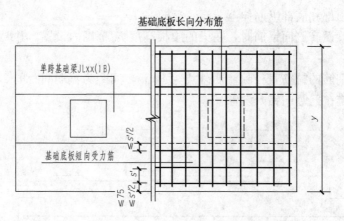

图 2-9　设置基础梁的双柱普通独立基础配筋构造（2）

2.3　独立基础钢筋计算操练

2.3.1　单柱普通独立基础钢筋计算操练

【例 2-6】　图 2-10 是一阶形单柱普通独立基础施工图，要求计算此基础的钢筋工程量。

解　基础底面钢筋保护层厚度为 40mm，钢筋单位理论重量查附表，Φ14 钢筋为 1.208kg/m，Φ12 钢筋为 0.888kg/m。

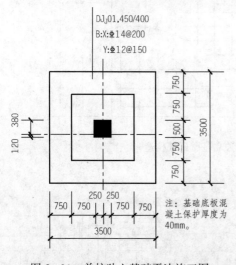

DJ$_J$01.450/400
B:X:Φ14@200
Y:Φ12@150

注：基础底板混凝土保护厚度为 40mm。

图 2-10　单柱独立基础平法施工图

1. 计算 X 向钢筋（Φ14@200）

由于 X 向底板边长 3.5m＞2.5m，所以要采用"独立基础底板配筋长度减短 10％构造"。

X 向外侧钢筋长度 ＝ 3.5 − 2 × 0.04 ＝ 3.42（m）

X 向其余钢筋长度＝3.5×0.9＝3.15（m）

基础底板钢筋根数计算公式为：

$$n = \left[基板长 - 2 \times \min\left(75, \frac{s}{2}\right) \right] / s + 1$$

按上式求得的值，只入不舍，取整数

根数＝[3.5−2×min(0.075,0.2/2)]/0.2＋1＝17.75，取 18 根。

其中外侧 2 根钢筋不缩减，其余 16 根钢筋缩减 10％。

故 X 向钢筋总重：（3.15×16＋3.42×2）×1.208＝69.146（kg）

2. 计算 Y 向钢筋（Φ12@150）

由于 Y 向底板边长 3.5m＞2.5m，所以要采用"独立基础底板配筋长度减短 10％构造"。

Y 向外侧钢筋长度＝3.5−2×0.04＝3.42（m）

Y 向其余钢筋长度＝3.5×0.9＝3.15（m）

根数＝[3.5−2×min(0.075,0.15/2)]/0.15+1＝23.3，取 24 根。

其中外侧 2 根钢筋不缩减，其余 22 根钢筋缩减 10%。

故 Y 向钢筋总重：(3.15×22+3.42×2)×0.888＝67.612（kg）

2.3.2　双柱普通独立基础钢筋计算操练

【例 2-7】　图 2-11 是双柱普通独立基础施工图，要求计算此基础的钢筋工程量。

解　基础底面钢筋保护层厚度为 40mm，顶面钢筋保护层厚度为 30mm。

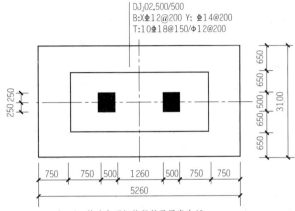

图 2-11　双柱独立基础平法施工图

1. 计算基础底面钢筋

（1）计算 X 向钢筋（Φ 12 @ 200）。

由于 X 向从柱中心到基础底板边缘的距离为 1.750m＞1.250m，所以要采用"独立基础底板配筋长度减短 10% 构造"。

X 向外侧钢筋长度＝5.26−2×0.04＝5.18（m）

X 向其余钢筋长度＝5.26×0.9＝4.734（m）

根数 n＝[另向基板长−2×min(0.075，s/2)]/s+1

＝[3.1−2×min(0.075，0.2/2)]/0.2+1＝15.75

对钢筋根数而言，其值只入不舍，取整数 16 根。

其中外侧 2 根钢筋不缩减，其余 14 根钢筋缩减 10%。

故 X 向钢筋总长：5.18×2+4.73×14＝76.58（m）

（2）计算 Y 向钢筋（Φ 14@200）。

由于 Y 向底板边长 3.1m＞2.5m，所以要采用"独立基础底板配筋长度减短 10% 构造"。

Y 向外侧钢筋长度＝3.1−2×0.04＝3.02（m）

Y 向其余钢筋长度＝3.1×0.9＝2.79（m）

根数 n＝[5.26−2×min(0.075，0.2/2)]/0.2+1＝26.55，取整数 27 根。

其中外侧 2 根钢筋不缩减，其余 25 根钢筋缩减 10%。

故 Y 向钢筋总长：3.02×2+2.79×25＝75.79（m）

2. 计算基础顶面钢筋

基础混凝土强度等级为 C30，HRB400 级钢筋，查表取受拉钢筋锚固长度 l_a＝35d。

（1）计算 X 向钢筋（10 Φ 18@150）。

X 向钢筋是受力钢筋，长度为双柱间净距再加两端伸入柱的锚固长度。

X 向钢筋长度＝1.26+2×l_a＝1.26+2×35×0.018＝2.52（m）

根数 n＝10 根

故 X 向钢筋总长：2.52×10＝25.20（m）

（2）计算 Y 向钢筋（$\Phi 12@200$）。

Y 向钢筋是分布筋，其长度为 X 向钢筋的宽度，再每边多出 50mm（考虑现场绑扎钢筋方便）。分布筋的根数，可参考基础底面钢筋构造，第一根钢筋距外边缘取 min（75，$s/2$），在 X 向钢筋长度范围内排布。

Y 向钢筋长度＝(10−1)×0.15＋2×0.05＝1.45（m）

根数 n＝[2.52−2×min（0.075，0.2/2）]/0.2＋1＝12.85，取 13 根。

故 Y 向钢筋总长：1.45×13＝18.85（m）

双柱普通独立基础 DJ$_{\rm J}$02 钢筋工程量汇总见表 2-2。

表 2-2　　　　　　　　　　DJ$_{\rm J}$02 钢筋工程量汇总表

钢筋名称	钢筋规格	总长（m）	
底面 X 向钢筋	$\Phi 12$	76.580	合计长度： $\Phi 18$：25.200m；$\Phi 14$：75.790m；$\Phi 12$：95.430m 合计质量： $\Phi 18$：50.350kg；$\Phi 14$：91.554kg；$\Phi 12$：84.742kg
底面 Y 向钢筋	$\Phi 14$	75.790	
顶面 X 向钢筋	$\Phi 18$	25.200	
顶面 Y 向钢筋	$\Phi 12$	18.850	

注　质量＝长度×钢筋单位理论质量。

2.4　筏形基础平法设计规则

筏形基础一般用于高层建筑框架结构或剪力墙结构，可分为梁板式筏形基础和平板式筏形基础，这里只介绍梁板式筏形基础，平板式筏形基础见 16G101-3 图集的相关内容。

2.4.1　梁板式筏形基础构件的类型与编号

梁板式筏形基础平法施工图，是在基础平面布置图上采用平面注写方式进行表达。梁板式筏形基础包括基础主梁、基础次梁和基础平板等构件，按照表 2-3 规定进行编号。

表 2-3　　　　　　　　　　梁板式筏形基础构件编号

构件类型	代号	序号	跨数及有无外伸
基础主梁（柱下）	JL	××	(××) 或 (××A) 或 (××B)
基础次梁	JCL	××	(××) 或 (××A) 或 (××B)
梁板式基础平板	LPB	××	

注　(××A) 为一端有外伸，(××B) 为两端有外伸，外伸不计入跨数。

2.4.2　基础主梁与基础次梁的平面注写方式

与框架梁的平法标注类似，基础主梁 JL 与基础次梁 JCL 的平法标注也分集中标注和原位标注。

1. 基础主梁和基础次梁的集中标注

集中标注包括：基础梁编号、截面尺寸、配筋三项必注内容，以及基础梁底面标高高差（相对于筏形基础平板底面标高）一项选注内容。

（1）注写基础梁编号，见表 2-3。

（2）注写基础梁截面尺寸。矩形梁截面尺寸标注 $b×h$（其中 b 为梁宽，h 为梁高）。

（3）注写基础梁配筋。

1）注写基础梁箍筋。

当采用一种箍筋间距时，注写钢筋级别、直径、间距与肢数（写在括号内）。

当采用两种箍筋时，用"/"分隔不同箍筋，按照从基础梁两端向跨中的顺序注写。先注写第 1 段箍筋（在前面加注箍数），在斜线后再注写第 2 段箍筋（不再加注箍数）。

施工时应注意：两向基础主梁相交的柱下区域，应有一向截面较高的基础主梁按梁端箍筋贯通设置；当两向基础主梁高度相同时，任选一向基础主梁箍筋贯通设置。

2）注写基础梁的底部、顶部及侧面纵向钢筋。

以 B 打头先注写梁底部贯通纵筋（不应少于底部受力钢筋总截面面积的 1/3）。当跨中所注根数少于箍筋肢数时，需要在跨中加设架立筋以固定箍筋，注写时用加号"＋"将贯通纵筋与架立筋相连，架立筋注写在加号后面的括号内。

以 T 打头注写梁顶部贯通纵筋。注写时用分号"；"将底部与顶部纵筋分隔开来，如个别跨与其不同，则在该跨进行原位标注。

【例 2 - 8】"B：4 Φ 32；T：7 Φ 32"表示梁的底部配置 4 Φ 32 贯通纵筋，梁顶部配置 7 Φ 32 的贯通纵筋。

3）当梁底部或顶部贯通纵筋多于一排时，用斜线"/"将各排纵筋自上而下分开。

【例 2 - 9】 梁底部贯通纵筋注写为"B8 Φ 28　3/5"，表示上一排纵筋为 3 Φ 28，下一排纵筋为 5 Φ 28。

4）注写基础梁侧面纵向钢筋。

当梁腹板高度 $h_w \geqslant 450mm$ 时，梁两个侧面设置构造纵筋，以 G 打头注写总配筋值，且对称配置，其搭接与锚固长度可取 15d。

【例 2 - 10】"G8 Φ 16"，表示梁的两个侧面共配置 8 Φ 16 的纵向构造钢筋，每侧各配置 4 Φ 16。

当需要配置受扭纵筋时，梁两个侧面设置受扭纵筋以 N 打头，其搭接长度为 l_l，锚固长度为 l_a，其锚固方式同基础梁上部纵筋。

【例 2 - 11】"N8 Φ 16"，表示梁的两个侧面共配置 8 Φ 16 的纵向受扭纵筋，沿截面周边均匀对称设置。

（4）注写基础梁底面标高高差。

基础梁底面标高高差是指相对于筏形基础平板底面标高的高差值。该项为选注值，有高差时须将高差写入括号内，无高差时不注。

2．基础主梁和基础次梁的原位标注

（1）注写基础梁纵筋。注写梁端（支座）区域的底部全部纵筋包括已经集中标注过的贯通纵筋在内的所有纵筋。

1）梁端（支座）区域的底部纵筋多于一排时，用斜线"/"将各排纵筋自上而下分开。

【例 2 - 12】 梁端（支座）区域底部纵筋注写为"10 Φ 25　4/6"，则表示上一排纵筋为 4 Φ 25，下一排纵筋为 6 Φ 25。

2）当同排纵筋有两种直径时，用加号"＋"将两种直径的纵筋相连。

【例 2 - 13】 梁端（支座）区域底部纵筋注写为"4 Φ 28＋2 Φ 25"，表示一排纵筋由两种不同直径钢筋（28mm 和 25mm）组合。

3）当梁中间支座两边的底部纵筋配置不同时，须在支座两边分别标注；当梁中间支座两边的底部纵筋相同时，可仅在支座的一边标注配筋值。

（2）注写基础梁附加箍筋或（反扣）吊筋。将其直接画在平面图中的主梁上，用线引注总配筋值（附加箍筋的肢数注写在括号内），当多数附加箍筋或（反扣）吊筋相同时，可在基础梁平法施工图上统一注明，少数与统一注明值不同时，再原位引注。

当集中标注和原位标注不同时，原位标注取值优先。

2.4.3 梁板式筏形基础平板的平面注写方式

梁板式筏形基础平板 LPB 的平面注写，分板底部与板顶部贯通纵筋的集中标注与板底部附加非贯通纵筋的原位标注两部分内容。当仅设置贯通纵筋而未设置附加非贯通纵筋时，则仅做集中标注。

（1）梁板式筏形基础平板 LPB 贯通纵筋的集中标注，应在所表达的板区双向均为第一跨（X 与 Y 双向首跨）的板上引出（图面从左到右为 X 向，从下至上为 Y 向）。

集中注写的内容：

1）基础平板编号，见表 2-3。

2）基础平板板厚，用 $h=\times\times\times$ 表示。

3）基础平板底部与顶部贯通纵筋及其跨数及外伸情况。先注写 X 向底部（B 打头）贯通纵筋与顶部（T 打头）贯通纵筋及其跨数及外伸情况，再注写 Y 向底部（B 打头）贯通纵筋与顶部（T 打头）贯通纵筋及其跨数及外伸情况。

贯通纵筋的跨数及外伸情况注写在括号中，注写方式为"跨数及有无外伸"，其表达方式为：（$\times\times$）（无外伸）、（$\times\times$A）（一端有外伸）或（$\times\times$B）（两端有外伸）。

（2）梁板式筏形基础平板 LPB 的原位标注，主要表达板底部附加非贯通纵筋。

1）原位注写位置及内容。板底部原位标注的附加非贯通纵筋，应在配置相同跨的第一跨表示（当在基础梁悬挑部位单独配置时则在原位表示）。在配置相同跨的第一跨（或基础梁外伸部位），垂直于基础梁绘制一段中粗虚线（当该筋通长设置在外伸部位或短跨板下部时，应画至对边或贯通短跨），在虚线上注写编号（如①、②等）、配筋值、横向布置的跨数及是否布置到外伸部位。

2）（$\times\times$）为横向布置的跨数，（$\times\times$A）为横向布置的跨数及一端基础梁的外伸部位，（$\times\times$B）为横向布置的跨数及两端基础梁的外伸部位。

板底部附加非贯通纵筋向两边跨内的伸出长度值注写在线段的下方位置。当该筋向两侧对称伸出时，可仅在一侧标注，另一侧不注；当布置在边梁下方时，向基础平板外伸部位一侧的伸出长度与方式按标准构造，设计不注。底部附加非贯通筋相同者，可仅注写一处，其他只注写编号。

3）横向连续布置的跨数及是否布置到外伸部位，不受集中标注贯通纵筋的板区限制。

2.5 筏形基础钢筋构造

2.5.1 基础梁 JL 钢筋构造

1. 基础梁纵筋与箍筋构造要点（见图 2-12）

（1）顶部贯通纵筋连接区为支座两边 $l_n/4$ 再加柱宽范围，即（$2\times l_n/4+h_c$）；底部贯通纵筋连接区为本跨跨中的 $l_{ni}/3$ 范围；底部非贯通筋向跨内延伸长度为 $l_n/3$，其中 l_n 为左右

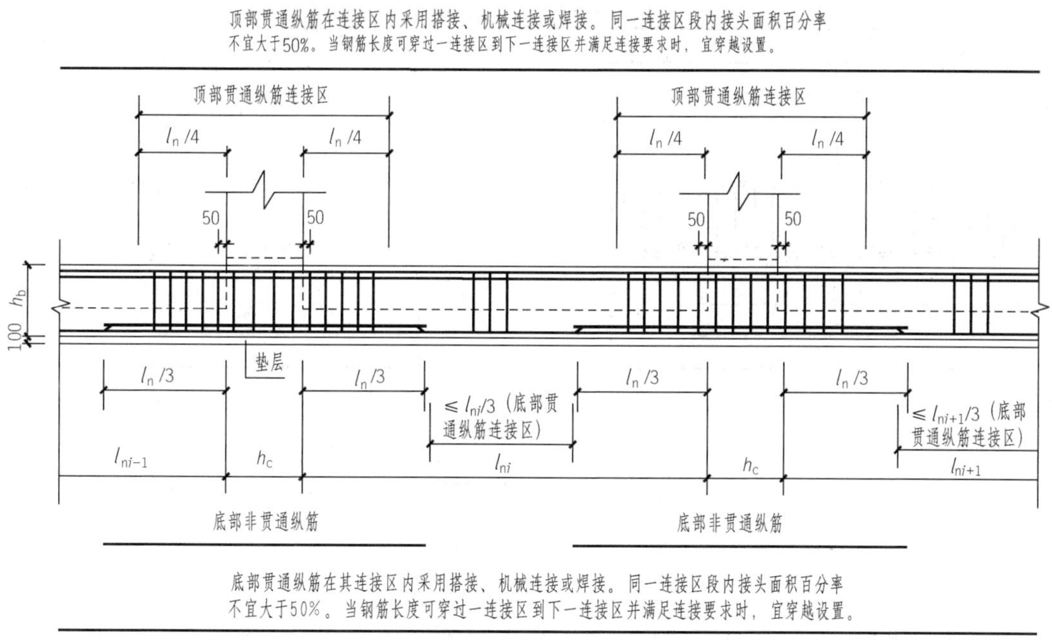
顶部贯通纵筋在连接区内采用搭接、机械连接或焊接。同一连接区段内接头面积百分率不宜大于50%。当钢筋长度可穿过一连接区到下一连接区并满足连接要求时，宜穿越设置。
顶部贯通纵筋连接区
顶部贯通纵筋连接区
ln /4
ln /4
ln /4
ln /4
50
50
50
50
hb
100
垫层
ln /3
ln /3
ln /3
ln /3
≤ lni/3（底部贯通纵筋连接区）
≤ lni+1/3（底部贯通纵筋连接区）
lni-1
hc
lni
hc
lni+1
底部非贯通纵筋
底部非贯通纵筋
底部贯通纵筋在其连接区内采用搭接、机械连接或焊接。同一连接区段内接头面积百分率不宜大于50%。当钢筋长度可穿过一连接区到下一连接区并满足连接要求时，宜穿越设置。

图 2 - 12　基础梁 JL 纵向钢筋与箍筋构造

相邻跨净长的较大值。

（2）当两毗邻跨的底部贯通纵筋配置不同时，应将配置较大一跨的底部贯通纵筋越过其标注的跨数终点或起点，伸至配置较小的毗邻跨的跨中连接区进行连接。

（3）节点区内箍筋按梁端箍筋设置，梁相互交叉范围内的箍筋按截面高度较大的基础梁设置。同跨箍筋有两种时，按设计要求设置。

（4）当设计未注明时，基础梁外伸部位按梁端第一种箍筋设置。

特别提示

基础梁底部贯通纵筋连接区为本跨跨中的 $l_{ni}/3$ 范围，底部非贯通筋向跨内延伸长度为 $l_n/3$，其中 l_n 为左右相邻跨净长的较大值。

2. 基础梁端部与外伸部位钢筋构造

（1）端部等截面外伸构造见图 2 - 13（a）。基础梁上部或下部钢筋应伸至端部后弯折 $12d$，且 $\geqslant l_a$；当从柱内边算起的梁端部外伸长度不满足直锚时，基础梁下部钢筋应伸至端部后弯折 $15d$，且从柱内边算起水平段长度 $\geqslant 0.6l_{ab}$。

（2）端部变截面外伸构造见图 2 - 13（b）。基础梁根部高度为 h_1，端部高度为 h_2，基础梁上部或下部钢筋应伸至端部后弯折 $12d$；当从柱内边算起的梁端部外伸长度不满足直锚时，基础梁下部钢筋应伸至端部后弯折 $15d$，且从柱内边算起水平段长度 $\geqslant 0.6l_{ab}$。

（3）端部无外伸构造见图 2 - 13（c）。基础梁顶部钢筋伸至尽端钢筋内侧后弯折 $15d$，当水平段长度 $\geqslant l_a$ 时可不弯折；基础梁底部钢筋伸至尽端钢筋内侧后弯折 $15d$，且满足水平段长度 $\geqslant 0.6l_{ab}$。

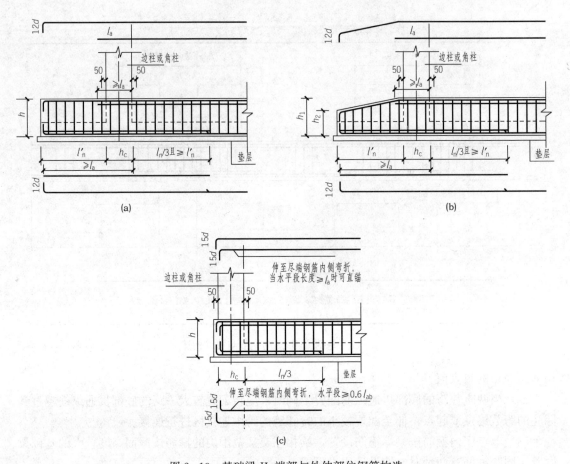

图 2-13　基础梁 JL 端部与外伸部位钢筋构造

(a) 端部等截面外伸构造；(b) 端部变截面外伸构造；(c) 端部无外伸构造

3. 基础梁附加钢筋构造

基础梁附加钢筋包括附加箍筋和附加（反扣）吊筋，附加箍筋构造见图 2-14（a），附加（反扣）吊筋见图 2-14（b）。

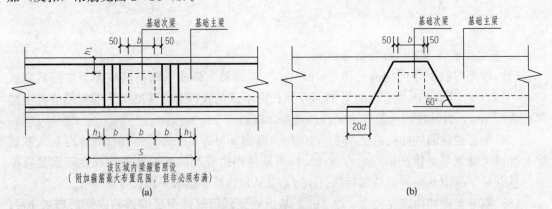

图 2-14　附加钢筋构造

(a) 附加箍筋；(b) 附加（反扣）吊筋

4. 基础梁侧面钢筋构造（见图 2-15）

（1）基础梁侧面钢筋包括侧面构造钢筋和侧面受扭钢筋。梁侧钢筋的拉筋直径除设计注明外均为 8mm，间距为箍筋间距的 2 倍。当设有多排拉筋时，上下两排拉筋在竖向错开布置。

（2）梁侧构造纵筋搭接长度与锚固长度均为 15d。

（3）梁侧受扭纵筋搭接长度为 l_l，锚固长度为 l_a，其锚固方式同基础梁上部纵筋。

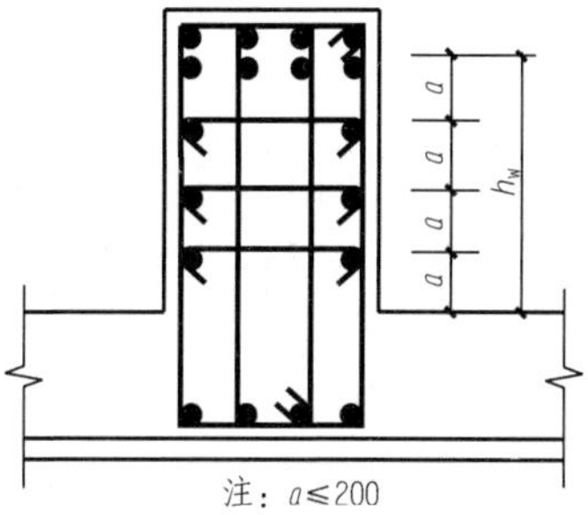

注：$a \leqslant 200$

图 2-15　基础梁侧面钢筋构造

2.5.2　基础次梁（JCL）钢筋构造

（1）基础次梁纵筋与箍筋构造见图 2-16，基础次梁顶部贯通纵筋连接区为基础主梁两边 $l_n/4$ 再加主梁宽范围，即（$2 \times l_n/4 + b_b$）；底部贯通纵筋连接区为本跨跨中的 $l_{ni}/3$ 范围；底部非贯通筋向跨内延伸长度为 $l_n/3$，其中 l_n 为左右相邻跨净长的较大值。

（2）基础次梁端部无外伸时，基础梁上部钢筋伸入支座 $\geqslant 12d$ 且至少到梁中线；下部钢筋伸至端部弯折 15d，并要求满足当设计按铰接时 $\geqslant 0.35 l_{ab}$，当充分利用钢筋的抗拉强度时 $\geqslant 0.6 l_{ab}$，见图 2-16。

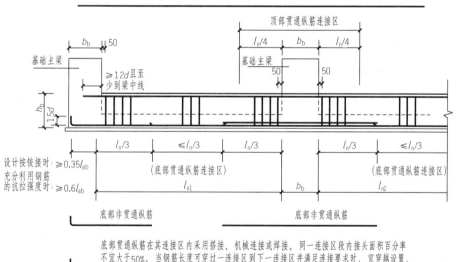

图 2-16　基础次梁 JCL 纵向钢筋与箍筋构造

（3）基础次梁端部等截面、变截面外伸构造见图 2-17。基础次梁上部或下部钢筋应伸至端部后弯折 12d；当外伸段 $l'_n + b_b \leqslant l_a$ 时，基础梁下部钢筋应伸至端部后弯折 15d，且从梁内边算起水平段长度应 $\geqslant 0.6 l_{ab}$。

（4）基础次梁箍筋仅在跨内设置，节点区内不设，第一根箍筋的起步距离为 50mm。

（5）当基础次梁外伸时，如果设计未注明，基础次梁外伸部位按梁端第一种箍筋设置。

2.5.3　梁板式筏形基础平板钢筋构造

梁板式筏形基础平板 LPB 钢筋构造分柱下区域和跨中区域。基础平板同一层面的交叉

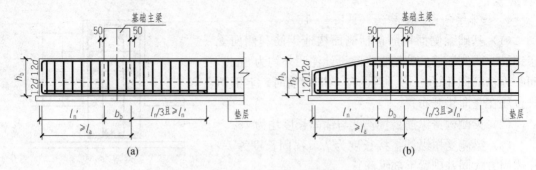

图 2-17　基础次梁 JCL 端部外伸部位钢筋构造

纵筋，何向纵筋在下，何向纵筋在上，应按具体设计说明。

（1）梁板式筏形基础平板 LPB 钢筋构造（柱下区域），见图 2-18，要点为：

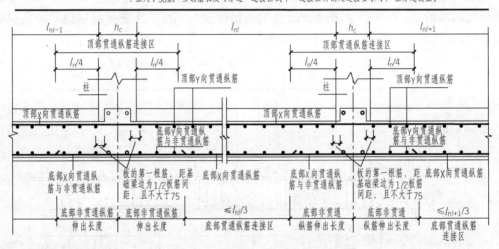

图 2-18　梁板式筏形基础平板 LPB 钢筋构造（柱下区域）

1）顶部贯通纵筋连接区为柱两边 $l_n/4$ 再加柱宽范围，即（$2 \times l_n/4 + h_c$），其中 l_n 为左右相邻跨净长的较大值；底部非贯通筋向跨内伸出长度见设计标注；底部贯通纵筋连接区为本跨跨中的 $l_{ni}/3$ 范围。

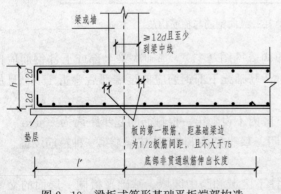

图 2-19　梁板式筏形基础平板端部构造

2）基础平板上部和下部钢筋的起步距离均为距基础梁边 1/2 板筋间距且不大于 75mm，即 min(1/2 间距，75mm)。

（2）梁板式筏形基础平板 LPB 钢筋构造（跨中区域）与梁板式筏形基础平板 LPB 钢筋构造（柱下区域）基本相同，区别是顶部贯通纵筋连接区为基础梁两边 $l_n/4$ 再加梁宽范围，即（$2 \times l_n/4 + b_b$）。

（3）梁板式筏形基础平板端部构造，见图 2-19。基础平板上部和下部钢筋伸

至尽端弯折 $12d$；当从支座内边算起至尽端水平段长度$\leqslant l_a$ 时，基础平板下部钢筋应伸至尽端弯折 $15d$，且从支座内边算起水平段长度应$\geqslant 0.6l_{ab}$。

2.6　梁板式筏形基础钢筋计算操练

2.6.1　梁板式筏形基础钢筋计算公式

1. 基础主梁 JL 钢筋计算公式

（1）纵筋。

1）端部两端均无外伸时：

上、下部贯通筋长度：$L=$总长$-2c+15d\times2+$绑扎搭接长度

2）端部两端均外伸时：

顶部上排贯通筋长度：$L=$总长$-2c+12d\times2+$绑扎搭接长度

顶部下排贯通筋长度：

$L=$总长$-$左外伸净长 l'_n-左支座宽 h_c-右外伸净长 l'_n-右支座宽 h_c+2l_a+绑扎搭接长度

底部贯通筋长度：$L=$总长$-2c+12d\times2+$绑扎搭接长度

底部端支座非贯通筋长度：$L=$外伸净长 l'_n+支座宽 h_c+内伸长 $l_n/3$（且$\geqslant l'_n$）

底部中间支座非贯通筋长度：$L=$支座宽 $h_c+2\times$伸长值 $l_n/3$

（2）箍筋。

1）箍筋根数。

左支座处加密箍筋间距数：（左外伸净长$+$左支座宽$+$加密区长$-c$）/加密间距

右支座处加密箍筋间距数：（右外伸净长$+$右支座宽$+$加密区长$-c$）/加密间距

中间支座处加密箍筋间距数：（支座宽$+$加密区长度$\times2$）/加密间距

非加密箍筋间距数：（各跨净长$-$左、右加密区长度）/非加密间距

基础主梁箍筋全长贯通，所以全部箍筋根数为以上箍筋间距个数再加 1 根。

2）箍筋长度。

基础主梁内一般配有两肢箍、四肢箍或六肢箍，箍筋长度计算公式详见项目 3 和项目 5 中相关内容。

（3）拉筋。

当梁内设有侧面构造钢筋或侧面受扭钢筋时，同时要设拉筋，拉筋计算包括拉筋根数和长度。

1）拉筋根数。

基础主梁拉筋根数：$n=$（总长$-2c$）/2$\times$非加密间距$+1$

2）拉筋长度。

拉筋的长度计算公式详见项目 5 中相关内容。

2. 基础次梁 JCL 钢筋计算公式

（1）纵筋。

1）端部两端均无外伸时：

上部贯通筋长度：$L=$总长$-$左基础主梁宽$-$右基础主梁宽$+2\times\max$（$12d$，$b_b/2$）$+$绑扎搭接长度

下部贯通筋长度：$L=$总长$-2c+15d\times2+$绑扎搭接长度

2）端部两端均外伸时：

顶部贯通筋长度：$L =$ 总长 $-2c+12d\times2+$ 绑扎搭接长度

底部贯通筋长度：$L =$ 总长 $-2c+12d\times2+$ 绑扎搭接长度

底部端支座非贯通筋长度：$L =$ 外伸净长 l'_n+ 支座宽 b_b+ 内伸长 $l_n/3$（且 $\geqslant l'_n$）

底部中间支座非贯通筋长度：$L =$ 支座宽 $b_b+2\times$ 伸长值 $l_n/4$

（2）箍筋。

基础次梁的箍筋根数按跨计算，每跨箍筋根数为该跨箍筋间距个数再加 1 根。

基础次梁箍筋长度计算同基础主梁。

（3）拉筋。

当梁内设有侧面构造钢筋或侧面受扭钢筋时，同时要设拉筋，拉筋计算包括拉筋根数和长度。

基础次梁每跨拉筋根数：$n =$（跨净长 -2×50）$/2\times$ 非加密间距 $+1$

基础次梁拉筋长度计算同基础主梁。

 特 别 提 示

> 1. 基础主梁箍筋全长贯通，全部箍筋根数为全部箍筋间距个数再加 1 根；
>
> 2. 基础次梁的箍筋根数按跨计算，每跨箍筋根数为该跨箍筋间距个数再加 1 根。

3. 梁板式筏形基础平板 LPB 钢筋计算公式

上部钢筋 $=$ 总长 $-2c+12d\times2+$ 绑扎搭接长度

下部钢筋 $=$ 总长 $-2c+12d\times2+$ 绑扎搭接长度

根数 $=$ [净跨长 $-\min$（板间距 $/2$，75mm）$\times2$] / 间距 $+1$

2.6.2　梁板式筏形基础梁钢筋计算操练

【例 2-14】　如图 2-20 所示梁板式筏形基础梁平法施工图，混凝土强度等级为 C30，基础梁下部钢筋保护层厚度为 40mm，上部和侧面钢筋保护层厚度为 35mm，钢筋定长 9.0m，采用焊接连接，要求计算梁板式筏形基础梁 JL1 和 JCL1（单根）的钢筋工程量。

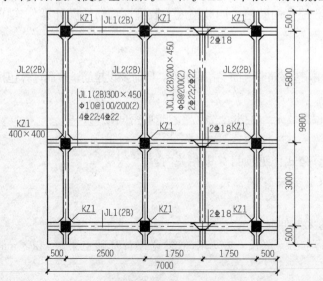

图 2-20　梁板式筏形基础梁平法施工图

解　查表 1-4，$l_{ab}=35d$，计算过程见表 2-4。

表 2-4　　　　　　　　　　　　**JL1、JCL1 钢筋计算表**

钢筋名称	钢筋规格	计　算　式	根数	总长(m)
JL1 上部筋	Φ 22	$L=0.5+2.5+3.5+0.5-0.035\times2+12\times0.022\times2=7.458(\text{m})$	4	29.832
JL1 下部筋	Φ 22	因 $l'_n+h_c=500+200=700$，$l_a=35\times22=770$，$l'_n+h_c<l_a$，不满足直锚 故 $L=0.5+2.5+3.5+0.5-0.04\times2+15\times0.022\times2=7.580(\text{m})$	4	30.320
JL1 箍筋	ϕ 10	长度：$L=2\times(0.3+0.45)-8\times0.35+25.8\times0.01=1.478(\text{m})$ 箍筋加密区范围：$1.5h_b=1.5\times0.45=0.675(\text{m})$ 左支座：$n_1=(0.5+0.2+0.675-0.35)/0.1=14$（根） 中间支座：$n_2=(0.675+0.4+0.675)/0.1=18$（根） 右支座：$n_3=14$（根） 第一跨非加密：$n_4=(2.5-0.4-0.675\times2)/0.2=4$（根） 第二跨非加密：$n_5=(3.5-0.4-0.675\times2)/0.2=9$（根） 注：整根基础梁箍筋间距个数再加1根	14+4 +18+9 +14+1 =60	88.68
JL1 吊筋	Φ 18	$L=2\times20\times0.018+2\times(0.45-2\times0.035)\times1.414+(0.2+2\times0.05)=2.095(\text{m})$	2	4.190
JCL1 上部筋	Φ 22	$L=0.5+3+5.8+0.5-0.035\times2+12\times0.022\times2=10.258(\text{m})$	2	20.516
JCL1 下部筋	Φ 22	因 $l'_n+h_c=500+150=650$，$l_a=35\times22=770$，$l'_n+h_c<l_a$，不满足直锚 故 $L=0.5+3+5.8+0.5-0.04\times2+15\times0.022\times2=10.380(\text{m})$	2	20.760
JCL1 箍筋	ϕ 8	长度：$L=2\times(0.2+0.45)-8\times0.035+25.8\times0.008=1.226(\text{m})$ 左端：$n_1=(0.5-0.15-0.035-0.05)/0.2+1=3$（根） 第一跨：$n_2=(3-0.3-0.05\times2)/0.2+1=14$（根） 第二跨：$n_3=(5.8-0.3-0.05\times2)/0.2+1=28$（根） 右端：$n_4=3$（根）	48	58.848

合计长度：Φ 22：101.428m；Φ 18：4.190m；ϕ 10：88.68m；ϕ 8：58.848m

合计质量：Φ 22：302.661kg；Φ 18：8.372kg；ϕ 10：54.716kg；ϕ 8：23.245kg

注　1. 计算钢筋根数时，每个商取整数，只入不舍；

　　2. 质量=长度×钢筋单位理论质量。

实　操　题

1. 如图 2-21 所示独立基础平法施工图，混凝土强度等级为 C20，基础保护层厚度为 40mm，试计算该基础的钢筋工程量。

2. 如图 2-22 所示双柱独立基础平法施工图，混凝土强度等级为 C20，基础保护层厚度为 40mm，试计算该基础的钢筋工程量。

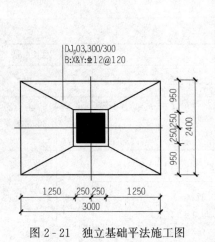

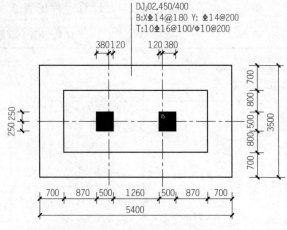

图 2-21 独立基础平法施工图

图 2-22 双柱独立基础平法施工图

3. 如图 2-23 所示梁板式筏形基础梁 JL2 平法施工图，混凝土强度等级为 C25，基础保护层厚度为 40mm，钢筋采用机械连接，试计算该梁的钢筋工程量。

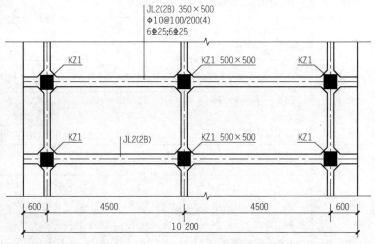

图 2-23 基础梁 JL2 平法施工图

4. 如图 2-24 所示梁板式筏形基础次梁 JCL2 平法施工图，混凝土强度等级为 C25，基础保护层厚度为 40mm，钢筋采用机械连接，试计算该梁的钢筋工程量。

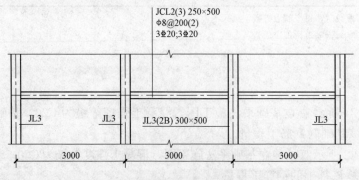

图 2-24 基础次梁 JCL2 平法施工图

项 目 3 柱 平 法 钢 筋 计 算

看一看、想一想

图3-1和图3-2是抗震框架柱的实物照片,请仔细观察框架柱的箍筋、箍筋加密范围和非加密范围、纵筋的连接方式,你能一一说出来吗?

图3-1　框架柱钢筋

图3-2　框架柱纵筋连接

3.1　柱 的 平 法 设 计 规 则

3.1.1　柱编号规定

在柱平法施工图中,各种柱均应按照表3-1的规定编号,同时,对相应的标准构造详图也应标注编号中的相同代号。柱编号不仅可以区别不同的柱,还将作为信息纽带在柱平法施工图与相应标准构造详图之间建立起明确的联系,使在柱平法施工图中表达的设计内容与相应的标准构造详图合并构成完整的柱结构设计。

表3-1　　　　　　　　　　　柱　编　号

柱类型	代号	序号	特　　征
框架柱	KZ	××	柱根部嵌固在基础或地下结构上,并与框架梁刚性连接构成框架结构
转换柱	ZHZ	××	柱根部嵌固在基础或地下结构上,上部与转换梁刚性连接构成转换结构
芯柱	XZ	××	设置在转换柱、剪力墙柱核心部位的暗柱

柱类型	代号	序号	特　　征
梁上柱	LZ	××	支承或悬挂在梁上的柱
剪力墙上柱	QZ	××	支承在剪力墙顶部的柱

3.1.2　柱平法制图规则

柱平法施工图是指在柱平面布置图上采用截面注写方式或列表注写方式表达的柱施工图。

1. 柱截面注写方式

柱平法施工图采用截面注写方式，需要在相同编号的柱中选择一根，将其在原位放大绘制"截面配筋图"，并在其上直接引注几何尺寸和配筋，对于其他相同编号的柱仅需标注编号和偏心尺寸。截面配筋图在原位需适当放大倍数，以满足视图需要。

当采用截面注写方式时，在柱截面配筋图上直接引注的内容有：①柱编号；②柱高（分段起止高度）；③截面尺寸；④纵向钢筋；⑤箍筋。例图见图3-3。

层号	标高（m）	层高（m）
屋面	29.970	
8	26.670	3.30
7	23.070	3.60
6	19.470	3.60
5	15.870	3.60
4	12.270	3.60
3	8.670	3.60
2	4.470	4.20
1	−0.030	4.50

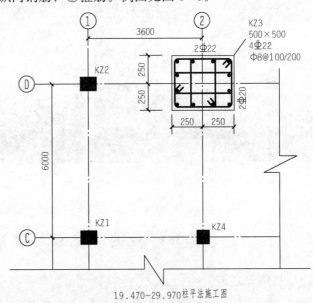

19.470~29.970柱平法施工图

图3-3　柱平法施工图示例（截面注写方式）

因柱高通常与柱标准层竖向各层的总高度相同，所以柱高的注写属于选注内容，即当柱高与该页施工图所表达的柱标准层的竖向总高度不同时才注写，否则不注。

直接引注的一般设计内容解释如下：

（1）注写柱编号：柱编号由柱类型代号和序号组成，见表3-1。例如KZ3，LZ1等。

（2）注写柱高（此项为选注值）：当需要注写时，可以注写为该段柱的起止层数，也可以注写为该段柱的起止标高。

（3）注写截面尺寸：矩形截面注写为$b \times h$。"平法"规定：截面的横边为b边（与X向平行），竖边为h边（与Y向平行），并应在截面配筋图上标注b及h，以给施工明确指示（当柱未正放时，标注b及h尤其必要）。例如：650×600，表示柱截面的横边为650，竖边为600。当为圆形截面时，以D打头注写圆柱截面直径，例如：$D=600$。当为异形柱截面时，需在截面外围注写各个部分的尺寸。

（4）注写纵向钢筋：当纵筋为同一直径时，无论矩形截面还是圆形截面均注写全部纵筋。当矩形截面的角筋与中部筋直径不同时，按"角筋/b 边一侧中部筋/h 边一侧中部筋"的形式注写，例如，4Φ25/5Φ22/5Φ22 表示角筋为 4Φ25，b 边一侧中部筋为 5Φ22，h 边一侧中部筋为 5Φ22；也可在直接引注中仅注写角筋，然后在截面配筋图上原位注写中部筋，见图 3 - 6。当采用对称配筋时，可仅注写一侧中部筋，另一侧不注。

（5）注写箍筋，包括钢筋级别、直径与间距。当圆柱采用螺旋箍时，需在箍筋前加"L"；箍筋的肢数及复合方式在柱截面配筋图上表示。当为抗震设计时，用"/"区分箍筋加密区与非加密区长度范围内箍筋的不同间距，例如：Φ10@100/200，表示箍筋为 HPB300 钢筋，直径 10mm，加密区间距为 100mm，非加密区间距为 200mm。当箍筋沿柱全高为一种间距时（如柱全高加密的情况），则不使用"/"。

2. 柱列表注写方式

列表注写方式适用于各种柱结构类型。当采用列表注写方式设计柱平法施工图时，需要在按适当比例绘制的柱平面布置图上增设柱表，在柱表中注写柱的几何元素与配筋元素。单项工程中的柱平法施工图通常仅需要一张图纸，即可将柱平面布置图中所有柱从基础顶面（或基础结构顶面）到柱顶端的设计内容集中表达清楚。图 3 - 4 为采用列表注写方式的柱平法施工图示例。

层号	标高（m）	层高（m）
屋面	29.970	
8	26.670	3.30
7	23.070	3.60
6	19.470	3.60
5	15.870	3.60
4	12.270	3.60
3	8.670	3.60
2	4.470	4.20
1	−0.030	4.50

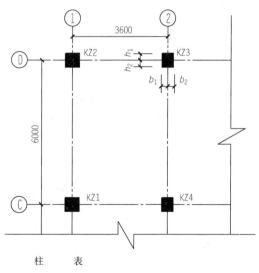

柱　表

柱号	柱高（m）	$b \times h$(mm)	b_1/b_2	h_1/h_2	全部纵筋	角筋/b 边一侧中部筋/h 边一侧中部筋	箍筋，箍筋类型
KZ3	−0.030～12.270	700×700	350/350	250/450	20Φ25		Φ10@100/200，1（4×4）
	12.270～19.470	600×600	300/300	250/350		4Φ22/2Φ22/2Φ20	Φ10@100/200，1（4×4）
	19.470～29.970	500×500	250/250	250/250		4Φ22/2Φ22/2Φ20	Φ8@100/200，1（4×4）

图 3 - 4　柱平法施工图示例（列表注写方式）

在柱表中要注写的内容与截面注写方式类同，包括：①柱编号；②柱高（分段起止高度）；③截面几何尺寸（包括柱截面对轴线的偏心情况）；④柱纵向钢筋；⑤柱箍筋。在柱表上部或表中适当部位，还应绘制本设计所采用的柱截面的箍筋类型图。图 3-4 的下表为柱表示例。

框架柱的箍筋分两种情况，一种是只由截面周边的封闭箍（外箍）构成，称非复合箍；另一种是由外箍和若干个小箍组成，称复合箍。框架柱的箍筋按不同的组合又可分为七种类型，矩形截面柱的常见箍筋类型为类型 1（其他箍筋类型详见 16G101-1 相关内容），用 $m \times n$ 表示两向箍筋肢数的多种不同组合，其中 m 为 b 边宽度上的肢数，n 为 h 边宽度上的肢数，见图 3-5。

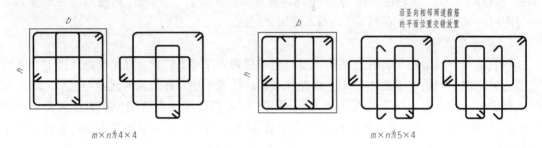

图 3-5　柱箍筋肢数标注示例

3.2　柱插筋锚固构造

3.2.1　柱插筋在基础中的锚固构造

钢筋混凝土柱下基础的类型有独立基础、条形基础、十字交叉基础、筏板基础、箱型基础、桩基础等，16G101-3 图集中，柱插筋在基础内的锚固构造没有因基础类型的不同而不同，而是按照柱插筋保护层的厚度、基础高度是否满足直锚给出了四种锚固构造，见图 3-6，其要点为：

（1）柱插筋插至基础底板支在底板钢筋网上再做 90° 弯钩，当基础高度满足直锚时，弯钩平直段为 $6d$ 且 $\geqslant 150 \text{mm}$；当基础高度不满足直锚时，弯钩平直段为 $15d$。

（2）柱插筋锚固区内要设非复合箍筋。当柱插筋保护层厚度 $>5d$ 时，设间距 $\leqslant 500 \text{mm}$ 且不少于两道非复合箍；当柱外侧插筋保护层厚度 $\leqslant 5d$ 时，所设的非复合箍筋（横向钢筋）应满足直径 $\geqslant d/4$（d 为插筋最大直径），间距 $\leqslant 5d$（d 为插筋最小直径）且 $\leqslant 100 \text{mm}$ 的要求。

（3）第一道非复合箍筋离基础顶面 100mm。

（4）当柱插筋部分保护层厚度不一致时（如部分位于板中、部分位于梁内），保护层厚度不大于 $5d$ 的部位应设置锚固区横向钢筋。

3.2.2　框架梁上起柱钢筋构造

框架梁上起柱（LZ），是指一般框架梁上的少量起柱（如承托层间梯梁的柱，见图 3-7），其构造不适用于结构转换层上的转换大梁起柱。

梁上起柱构造要点如下：

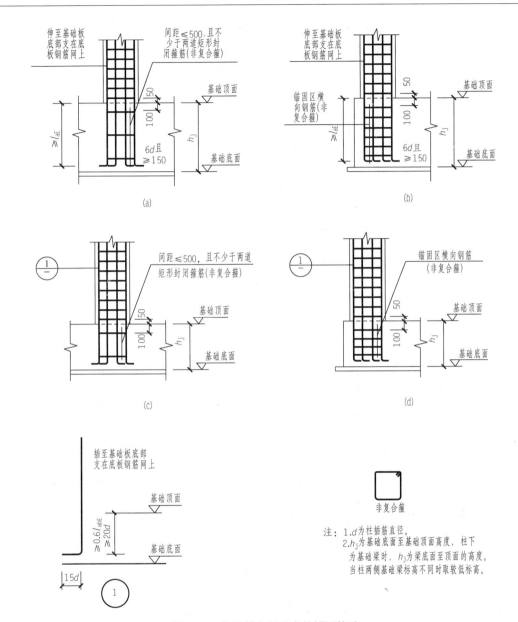

图 3-6 柱插筋在基础内的锚固构造

(a) 保护层厚度>5d，基础高度满足直锚；(b) 保护层厚度≤5d，基础高度满足直锚；
(c) 保护层厚度>5d，基础高度不满足直锚；(d) 保护层厚度≤5d，基础高度不满足直锚

（1）框架梁宽度大于柱宽度时的梁上起柱（LZ）插筋锚固构造。

当框架梁宽度大于柱宽度时，梁上起柱插筋应插至框架梁底部配筋位置，直锚深度应
$\geqslant 0.6l_{abE}$ 且 $\geqslant 20d$，插筋端部做 90° 弯钩，弯钩直段长度取 15 倍柱插筋直径，见图 3-8。

（2）框架梁宽度小于柱宽度时的梁上起柱插筋锚固构造。

当框架梁宽度小于柱宽度时，应在梁上起柱节点处设置梁包柱侧腋。柱插筋应插至框架
梁底部配筋位置，直锚深度应 $\geqslant 0.6l_{abE}$ 且 $\geqslant 20d$，插筋端部做 90° 弯钩，弯钩直段长度取 15
倍柱插筋直径。

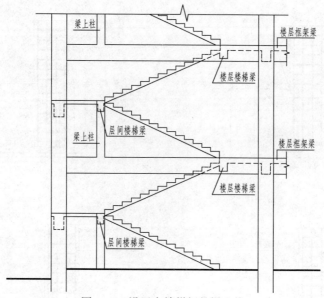

图 3-7　设置在楼梯间的梁上柱

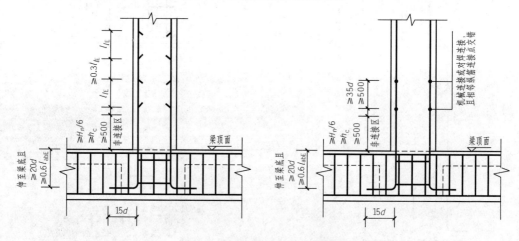

图 3-8　梁上柱（LZ）纵筋构造

3.3　柱 身 钢 筋 构 造

3.3.1　框架柱纵向钢筋连接构造

本书只对普通框架柱的机械连接或焊接连接进行讨论。

1. 普通框架柱纵向钢筋连接构造

框架柱柱身纵向钢筋连接见图 3-9，要点为：

（1）地上一层柱下端非连接区高度≥$H_n/3$，是单控值；除此之外所有柱的上端和下端非连接区高度≥$H_n/6$、≥h_c、≥500mm，为"三控"值，即在三个控制值中取最大者。

（2）可在除非连接区外的柱身任意位置连接。

（3）当采用机械连接时，相邻纵筋连接点错开≥35d（d 为柱的最大纵筋直径）；当采用焊接时，相邻纵筋连接点错开≥35d 和≥500mm。

（4）上柱纵筋直径≤下柱钢筋直径时，所有纵向钢筋应分两批交错连接。当采用搭接连接时，按分批搭接面积百分比并按较小钢筋直径计算搭接长度 l_{lE}；当不同直径钢筋采用对焊连接时，应先将较粗钢筋端头按1∶6斜度磨至较小直径后再进行焊接。

2.地下室框架柱纵向钢筋连接构造

地下室框架柱（KZ）的纵向钢筋连接构造见图 3-10，可以与无地下室（KZ）纵筋连接构造比较学习，这样更容易理解和记忆。其要点如下：

（1）所有地下室范围内的柱的上端和下端非连接区均为≥$H_n/6$、≥h_c、≥500mm 三控值，三者中取大者。

（2）地下室最下一层的柱底面标高即为基础顶面标高。

（3）地下室的最上一层柱顶面标高，即为嵌固部位标高，嵌固部位由设计指定。

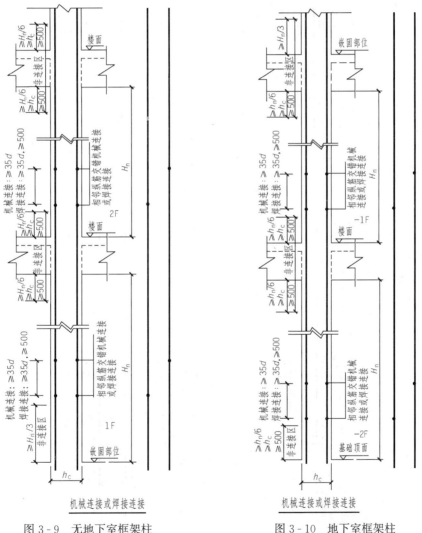

图 3-9　无地下室框架柱　　　　图 3-10　地下室框架柱
　　纵筋连接构造　　　　　　　　　　纵筋连接构造

3.框架柱纵筋变化（上、下层配筋量不同）时连接构造

（1）框架柱（KZ）上层纵筋根数增加的连接构造，见图 3-11。要点为：上柱比下柱多

出的纵筋从楼层梁顶标高处向下柱内锚入 $1.2l_{aE}$。

（2）框架柱（KZ）上层纵筋直径大于下层时的连接构造，见图 3-12。要点为：上层纵筋要向下柱穿过非连接区，与下柱较小直径纵筋连接。

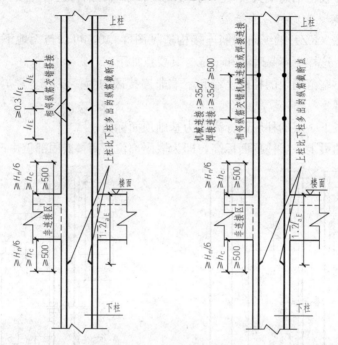

图 3-11　抗震框架柱（KZ）上层纵筋根数增加时的连接构造

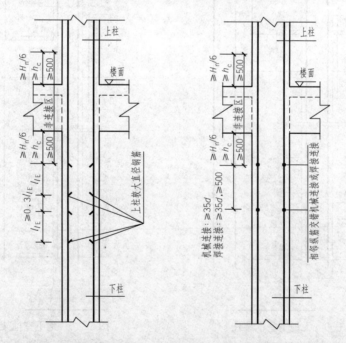

图 3-12　抗震框架柱（KZ）上层纵筋直径大于下层时的连接构造

（3）框架柱（KZ）上层纵筋根数减少时的连接构造，见图 3-13。要点为：下柱多出的纵筋从楼层梁底处向上柱锚入 $1.2l_{aE}$。

（4）框架柱（KZ）下层纵筋直径大于上层纵筋直径时的连接构造，见图 3-14。要点为：下层纵筋向上穿过非连接区与上层较小直径纵筋连接，此构造与纵筋直径无变化时的构造一致。

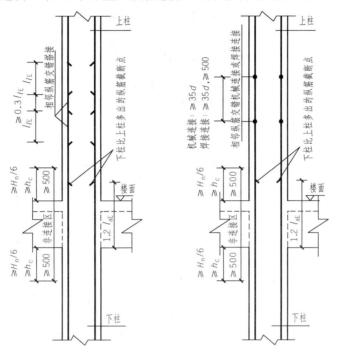

图 3-13 抗震框架柱（KZ）上层纵筋根数减少时的连接构造

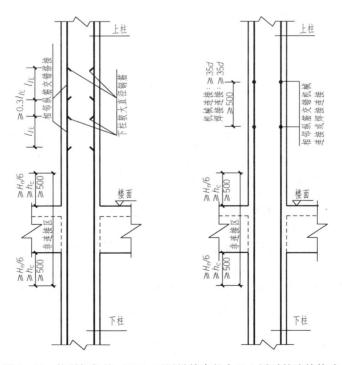

图 3-14 抗震框架柱（KZ）下层纵筋直径大于上层时的连接构造

3.3.2　框架柱箍筋构造

1. 框架柱箍筋加密区范围

（1）框架柱（KZ）无地下室时的箍筋加密区范围见图 3-15。要点为：框架柱（KZ）箍筋加密区范围与柱纵筋非连接区相同，即一层柱下端 $\geqslant H_n/3$ 单控值，一层柱上端和其他层的上端和下端均要满足 $\geqslant H_n/6$、$\geqslant h_c$、$\geqslant 500$mm，即三者中取大者。应注意，本构造图不适用于短柱、框支柱和一、二级抗震等级的角柱。

（2）地下室框架柱（KZ）的箍筋加密区范围见图 3-16。要点为：地下室框架柱（KZ）箍筋加密区范围与柱纵筋非连接区相同，即所有柱上端和下端箍筋加密区范围均要满足 $\geqslant H_n/6$、$\geqslant h_c$、$\geqslant 500$mm，即三者中取大者。

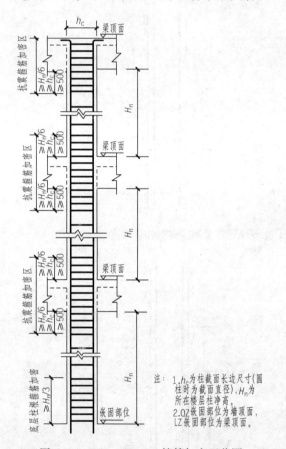

注：1. h_c 为柱截面长边尺寸（圆柱时为截面直径），H_n 为所在楼层柱净高。
2. QZ嵌固部位为墙顶面，LZ嵌固部位为梁顶面。

图 3-15　KZ、QZ、LZ箍筋加密区范围

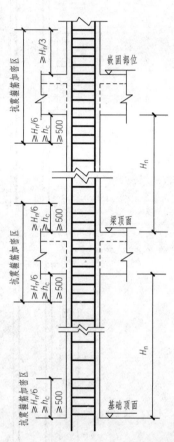

图 3-16　地下室KZ箍筋加密区范围

（3）当未设地下室的框架柱基础埋置较深，且在一层地面位置未设置地下框架梁时，在刚性地面附近应设箍筋加密区，见图 3-17。

（4）有些柱沿柱全高均需要箍筋加密，包括三种情况：①框架结构中一、二级抗震等级的角柱；②抗震框架 $H_n/h_c \leqslant 4$ 的短柱；③抗震框支柱。

当框架柱为短柱时，在地震作用下，柱身弯矩在柱层高内不会出现反弯点，此时框架柱的刚度较大，柱身的延性（即吸收地震能量的能力）相应降低，在横向地震作用下，柱身任何部位都有可能发生剪切破坏（有反弯点的柱通常不会在柱中部发生剪切破坏），因此，采

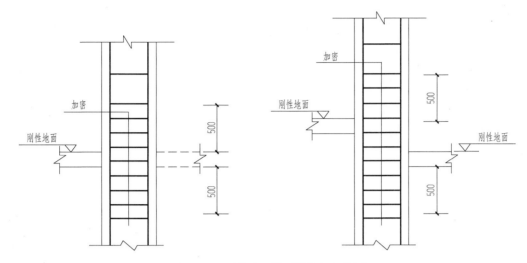

图 3-17　刚性地面附近箍筋加密范围

用沿柱全高加密箍筋的措施，可以防止剪切破坏。

2. 框架柱箍筋的复合方式

（1）框架柱矩形截面箍筋的复合方式，见图 3-18。要点为：

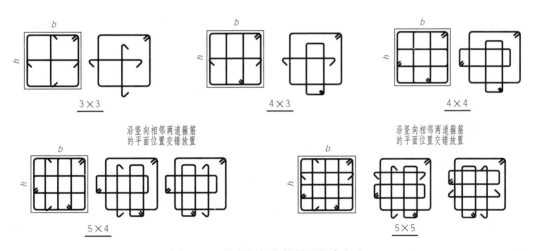

图 3-18　抗震框架柱箍筋的复合方式

1）截面周边为封闭箍筋，截面内的复合箍为小箍筋或拉筋。采用这种箍筋复合方式，沿封闭箍筋周边局部平行接触的箍筋不宜多于两道，因此用钢量最少。

2）柱内复合箍也可以全部采用拉筋，拉筋应同时钩住纵向钢筋和外围封闭箍筋，该箍筋复合方式也可用于梁柱节点内。

3）抗震柱所有箍筋的弯钩角度应为 135°，箍筋弯钩直段长度应为 $10d$（d 为箍筋直径）与 75mm 中的较大值。

（2）抗震圆柱螺旋箍筋构造，要点为：

1）沿柱高每隔 1.5m 设置一道直径≥12mm 的内环定位钢筋，但当采用复合箍筋时可以省去不设。

2）螺旋箍筋搭接长度$\geqslant l_a$且$\geqslant 300\text{mm}$，弯钩直段长度考虑抗震时为$10d$和75mm中取较大值，非抗震时取$5d$，角度为$135°$。

3）当螺旋箍筋采用非接触搭接方式时，搭接钢筋可交错半个箍距或保持25mm净距。非接触搭接有利于混凝土对搭接钢筋产生较高的黏结力。

3. 框架柱复合箍筋布置原则

根据构造要求，当柱截面短边尺寸大于400mm且各边纵向钢筋多于3根时，或当截面短边尺寸不大于400mm但各边纵向钢筋多于4根时，应设置复合箍筋。

设置复合箍筋要遵循下列原则：

（1）大箍套小箍。

矩形柱的箍筋要求采用大箍里面套若干小箍的方式。如果是偶数肢数，则用几个两肢小箍来组合；如果是奇数肢数，则用几个两肢小箍再加上一个拉筋来组合，见图3-19（a）、（b）。

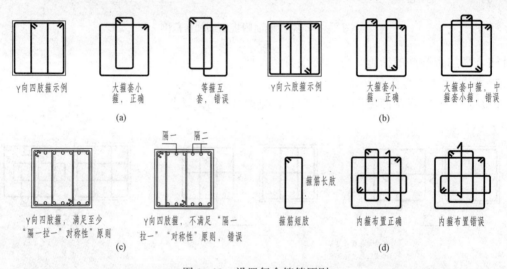

图3-19　设置复合箍筋原则

（a）、（b）大箍套小箍示例；（c）"隔一拉一""对称"示例；（d）内箍短肢最小示例

（2）"隔一拉一"。

设置的内箍肢或拉筋，要满足对柱纵筋至少"隔一拉一"的要求。也就是说，不允许存在两根相邻的柱纵筋同时没有钩住箍筋的肢或拉筋的现象，见图3-19（c）。

（3）对称性。

柱b边上箍筋的肢或拉筋都应该在b边上对称分布。同理，柱h边上箍筋的肢或拉筋都应在h边上对称分布，见图3-19（c）。

（4）内箍（小箍）短肢尺寸最小。

在考虑大箍套小箍的布置方案时，应该使矩形内箍（小箍）的短肢尺寸尽可能最短，使内箍与外箍重合的长度最短，见图3-19（d）。

（5）内箍尽量做成标准格式。

当柱复合箍筋存在多个内箍时，只要条件许可，这些内箍都尽量做成标准的格式，即内箍尽量做成等宽度的形式，以便于施工。

（6）纵横方向的内箍（小箍）要贴近外箍（大箍）放置。

柱复合箍筋在绑扎时，以大箍为基准，将纵向的小箍放在大箍上面，横向的小箍放在大箍下面；或者是纵向的小箍放在大箍下面，横向的小箍放在大箍上面。

在实际工程中，有的人为了图省事，采用"等箍互套"方式，或"大箍套中箍、中箍再套小箍"的做法，这是不允许的。

4. 框架柱纵筋搭接长度范围内箍筋加密构造

当框架柱纵筋采用搭接连接时，应在柱纵筋搭接长度范围内按≤5d（d 为搭接钢筋的较小直径）及≤100mm 的间距加密箍筋。施工及预算应注意，当原设计的非加密箍筋间距＞5d 或＞100mm 时，应将柱纵筋搭接长度范围内的箍筋间距调整为 5d 及 100mm 的较小值。

3.4　柱节点钢筋构造

3.4.1　框架柱楼层节点处变截面构造

柱变截面通常是上柱比下柱截面向内缩进，其纵筋在节点内有非直通或直通两种构造。

1. 框架柱变截面纵筋非直通构造

当 $\Delta/h_b > 1/6$（Δ 为上柱截面缩进尺寸，h_b 为框架梁截面高度）时，应采用柱纵筋非直通构造，见图 3-20。要点为：

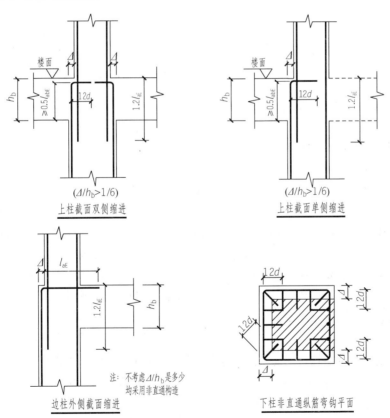

图 3-20　框架柱变截面纵筋非直通构造

（1）下柱纵筋向上伸至梁纵筋之下弯钩，且要求 $\geqslant 0.5 l_{abE}$，弯钩水平段长度为 $12d$（d 为柱纵筋直径）。

（2）上柱收缩截面的插筋要锚入节点内，其长度为 $1.2 l_{aE}$。

（3）当边柱外侧截面向内缩进时，不考虑 Δ / h_b 是否大于 $1/6$ 还是小于或等于 $1/6$，均采用纵筋非直通构造。

（4）下柱非直通纵筋的角筋弯折朝向截面中心。

2. 框架柱变截面纵筋直通构造

框架柱变截面纵筋直通构造见图 3-21，要点为：

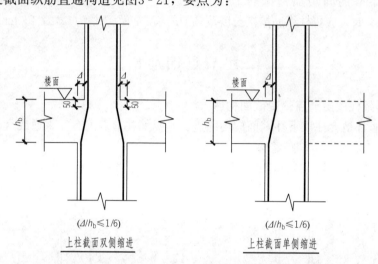

图 3-21　框架柱变截面纵筋直通构造

（1）当 $\Delta / h_b \leqslant 1/6$ 时，可采用下柱纵筋略向内斜弯再向上直通构造。

（2）节点内箍筋应按加密区箍筋设计，顺斜弯度紧扣纵筋设置。

3.4.2　框架柱顶节点构造

1. 中柱、边柱、角柱的区分

框架顶层柱因所处位置不同，可分为中柱、边柱和角柱三种类型，一般情况下按以下形式区分中柱、边柱和角柱，见图 3-22。

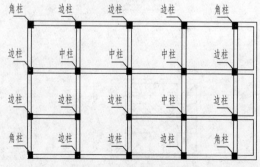

图 3-22　顶层柱的类型
（中柱、边柱和角柱）示意图

（1）中柱：x 向和 y 向梁跨（不包括悬挑端）以柱为支座形成"十"形相交；

（2）边柱：x 向和 y 向梁跨（不包括悬挑端）以柱为支座形成"T"形相交；

（3）角柱：x 向和 y 向梁跨（不包括悬挑端）以柱为支座形成"L"形相交。

根据柱在建筑物上的平面位置，我们很容易确定中柱、边柱和角柱，但是平法图集 16G101-1 中所称的"中柱、边柱和角柱"其含义有所不同，我们一定要正确理解。

柱顶节点构造分类见表 3-2。

表 3 - 2	柱 顶 节 点 构 造 分 类	
柱在建筑物中的位置	从柱顶节点构造图看时	说　　明
中柱	柱顶两侧有梁	中柱和边柱节点构造相同,见 16G101 - 1 图集第 68 页
边柱	柱顶两侧有梁	
	柱顶一侧有梁(不包括 KL 的悬挑端)	边柱和角柱节点构造相同,见 16G101 - 1 图集第 67 页
角柱	柱顶一侧有梁(不包括 KL 的悬挑端)	

2. 框架柱两侧有梁时的顶节点构造

框架柱两侧有梁时的顶节点构造,即 16G101 - 1 图集第 68 页所表示的框架中柱顶节点和边柱两侧有梁时的节点构造,见图 3 - 23。要点为:

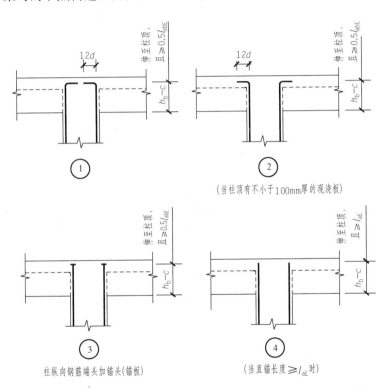

图 3 - 23　框架柱两侧有梁时纵筋构造

(1) 从梁底线算起,当柱纵筋向上允许直通高度（梁高 h_b -柱保护层 c_c）< l_{aE} 时,下柱纵筋向上伸至柱顶,且 ≥ $0.5l_{abE}$ 后弯钩,弯钩水平段长度为 12d（d 为柱纵筋直径）;弯钩可朝向柱截面内;当顶层现浇混凝土板的板厚 ≥ 100mm 时,弯钩可朝向柱截面外。

(2) 从梁底线算起,当柱纵筋向上允许直通高度 ≥ l_{aE} 时,柱纵筋伸至柱顶混凝土保护层位置即可。

(3) 节点内按柱上端的复合加密箍筋设置到顶。

(4) 箍筋应紧扣柱纵筋绑扎。当柱纵筋顶端向内弯钩时,最高处一道复合箍筋的外框封闭箍筋应比下方外框封闭箍筋稍小;当柱纵筋顶端向外弯钩时,最高处一道复合箍筋的外框封闭箍筋应比下方外框封闭箍筋稍大。

（5）中柱柱头纵向钢筋构造分四种构造做法，施工人员应根据各种做法所要求的条件正确选用。

3. 框架柱一侧有梁时的顶节点构造

框架柱一侧有梁时的顶节点构造，即 16G101-1 图集第 67 页所表示的框架边柱和角柱柱顶节点构造。框架边柱或角柱顶层仅一侧有梁时的顶节点构造，与框架柱两侧有梁时的顶节点构造有显著区别，这部分内容是平法的难点又是重点。

框架柱一侧有梁时的顶层端节点纵筋构造见图 3-24。要点为：

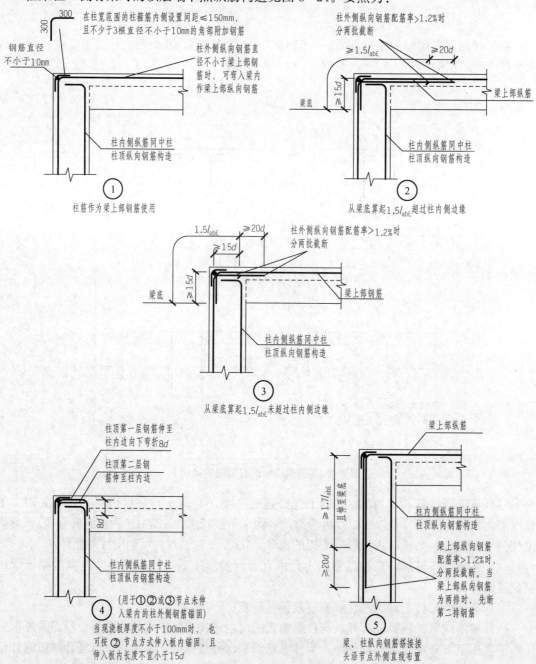

图 3-24　框架柱 KZ 一侧有梁时纵筋构造

（1）框架柱（KZ）的角柱和边柱一侧有梁时的纵筋构造节点有 5 个，节点①、②、③、④应配合使用，节点④不应单独使用（仅用于未伸入梁内的柱外侧纵筋锚固），伸入梁内的柱外侧纵筋不宜少于柱外侧全部纵筋面积的 65%。可选择②+④或③+④或①+②+④或①+③+④的做法。节点⑤用于梁、柱纵筋接头沿节点柱顶外侧直线布置的情况，可与节点①组合使用。

（2）节点①是柱外侧纵筋直径不小于梁上部钢筋时，可弯入梁内做梁上部纵筋。

（3）节点②、③是梁上部纵筋伸至柱外侧纵筋内侧，弯钩至梁底位置，且弯钩垂直段长度 $\geqslant 15d$；柱外侧纵筋向上伸至梁上部纵筋之下，水平弯折后向梁内延伸；柱纵筋自梁底算起，与梁上部纵筋弯折搭接总长度为 $\geqslant 1.5l_{abE}$。当 $1.5l_{abE}$ 值超过柱内侧边缘时，相当于节点②，第一批柱纵筋截断点位于梁内；当 $1.5l_{abE}$ 值未超过柱内侧边缘时，相当于节点③，第一批柱纵筋截断点位于节点内，且柱纵筋在节点内的水平段长度 $\geqslant 15d$。

（4）在节点②、③中，柱外侧纵筋配筋率 $>1.2\%$ 时，要求分两批截断钢筋，第二批截断位置距第一批截断点 $\geqslant 20d$。

（5）节点⑤是梁上部纵筋伸至柱外侧纵筋内侧竖直向下弯折，竖直段与柱外侧纵筋搭接总长度为 $\geqslant 1.7l_{abE}$；柱外侧纵筋向上伸至柱顶。

（6）节点⑤中梁上部纵筋配筋率 $>1.2\%$ 时，要求分两批截断钢筋，第二批截断位置距第一批截断点 $\geqslant 20d$。

（7）节点内的箍筋按柱上端的复合加密箍筋设置到顶。

3.5　框 架 柱 识 图 操 练

3.5.1　等截面框架柱识图操练

我们将通过等截面框架柱平法施工图，绘制框架柱的立面钢筋排布图和截面钢筋排布图，以进一步深入掌握平法知识，提高框架柱平法施工图的识读能力。

1. 柱平法施工图

在某办公楼的工程施工图中截取了 KZ1 的平法施工图，下面我们用已学过的框架柱列表注写方式，识读③轴和①轴相交处 KZ1 的平法施工图。KZ1 工程信息见表 3 - 3，平法施工图见图 3 - 25。

表 3 - 3　　　　　　　　　　　　工 程 信 息 表

层号	顶面标高（m）	层高（m）	梁截面高度（mm）X 向/Y 向	
5	17.350	3.3	550/550	混凝土强度等级：C25；抗震等级：三级；环境类别：一类；现浇板厚：100mm；基础保护层厚度为 40mm
4	14.050	3.3	550/550	
3	10.750	3.3	550/550	
2	7.450	3.3	550/550	
1	4.150	4.2	600/600	
基础	−1.050	基础顶面到一层地面高 1.0		

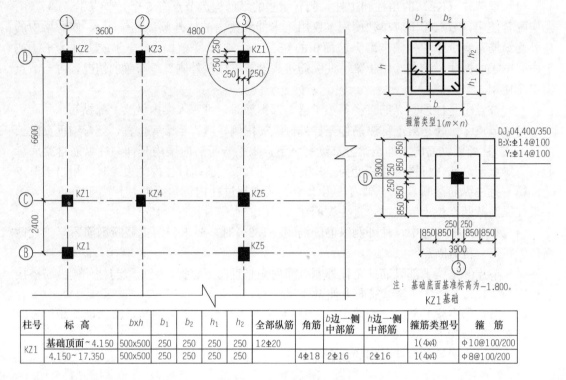

图 3-25　柱平法施工图

柱号	标高	b×h	b_1	b_2	h_1	h_2	全部纵筋	角筋	b边一侧中部筋	h边一侧中部筋	箍筋类型号	箍筋
KZ1	基础顶面~4.150	500x500	250	250	250	250	12Φ20				1(4x4)	Φ10@100/200
	4.150~17.350	500x500	250	250	250	250		4Φ18	2Φ16	2Φ16	1(4x4)	Φ8@100/200

2. 框架柱钢筋排布图

针对 KZ1 平法施工图 3-25，绘制 KZ1 的立面钢筋排布图，见图 3-26；绘制截面钢筋排布图，见图 3-27。

注意： KZ1 是边柱，b 边按柱顶两侧有梁的柱顶节点构造执行；h 边按柱顶一侧有梁的柱顶节点构造执行，按 16G101-1 图集第 67 页的②节点或③节点构造绘图。

绘制框架柱的步骤如下：

（1）查看基础图，确定 KZ1 对应的基础底面标高和顶面标高，从柱插筋开始绘制。

（2）查看各层楼面结构标高，确定柱高。

（3）查看各层楼面框架梁结构配筋图，确定梁高（注意 X 向和 Y 向梁高不一定相同），再进一步求柱的净高。

（4）绘制柱的外轮廓线，标注柱高 H 和柱净高 H_n。

（5）计算箍筋加密区和钢筋非连接区：一层柱下端取 $H_n/3$，一层柱上端及其他各层柱上下两端取 $\max(H_n/6, h_c, 500)$。

（6）假如框架柱采用焊接连接时，对焊接连接点交错距离取 $\max(35d, 500)$。

（7）绘制柱两侧有梁时的柱顶节点时，当直锚长度 $(h_b-c_c) \geq l_{aE}$ 时直锚；当直锚长度 $(h_b-c_c) < l_{aE}$ 时弯锚，柱纵筋在柱顶弯钩 12d 后截断。c_c 为柱的混凝土保护层厚度。

（8）绘制柱一侧有梁时的柱顶节点时，如果考虑 16G101-1 图集第 67 页的②节点或③节点构造，经过计算，$1.5l_{abE}$ 未超过柱内侧边缘，故选③构造，见图 3-26 的右图顶部。

（9）计算柱外侧钢筋与梁上部钢筋的搭接长度：$1.5l_{abE}$。

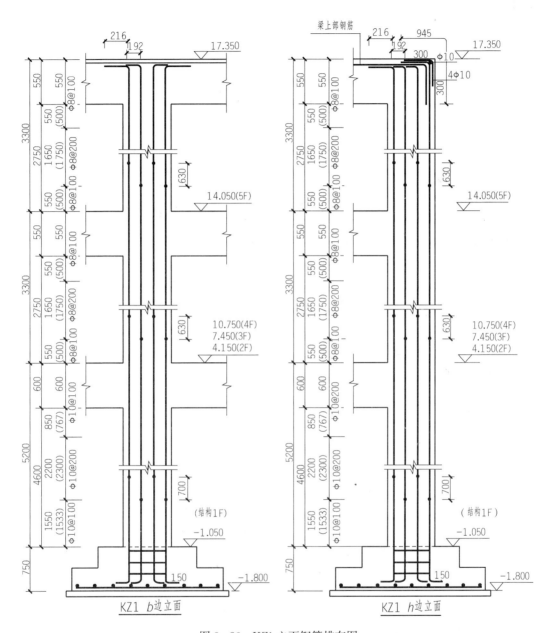

图 3-26 KZ1 立面钢筋排布图

注：$\geqslant H_n/3$ 和 $\geqslant \max$ ($H_n/6$，h_c，500) 实际取值时，如果用于计算造价钢筋长度，可直接取此值（括号内数字）；如果是施工现场钢筋排布，则取箍筋间距的倍数加 50mm。

（10）计算边柱顶部柱外侧纵筋配筋率。柱外侧纵筋 2 ⊈ 18＋2 ⊈ 16，$A_s = 911 \text{mm}^2$，则配筋率为

$$\rho = \frac{A_s}{bh} = \frac{911}{500 \times 500} = 0.36\% < 1.2\%$$

所以柱外侧纵筋伸至柱顶弯折后一次截断。

（11）对柱截面尺寸有变化、钢筋直径和根数有变化、箍筋有变化的柱段，均要绘出柱

截面钢筋排布图。

（12）绘制柱一侧有梁时的柱顶节点时，如果采用 16G101-1 图集第 67 页⑤节点构造，见图 3-28（其他内容同图 3-26）。

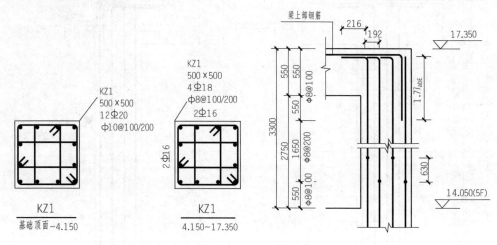

图 3-27　KZ1 截面钢筋排布图　　　图 3-28　KZ1 柱顶"梁插柱"构造图

3. 钢筋非连接区和箍筋加密区计算

框架柱纵筋非连接区和箍筋加密区计算见表 3-4。

表 3-4　　　　　　　　　　　纵筋非连接区和箍筋加密区计算表

柱位置	层高 (m)	梁高 (mm)	柱净高 H_n (mm)	纵筋非连接区和箍筋加密区范围 (mm)	焊接连接钢筋错开距离 (mm)
2 层~顶层	3.3	550	2750	$max(H_n/6, h_c, 500) =$ $max(2750/6=458, 500, 500)=500$	公式：$max(500, 35d)$ $35d_1=35×18=630$ $35d_2=35×20=700$ （同一截面有两种钢筋直径时，取大者，相互连接的两根钢筋直径不同时，取较小者）
基顶~1 层	4.2+1 =5.2	600	4600	上端：≥$max(4600/6=767, 500,$ $500)=767$ 下端：≥$H_n/3=1533$	

注　1. h_c 为柱截面长边尺寸。

　　2. 为了计算方便纵筋非连接区与箍筋加密区范围取相同值。

3.5.2　变截面框架柱识图操练

16G101-1 第 68 页 KZ 变截面位置纵向钢筋构造是学习平法、识读施工图的难点，下面通过工程实例进行实操训练，进一步掌握关于变截面框架柱的纵向钢筋构造，以提高结构施工图的分析问题能力和解决问题能力。

1. 柱平法施工图

在某办公楼的工程施工图中截取了变截面柱 KZ5，下面我们用已学过的平法知识识读 KZ5 的平法施工图。

KZ5 的工程信息见表 3 - 5，采用列表注写方式，平法施工图见图 3 - 29（只讨论基顶标高以上部分）。

表 3 - 5　　　　　　　　　　　工 程 信 息 表

层号	顶标高（m）	层高（m）	梁截面高度（mm）X 向/Y 向	
3	10.750	3.3	550/550	混凝土强度等级：C25；抗震等级：三级；环境类别：一类；顶层现浇板板厚：100mm
2	7.450	3.3	550/550	
1	4.150	4.2	550/550	
基础	−1.050	基础顶面到一层地面高 1.0		

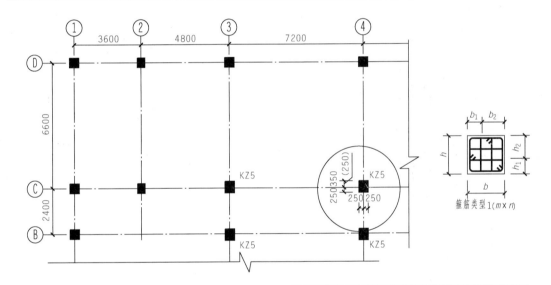

柱号	标　高	b×h	b_1	b_2	h_1	h_2	角筋	b 边一侧中部筋	h 边一侧中部筋	箍筋类型号	箍　筋
KZ5	基础顶面~4.150	500×600	250	250	250	350	4⚒20	2⚒18	2⚒18	1(4×4)	Φ10@100/200
	4.150~7.450	500×500	250	250	250	250	4⚒18	2⚒16	2⚒16	1(4×4)	Φ10@100/200
	7.450~10.750	500×500	250	250	250	250	4⚒18	2⚒16	2⚒16	1(4×4)	Φ8@100/200

图 3 - 29　KZ5 平法施工图

2. 变截面框架柱钢筋排布图

通过识读变截面框架柱平法施工图，绘制立面钢筋排布图（见图 3 - 30）和截面钢筋排布图（见图 3 - 31）。

KZ5 属于中柱，柱顶钢筋构造要符合 16G101 - 1 第 68 页关于 KZ 中柱柱顶纵向钢筋构造的要求。

3. 钢筋非连接区和箍筋加密区计算

框架柱纵筋非连接区和箍筋加密区计算见表 3 - 6。

表 3-6　　　　　　　　　　　　纵筋非连接区和箍筋加密区计算表

柱位置	层高 (m)	梁高 (mm)	柱净高 H_n (mm)	纵筋非连接区和箍筋加密区范围 (mm)	焊接连接钢筋错开距离 (mm)
2层~3层	3.3	550	2750	$\max(H_n/6,\ h_c,\ 500)=\max$ $(2750/6=458,\ 500,\ 500)=500$	公式：$\max(500,\ 35d)$ $35d_1=35\times18=630$ $35d_2=35\times20=700$ （同一截面有两种钢筋直径时，取大者，相互连接的两根钢筋直径不同时，取较小者）
基顶~1层	4.2+1 =5.2	h边550 b边600	h边4650 b边4600	上端：$\max(4650/6=775,\ 500,\ 500)=775$	
				下端：$\geqslant H_n/3=4650/3=1550$	

注　1. h_c 为柱截面长边尺寸。

　　2. 为了方便计算，纵筋非连接区与箍筋加密区范围取相同值。

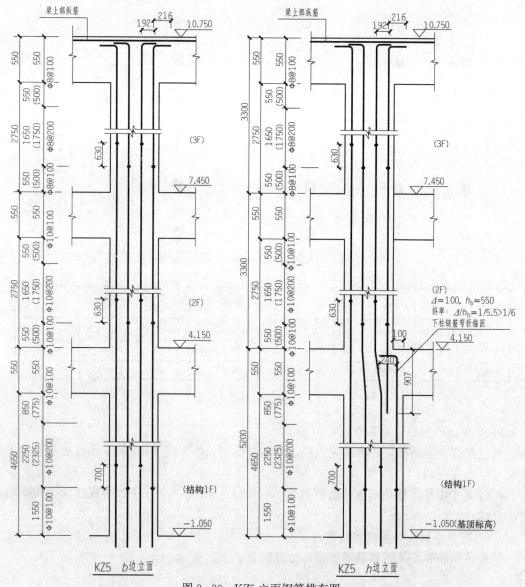

图 3-30　KZ5 立面钢筋排布图
注：括号内数字用于钢筋计算。

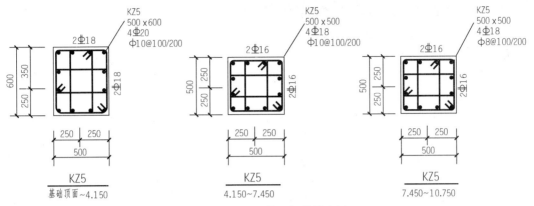

图 3-31 KZ5 截面钢筋排布图

3.6 框架柱钢筋计算操练

3.6.1 柱钢筋计算公式

1. 柱箍筋根数计算公式

（1）基础内箍筋根数：

$$n = \max\{2, [(h_j - 100 - c_j)/500 + 1]\} \tag{3-1}$$

式中　h_j——基础高度；

　　　 c_j——基础保护层厚度。

（2）其他层每层柱箍筋根数：

$$n = \frac{柱下端加密区-50}{加密间距} + \frac{非加密区}{非加密间距} + \frac{柱上端加密区+梁高}{加密间距} + 1 \tag{3-2}$$

上式中共有 3 个"箍筋范围除以间距"的商，每个商数要取整数，小数只入不舍，但在实际操作时当遇到"0.01"这个数时，也要只入不舍吗？可以这样处理：当小数点后第一位数值非零时，可以商数加 1。

式（3-2）中，为什么箍筋根数要加 1 呢？我们求的是箍筋的根数，而前三项求得的是箍筋的间距数，所以间距数要加 1。

2. 柱箍筋长度计算公式

柱箍筋形式有非复合箍和复合箍，下面分非复合箍（复合箍的外箍）、复合箍的内箍讨论箍筋长度计算公式，柱箍筋图样见图 3-32。

（1）柱非复合箍（外箍）的长度计算公式。

箍筋基本计算公式：

箍筋长度＝直段长度＋弯钩增加值

造价长度取外皮尺寸，所以考虑抗震时，柱非复合箍（外箍）的箍筋长度公式：

$$L = 2(b-2c) + 2(h-2c) + 2\max\{12.9d, 75+2.9d\}$$

$$L = 2(b+h) - 8c + \max\{25.8d, 150+5.8d\}$$

$$\tag{3-3}$$

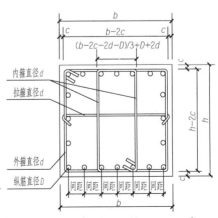

图 3-32 柱箍筋图样

不同情况下非复合箍（外箍）长度的计算公式见表 3 - 7。

（2）柱内箍长度计算公式。

沿 h 边内箍高 $=h-2c$

沿 b 边内箍宽 $=[(b-2c-2d-D)/$ 间距个数$]\times$ 内箍占间距个数 $+D+2d$

内箍的长度：

$$L=2\{[(b-2c-2d-D)/\text{间距个数}]\times\text{内箍占间距个数}$$
$$+D+2d\}+2(h-2c)+2\times\text{弯钩长} \qquad (3-4)$$

当柱复合箍 4×4，考虑抗震时，内箍长度计算公式：

$$L=2[(b-2c-2d-D)/3+D+2d]+2(h-2c)+2\times\text{弯钩长}$$
$$=2(b-2c)/3+2(h-2c)+2\max(12.9d,75+2.9d)+4(D+d)/3$$
$$=2(b-2c)/3+2(h-2c)+1.3D+\max(27.1d,150+7.1d) \qquad (3-5)$$

式中　D——柱纵向钢筋直径；

　　　d——箍筋直径。

不同情况下柱内箍长度的计算公式见表 3 - 7。

（3）柱单肢箍（拉筋）长度计算公式。

当柱内部复合箍筋采用单肢箍时，单肢箍要同时钩住柱纵向钢筋和外箍，并在端部做 135°的弯钩。考虑抗震时，单肢箍的长度：

$$L=b-2c+2d+2\times\text{弯钩长}$$
$$=b-2c+2d+2\max(12.9d,75+2.9d)$$

上式整理后，单肢箍的长度计算公式为

$$L=b-2c+\max(27.8d,150+7.8d) \qquad (3-6)$$

不同情况下单肢箍长度的计算公式见表 3 - 7。

表 3 - 7　　　　　　　　　　柱箍筋长度计算公式表　　　　　　　　　　　　mm

柱箍筋	适用范围	直径 d	柱箍筋长度计算公式
非复合箍（外箍）	抗震	$d=8,10,12$	$L=2(b+h)-8c+25.8d$
		$d=6$	$L=2(b+h)-8c+150+5.8d$
	非抗震		$L=2(b+h)-8c+15.8d$
内箍	抗震		$L=2\{[(b-2c-2d-D)/\text{间距个数}]\times\text{内箍占间距个数}+D+2d\}+2(h-2c)+2\max(12.9d,75+2.9d)$
	非抗震		$L=2\{[(b-2c-2d-D)/\text{间距个数}]\times\text{内箍占间距个数}+D+2d\}+2(h-2c)+15.8d$
4×4 复合箍的内箍	抗震	$d=8,10,12$	$L=2(b-2c)/3+2(h-2c)+1.3D+27.1d$
		$d=6$	$L=2(b-2c)/3+2(h-2c)+1.3D+150+7.1d$
	非抗震		$L=2(b-2c)/3+2(h-2c)+1.3D+17.1d$
单肢箍	抗震	$d=8,10,12$	$L=b-2c+27.8d$
		$d=6$	$L=b-2c+150+7.8d$
	非抗震		$L=b-2c+17.8d$

3.6.2　框架柱钢筋计算操练

前面我们取某办公楼施工图中 KZ1 的平法施工图，通过画钢筋排布图进行了识图操练，下面还用这根 KZ1（见图 3-25）进行钢筋计算操练。

1．计算步骤

计算钢筋步骤如下：

第一步：画柱纵筋简图，见图 3-33 左图。柱纵筋采用焊接连接，焊接连接不影响钢筋长度的计算。柱纵筋从基础插筋到柱顶部仅在第二层柱下端钢筋直径有变化。

第二步：对柱纵筋编号。③轴和Ⓐ轴相交处的 KZ1 是边柱，从平面图来看，截面上边为柱外侧，左边、右边和下边为内侧。基础层和一层纵筋为①12 Φ 20；二、三层和四层配筋相同，角筋为②4 Φ 18，中部筋为③8 Φ 16；五层即顶层，外侧角筋为④2 Φ 18；外侧中筋为⑤2 Φ 16；内侧角筋为⑥2 Φ 18；内侧中筋为⑦6 Φ 16。

第三步：判断是否为短柱。 $(H_n)_{min}=2750$mm，$h_c=500$mm，$H_n/h_c=2750/500=5.5>4$，故 KZ1 不是短柱。

第四步：画柱箍筋的简图，见图 3-33 右图。

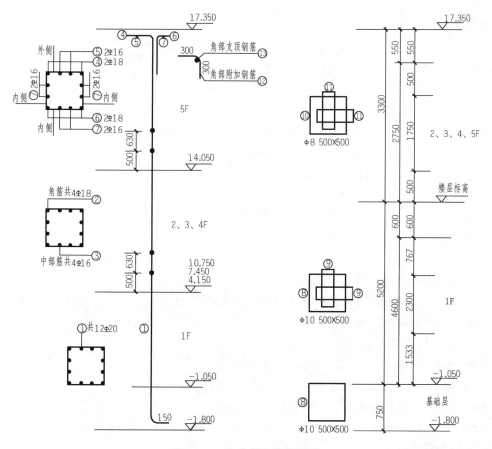

图 3-33　柱纵筋和箍筋简图

第五步：对柱箍筋编号。当柱截面尺寸发生变化，或箍筋直径变化时，箍筋要编不同的号码。

基础内设矩形封闭箍（非复合箍）为⑧钢筋；一层内设复合箍筋，外箍尺寸和直径与基础内箍筋一致，仍为⑧钢筋，内箍为⑨钢筋；二到五层设复合箍筋，由于直径不同，要编不同的号，外箍为⑩钢筋，内箍为⑪钢筋。

第六步：这是边柱，柱顶外侧设角部附加钢筋和支顶钢筋，角部附加钢筋为⑫钢筋、支顶钢筋为⑬钢筋。

第七步：按照编号顺序计算所有钢筋。

2. 计算分析

（1）基本信息。

柱保护层厚度为 25mm，基础保护层厚度为 40mm，$l_{aE}=35d$。基础底板两个方向钢筋 $d_x=14$mm，$d_y=14$mm。

（2）柱在基础中插筋锚固构造。

基础高度 $h_j=1.8-1.05=0.75$（m）

因为 $h_j-c_j=750-40=710$（mm）$>l_{aE}=35\times20=700$（mm），插筋保护层$>5d$，柱插筋在基础内的弯钩要求 $6d$ 且$\geqslant150$，即 $\max(6d,150)=\max(6\times20=120,150)=150$（mm）。

基础内箍筋根数：
$$n=\max\{2,[(h_j-100-c_j)/500+1]\}$$
$$=\max\{2,[(750-100-40)/500+1]\}$$
$$=3（根）$$

（3）纵筋非连接区和箍筋加密区范围。

为了计算方便，纵筋非连接区和箍筋加密区范围取相同值。

一层柱下端：$H_1=4.15+1.05=5.2$（m）

$H_{n1}=H_1-h_b=5.2-0.6=4.6$（m）

$H_{n1}/3=1533$（mm）

一层柱上端：$\max(H_{n1}/6,h_c,500)=767$（mm）

其他层柱上、下端：$H_n=3300-550=2750$（mm）

$\max(H_n/6,h_c,500)=(458,500,500)=500$（mm）

（4）相邻钢筋交错连接范围。

当相互连接的两根钢筋直径不同时用较小值确定 $35d$；当同一构件内不同连接钢筋计算连接区段长度不同时取大值。

Φ20 和Φ16 相连，直径取 16mm；

Φ20 和Φ18 相连，直径取 18mm；

$\max(35d,500)=\max(35\times16=630,500)=560$（mm）；

$\max(35d,500)=\max(35\times18=630,500)=630$（mm）；

$\max(560,630)=630$（mm）。

（5）柱顶钢筋构造。

柱外侧钢筋构造采用柱顶一侧有梁时的顶节点构造；柱内侧钢筋构造采用柱顶两侧有梁时的顶节点构造，又因为 $h_b-c_c=550-25=525$（mm）$<l_{aE}=35d=35\times16=560$（mm），所以采用第②节点构造。

3. 钢筋计算

按照编号顺序计算纵筋和箍筋，计算过程见表3-8。

表 3-8　　　　　　　　　　　　　**KZ1 钢 筋 计 算 表**

钢筋名称		编号	钢筋规格	计　算　式 （m）	总长 （m）
基础层 和一层纵筋		1	ϕ 20	$L=(4.15+1.8-0.04+0.15+0.5)\times 12+0.63\times 6=82.50$	82.500
二、三、 四层纵筋		2	ϕ 18	$3\times 4\times 3.3=39.6$	39.600
		3	ϕ 16	$3\times 8\times 3.3=79.2$	79.200
五层 纵筋	外侧 角筋	4	ϕ 18	$L=(3.3-0.5-0.55+1.5\times 35\times 0.018)\times 2-0.63=5.76$	5.760
	外侧 中筋	5	ϕ 16	$L=(3.3-0.5-0.55+1.5\times 35\times 0.016)\times 2-0.63=5.55$	5.550
	内侧 角筋	6	ϕ 18	$L=(3.3-0.5-0.025+12\times 0.018)\times 2-0.63=5.352$	5.352
	内侧 中筋	7	ϕ 16	$L=(3.3-0.5-0.025+12\times 0.016)\times 6-0.63\times 3=15.912$	15.912
基础层 和一层外箍		8	ϕ 10	$L=2\times (0.5+0.5)-8\times 0.025+25.8\times 0.01=2.058$ 基础层：$n=\max\{2,[(750-40-100)/500+1]\}=3$（根） 一层：$n=(1533-50)/100+2300/200+(767+600)/100+1=42$（根） 总根数 $n=3+42=45$（根）	92.610
一层内箍		9	ϕ 10	$L=2(0.5-2\times 0.025)/3+2\times (0.5-2\times 0.025)+1.3\times 0.02+27.1\times$ $0.01=1.497$ $n=2\times$ 外箍根数 $=2\times 42=84$（根）	125.748
二～五 层外箍		10	ϕ 8	$L=2\times (0.5+0.5)-8\times 0.025+25.8\times 0.008=2.006$ $n=4\times [(500-50)/100+1750/200+(500+550)/100+1]=104$（根）	208.624
二～五 层内箍		11	ϕ 8	$L=2(0.5-2\times 0.025)/3+2\times (0.5-2\times 0.025)+1.3\times 0.018+$ $27.1\times 0.008=1.440$ $n=2\times$ 外箍根数 $=2\times 104=208$（根）	299.562
角部附 加钢筋		12	ϕ 10	$L=0.3+0.3=0.6$ $n=\max\{3,[(500-2\times 25)/150+1]\}=4$（根）	2.400
角部支 顶钢筋		13	ϕ 10	$L=0.5-2\times 0.025=0.45$ $n=1$（根）	0.450

合计长度：ϕ 20：82.164m；18：50.712m；ϕ 16：100.662m；ϕ 10：221.208m；ϕ 8：508.186m

合计质量：ϕ 20：202.616kg；ϕ 18：101.323kg；ϕ 16：158.845kg；ϕ 10：136.485kg；ϕ 8：200.733kg

注　1. 计算钢筋根数时，每个商取整数，只入不舍；

　　　2. 质量＝长度×钢筋单位理论质量。

实 操 题

1. 图 3-34 是框架柱上层纵筋根数增加但直径相同或直径小于下层柱时的绑扎连接构造，请把它转换成机械连接或焊接连接的构造形式。图 3-35 是某框架柱上层和下层纵筋变化的截面配筋图，按照图 3-34 的构造要求，画出钢筋立面配筋图。

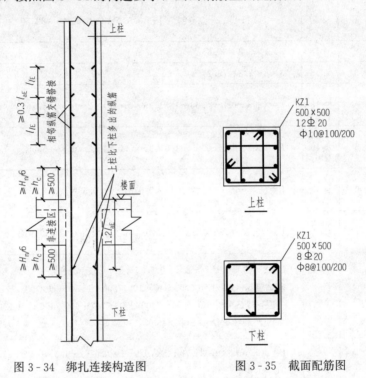

图 3-34　绑扎连接构造图　　　　　　　图 3-35　截面配筋图

2. KZ2 平法施工图见图 3-36，工程信息见表 3-9，要求计算钢筋工程量，假设柱顶采用②或③节点构造。

表 3-9　　　　　　　　　　　　　工 程 信 息 表

层号	顶标高 (m)	层高 (m)	梁截面尺寸（mm）(X向和Y向)	
3	10.750	3.3	600×250	混凝土强度等级：C30；
2	7.450	3.3	600×250	抗震等级：二级； 环境类别：一类；
1	4.150	4.2	600×250	顶层现浇板厚：100mm； 梁上部纵筋：4±20
基础	−0.950	基础顶面到一层地面高 0.9		

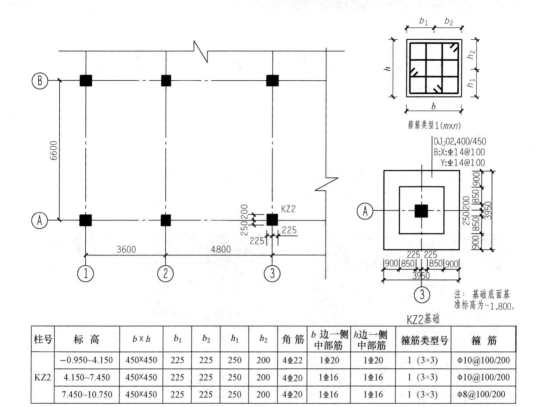

柱号	标 高	$b \times h$	b_1	b_2	h_1	h_2	角 筋	b 边一侧中部筋	h 边一侧中部筋	箍筋类型号	箍 筋
KZ2	−0.950~4.150	450×450	225	225	250	200	4⊈22	1⊈20	1⊈20	1 (3×3)	Φ10@100/200
	4.150~7.450	450×450	225	225	250	200	4⊈20	1⊈16	1⊈16	1 (3×3)	Φ10@100/200
	7.450~10.750	450×450	225	225	250	200	4⊈20	1⊈16	1⊈16	1 (3×3)	Φ8@100/200

KZ2平法施工图

图 3-36　KZ2 平法施工图

项目 4　剪力墙平法钢筋计算

看一看、想一想

　　图 4-1 和图 4-2 是剪力墙的实物照片，你能说出几种钢筋？请仔细观察钢筋构造，与图 3-1 和图 3-2 比较有什么区别？

图 4-1　剪力墙柱钢筋

图 4-2　剪力墙身钢筋

4.1　剪力墙的平法设计规则

4.1.1　剪力墙结构包含的构件

　　简单地说，剪力墙结构构件包含"一墙、二柱、三梁"，即包含一种墙身、两种墙柱、三种墙梁，剪力墙的组成构件及所配钢筋见图 4-3。

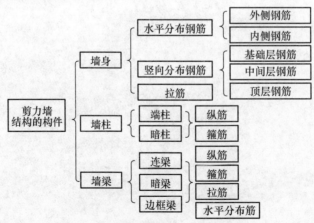

图 4-3　剪力墙的组成构件及钢筋

1. 一种墙身

剪力墙身的钢筋网通常设置水平分布筋和竖向分布筋（即垂直分布筋）。布置钢筋时，把水平分布筋放在外侧，竖向分布筋放在水平分布筋的内侧，因此，剪力墙的保护层是针对水平分布筋来说的。剪力墙身配筋见图 4-4。

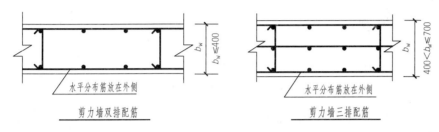

图 4-4　剪力墙身配筋构造

2. 两种墙柱

GB 50011—2010《建筑抗震设计规范》第 6.4.5 条中规定"抗震墙❶两端和洞口两侧应设置边缘构件"。边缘构件在传统意义上又叫剪力墙柱，可分为两大类：暗柱和端柱。暗柱的宽度等于墙的厚度，所以暗柱是隐藏在墙内看不见的。端柱的宽度比墙厚度要大，凸出墙面。暗柱包括：直墙暗柱、翼墙暗柱和转角墙暗柱。端柱包括：直墙端柱、翼墙端柱和转角墙端柱。

剪力墙的边缘构件又划分为"构造边缘构件"和"约束边缘构件"两大类。平法中构造边缘构件在编号时以字母 G 打头，约束边缘构件在编号时以字母 Y 打头，如图 4-5 所示。

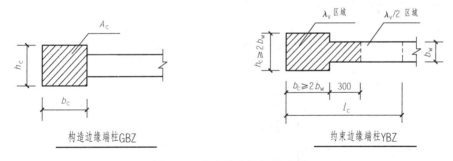

图 4-5　剪力墙边缘构件示例

✎ 特别提示

约束边缘构件要比构造边缘构件"强"一些，因而在抗震作用上也强一些。约束边缘构件应用在抗震等级较高的建筑，构造边缘构件应用在抗震等级较低的建筑。

3. 三种墙梁

三种剪力墙梁是指连梁（LL）、暗梁（AL）和边框梁（BKL），见图 4-6。

❶ 《建筑抗震设计规范》中的抗震墙就是《混凝土结构设计规范》中的剪力墙。

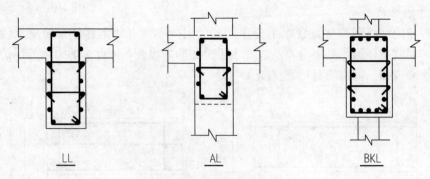

图 4-6　剪力墙梁配筋图

（1）连梁（LL）。连梁（LL）其实是一种特殊的墙身，它是上下楼层窗（门）洞口之间的那部分水平的窗（门）间墙。

（2）暗梁（AL）。暗梁（AL）与暗柱有些共性，因为它们都是隐藏在墙身内部看不见的构件，它们都是墙身的一个组成部分。暗梁的截面宽度与墙身厚度相同。

（3）边框梁（BKL）。边框梁（BKL）与暗梁有很多共同之处，边框梁也是一般设置在楼板以下的部位，它不是受弯构件，所以也不是梁。边框梁的配筋是按照截面配筋图所标注的钢筋截面全长贯通布置。

4.1.2　剪力墙各种钢筋的层次关系

综合分析剪力墙各种钢筋的层次关系，弄清楚哪些钢筋同处在第一层次，哪些钢筋同处在第二层次，哪些钢筋同处在第三层次，对于我们今后分析剪力墙各部分的构造很有帮助。

第一层次的钢筋有水平分布筋、暗柱箍筋。

第二层次的钢筋有竖向分布筋、暗柱纵筋、暗梁箍筋和连梁箍筋。

第三层次的钢筋有暗梁纵筋、连梁纵筋。

例如，暗梁中的钢筋层次关系见图 4-7。

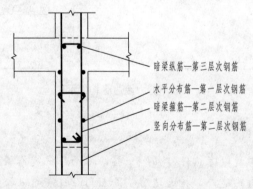

图 4-7　暗梁中的钢筋层次关系

4.1.3　剪力墙编号规定

剪力墙柱编号见表 4-1，剪力墙身编号见表 4-2，剪力墙梁编号见表 4-3，剪力墙洞口编号见表 4-4。

表 4 - 1　　　　　　　　　　**剪 力 墙 柱 编 号**

墙柱类型	代号	序号	墙柱详称	说　明
约束边缘构件	YBZ	××	约束边缘暗柱	设置在剪力墙边缘（端部）起到改善受力性能作用的墙柱。用于抗侧力大和抗震等级高的剪力墙，其配筋要求比构造边缘构件更严，配筋范围更大
			约束边缘端柱	
			约束边缘翼墙（柱）	
			约束边缘转角墙（柱）	
构造边缘构件	GBZ	××	构造边缘暗柱	设置在剪力墙边缘（端部）的墙柱
			构造边缘端柱	
			构造边缘翼墙（柱）	
			构造边缘转角墙（柱）	
非边缘暗柱	AZ	××	非边缘暗柱	在剪力墙的非边缘处设置的与墙厚等宽的墙柱
扶壁柱	FBZ	××	扶壁柱	在剪力墙的非边缘处设置的凸出墙面的墙柱

表 4 - 2　　　　　　　　　　**剪 力 墙 身 编 号**

类　型	代号	序号	说　明
剪力墙身	Q	××	剪力墙身指剪力墙除去端柱、边缘暗柱、边缘翼墙、边缘转角墙后的墙身部分

表 4 - 3　　　　　　　　　　**剪 力 墙 梁 编 号**

类　型	代号	序号	特　征
连梁	LL	××	设置在剪力墙洞口上方，两端与剪力墙相连，且跨高比小于5，梁宽与墙厚相同
连梁（对角暗撑配筋）	LL (JC)	××	跨高比不大于2，且连梁宽不小于400mm时可设置
连梁（交叉斜筋配筋）	LL (JX)	××	跨高比不大于2，且连梁宽不小于250mm时可设置
连梁（集中对角斜筋配筋）	LL (DX)	××	跨高比不大于2，且连梁宽不小于400mm时宜设置
连梁（跨高比不小于5）	LLk	××	跨高比不小于5的连梁按框架梁设计时采用
暗梁	AL	××	设置在剪力墙楼面和屋面位置，梁宽与墙厚相同
边框梁	BKL	××	设置在剪力墙楼面和屋面位置，梁宽大于墙厚

表 4 - 4　　　　　　　　　　**剪 力 墙 洞 口 编 号**

类　型	代号	序号	特　征
矩形洞口	JD	××	通常为在内墙墙身或连梁上设置的设备管道预留洞口
圆形洞口	YD	××	

4.1.4 剪力墙平法制图规则

剪力墙平法制图规则是指在剪力墙平面布置图上采用列表注写方式或截面注写方式表达的方法。

一、剪力墙列表注写方式

列表注写方式是分别在剪力墙柱表、剪力墙身表和剪力墙梁表中，对应于剪力墙平面布置图上的编号，用绘制截面配筋图并注写几何尺寸与配筋具体数值的方式，来表达剪力墙平法施工图。

1. 剪力墙身表

现举例说明剪力墙身列表注写方式，见表4-5。

表4-5 剪 力 墙 身 表

编号	标高（m）	墙厚（mm）	水平分布筋	垂直分布筋	拉筋
Q1（2排）	−4.000～2.830	250	Φ12@250	Φ12@250	Φ6@500
	2.830～31.130	200	Φ12@250	Φ12@250	Φ6@500
Q2（2排）	−4.000～2.830	250	Φ10@250	Φ10@250	Φ6@500
	2.830～31.130	200	Φ10@250	Φ10@250	Φ6@500

剪力墙身表中表达的内容说明如下：

（1）注写墙身编号：按表4-2规定编号。

（2）注写各段墙身起止标高，自墙身根部往上以变截面位置或截面未变但配筋改变处为界分段注写。墙身根部标高是指基础顶面标高（如为框支剪力墙结构则为框支梁顶面标高）。

（3）注写水平分布钢筋、竖向分布钢筋和拉筋的具体数值。

注写数值为一排水平分布钢筋和竖向分布钢筋的规格与间距，具体设置几排均在墙身编号后面表达。

2. 剪力墙柱表

现举例说明剪力墙柱列表注写方式，见表4-6。

表4-6 剪 力 墙 柱 表

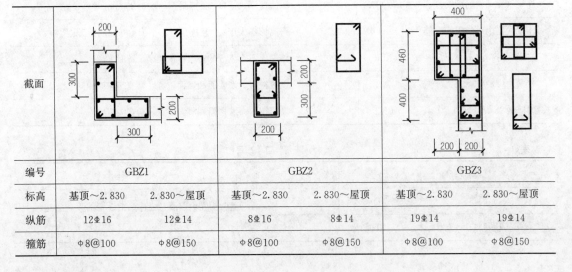

编号	GBZ1		GBZ2		GBZ3	
标高	基顶～2.830	2.830～屋顶	基顶～2.830	2.830～屋顶	基顶～2.830	2.830～屋顶
纵筋	12Φ16	12Φ14	8Φ16	8Φ14	19Φ14	19Φ14
箍筋	Φ8@100	Φ8@150	Φ8@100	Φ8@150	Φ8@100	Φ8@150

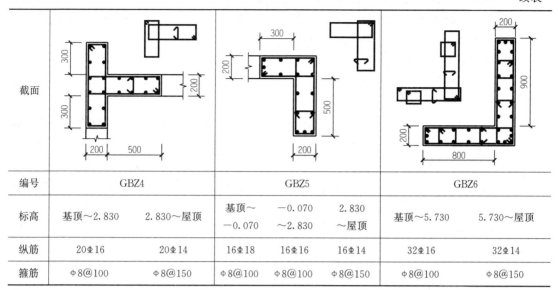

编号	GBZ4		GBZ5			GBZ6	
标高	基顶～2.830	2.830～屋顶	基顶～ −0.070	−0.070 ～2.830	2.830 ～屋顶	基顶～5.730	5.730～屋顶
纵筋	20Φ16	20Φ14	16Φ18	16Φ16	16Φ14	32Φ16	32Φ14
箍筋	Φ8@100	Φ8@150	Φ8@100	Φ8@100	Φ8@150	Φ8@100	Φ8@150

剪力墙柱表中表达的内容说明如下：

（1）注写墙柱编号：按表 4 - 1 规定编号。编号时，如若干墙柱的截面尺寸与配筋均相同，仅截面与轴线的关系不同时，可将其编为同一墙柱号。

（2）注写各段墙柱的起止标高，自墙柱根部往上以变截面位置或截面未变但配筋改变处为界分段注写。墙柱根部标高是指基础顶面标高（如为框支剪力墙结构则为框支梁顶面标高）。

（3）注写各段墙柱的纵向钢筋，注写值应与在表中绘制的截面对应一致。纵向钢筋注写总配筋值，墙柱箍筋的注写方式与柱箍筋相同。对于约束边缘构件除注写图集的相应标准构造详图中所示阴影部位内的箍筋外，尚应注写非阴影区内布置的拉筋（或箍筋）。

3. 剪力墙梁表

现举例说明剪力墙梁列表注写方式，见表 4 - 7。

表 4 - 7　　　　　　　　　　　剪 力 墙 梁 表

编号	所在楼层号	梁顶相对 标高高差	梁截面（mm） $b×h$	上部 纵筋	下部 纵筋	箍筋
LL1	−1～屋面		200×600	2Φ20	2Φ20	Φ8@100 (2)
LL2	−1～屋面		200×400	2Φ18	2Φ18	Φ8@150 (2)
AL1	−1～屋面		200×400	2Φ16	2Φ16	Φ8@150 (2)

剪力墙梁表中表达的内容说明如下：

（1）注写墙梁编号：按表 4 - 3 中规定编号。

（2）注写墙梁所在楼层号。

（3）注写墙梁顶面标高高差，是指相对于墙梁所在结构层楼面标高的高差值，高于者为正值，低于者为负值，当无高差时不注。

（4）注写墙梁截面尺寸 $b×h$，上部纵筋、下部纵筋和箍筋的具体数值。

（5）墙梁侧面纵筋的配置：当墙身水平分布钢筋满足连梁、暗梁及边框梁的梁侧面构造钢筋的要求时，该筋配置同墙身水平分布筋，表中不注，施工时按标准构造详图的要求即可。当不满足时，应在表中注明梁侧面纵筋的具体数值。

（6）当连梁设有对角暗撑时［代号为 LL（JC）××］，注写暗撑截面尺寸（箍筋外皮尺寸）；注写一根暗撑的全部纵筋，并标注×2 表明有两根暗撑相互交叉；注写暗撑箍筋的具体数值。

（7）当连梁设有交叉斜筋时［代号为 LL（JX）××］，注写连梁一侧对角斜筋的配筋值，并标注×2 表明对称设置；注写对角斜筋在连梁端部设置的连梁根数、强度等级及直径，并标注×4 表示四个角部设置；注写连梁一侧折线筋配筋值，并标注×2 表明对称设置。

（8）当连梁设有集中对角斜筋时［代号为 LL（DX）××］，注写一条对角线上的对角斜筋的配筋值，并标注×2 表明对称设置。

（9）跨高比不小于 5 的连梁，按框架梁设计时（代号为 LLk××），采用平面注写方式，注写规则同框架梁，可采用适当比例单独绘制，也可与剪力墙平法施工图合并绘制。

（10）墙梁侧面纵筋的配置，当墙梁水平分布筋满足连梁、暗梁及边框梁侧面纵筋要求时，该筋配置同墙身水平分布筋，表中不注，施工按标准构造详图的要求即可。当墙梁水平分布筋不满足连梁、暗梁及边框梁侧面纵筋要求时，应在表中补充注明梁侧面纵筋的具体数值；当为 LLk 时，平面注写方式以大写字母"N"打头。梁侧面纵筋在支座内锚固要求同连梁中受力钢筋。

二、剪力墙截面注写方式

1. 截面注写方式的一般要求

剪力墙截面注写方式，是在分标准层绘制的剪力墙平面布置图上，直接在墙柱、墙身、墙梁上注写截面尺寸和配筋具体数值，整体表达该标准层的剪力墙平法施工图。

对所有墙柱、墙身、墙梁和墙洞口，应分别按表 4-1～表 4-4 的规定进行编号，并分别在相同编号的墙柱、墙身、墙梁或墙洞口中选择一根墙柱、一道墙身、一道墙梁或一处洞口进行注写，其他相同者则仅需标注编号及所在层数即可。

2. 剪力墙柱的注写

在选定进行标注的截面配筋图上集中注写以下内容：

（1）墙柱编号：按表 4-1 中规定编号。

（2）墙柱竖向纵筋：××Φ××（注意钢筋强度等级符号：Φ为 HPB300，Φ为 HRB335，Φ为 HRB400，Φ为 HRB500）。

（3）墙柱核心部位箍筋/墙柱扩展部位拉筋：Φ××@××××/Φ××。

剪力墙构造边缘转角柱和构造边缘翼墙柱的截面注写示意，见图 4-8。

3. 剪力墙身的注写

在选定进行标注的墙身上集中注写以下内容：

（1）墙身编号：按表 4-2 中规定编号。

（2）墙厚：×××。

（3）水平分布筋：Φ××@×××。

（4）竖向分布筋：Φ××@×××。

（5）拉筋：Φ×@xa@xb 双向（或梅花双向）。

剪力墙身 Q××（×）的注写示意，见图 4-9。

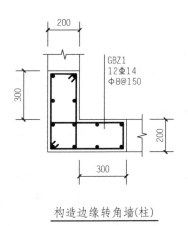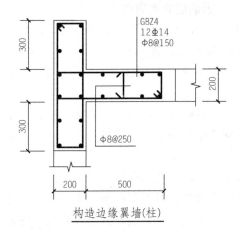

构造边缘转角墙(柱)　　　　　构造边缘翼墙(柱)

图 4-8　构造边缘截面注写示意图

4. 剪力墙梁的注写

在选定进行标注的墙梁上集中注写以下内容：

（1）墙梁编号：按表 4-3 中规定编号。

（2）所在楼层号/（墙梁顶面相对标高高差）：××层至××层/（＋或－×.×××）。

（3）截面尺寸/箍筋（肢数）：$b×h/\phi××@×××$（×）。

（4）上部纵筋；下部纵筋；侧面纵筋：×⊕××；×⊕××；$\phi××@××$。

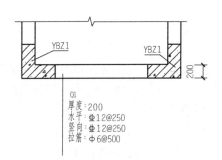

图 4-9　剪力墙身注写示意图

（5）当不同楼层的梁截面尺寸不同，但梁顶面相对标高高差相同时，可将梁顶面标高高差注写在该项（＋或－×.×××）。

剪力墙梁的注写示意，见图 4-10。

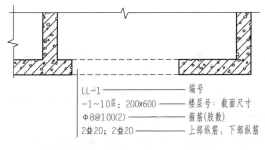

图 4-10　剪力墙梁注写示意图

5. 剪力墙洞口的平面注写

（1）洞口编号：矩形洞口为 JD××（××为序号），圆形洞口为 YD××（××为序号）。

（2）洞口几何尺寸：矩形洞口为洞宽×洞高（$b×h$），圆形洞口为洞口直径（D）。

（3）洞口中心相对标高，系相对于结构层楼面标高的洞口中心高度。当其高于结构层楼面时为正值，反之为负。

（4）洞口每边补强钢筋。

特别提示

暗梁钢筋不与连梁钢筋重叠设置；边框梁宽度大于连梁，但空间位置上与连梁相重叠的钢筋不重叠设置。

4.1.5　钢筋的直通原则

钢筋的直通原则，即能直通则直通，这是结构配筋的重要原则。

在分析剪力墙的钢筋布置时，不要忘记这个原则。例如，剪力墙的竖向钢筋（包括墙身的竖向分布筋和暗柱的纵筋），能直通伸到上一层时，则穿越暗梁或边框梁直通到上一层。

当剪力墙变截面时，剪力墙的竖向钢筋也是能直通则直通，直通伸到上一层，只有在上下层的钢筋规格不同时，才能当前楼层的竖向钢筋弯锚插入顶板，而上一层的竖向钢筋直锚插入当前楼层剪力墙内。

在楼层划分时，要掌握剪力墙的变截面概念，不仅剪力墙的端结构柱和暗柱可能变截面，而且剪力墙身也可能变截面；不仅构件尺寸可能变截面，而且构件的钢筋也可能变截面（变直径）。如果发生了上述任何一种变截面的情况，则该楼层就不能纳入标准楼层。这些情况在工程预算和工程施工中都要充分注意。

4.2　剪力墙柱的钢筋构造

剪力墙柱包括暗柱和端柱，在框架—剪力墙结构中，剪力墙的端柱经常担当框架结构中框架柱的作用，所以端柱的钢筋构造遵循框架柱的钢筋构造，剪力墙结构中的端柱也类似，也要遵循框架柱的钢筋构造，但是暗柱的钢筋构造与端柱不同，一部分遵循剪力墙身竖向钢筋构造；另一部分遵循框架柱的钢筋构造，这是学习剪力墙柱的难点。

4.2.1　剪力墙柱（边缘构件）插筋在基础中构造

剪力墙柱（边缘构件）插筋在基础内的锚固构造，按照保护层的厚度和基础高度是否满足直锚给出了四种锚固构造，分述如下。

（1）基础高度满足直锚时：

1）当基础高度满足直锚，且插筋保护层厚度 $>5d$ 时，见图 4 - 11（a）。

角部纵筋伸至基础板底部，支承在底板钢筋网上，也可支承在筏形基础的中间层钢筋网上再做 90°弯钩，弯折段长 $6d$ 且 $\geqslant 150\text{mm}$，其余纵筋伸入基础内，竖向伸入长度 $\geqslant l_{\text{abE}}$ 即可。

锚固区内设置间距 $\leqslant 500\text{mm}$ 且不少于两道矩形封闭箍筋，最上方第一道箍筋距基础顶面标高下方 100mm 处。

墙柱（边缘构件）角部纵筋指基础锚固区内配置的箍筋的角部钢筋，见图 4 - 11（c）。

2）当基础高度满足直锚，且墙柱插筋保护层厚度 $\leqslant 5d$ 时，见图 4 - 11（b）。

所有纵筋伸至基础板底部且竖向伸入长度 $\geqslant l_{\text{aE}}$，支承在底板钢筋网上再做 90°弯钩，弯折段长 $6d$ 且 $\geqslant 150\text{mm}$。

锚固区横向钢筋（箍筋和拉筋）应满足直径 $\geqslant d/4$（d 为插筋最大直径），间距 $\leqslant 10d$（d 为插筋最小直径）且 $\leqslant 100\text{mm}$ 的要求，最上方第一道横向钢筋距基础顶面标高下方 100mm 处。

（2）基础高度不满足直锚时：

1）当基础高度不满足直锚，且插筋保护层厚度 $>5d$ 时，见图 4 - 12（a）。

所有纵筋伸至基础板底部，支承在底板钢筋网上，竖向伸入长度 $\geqslant 0.6l_{\text{abE}}$ 且 $\geqslant 20d$，再

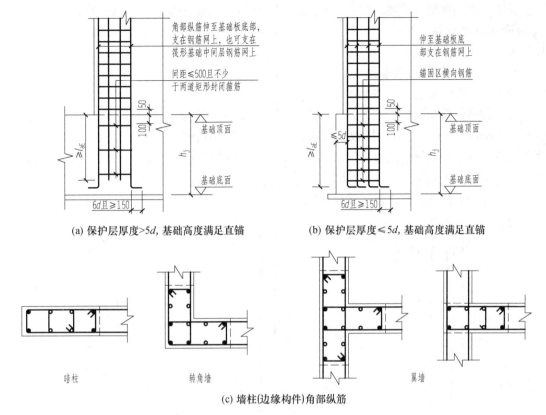

(a) 保护层厚度>5d, 基础高度满足直锚　　　(b) 保护层厚度≤5d, 基础高度满足直锚

(c) 墙柱(边缘构件)角部纵筋

图 4-11　墙柱（边缘构件）插筋在基础中构造（一）

注：图中实心圆圈表示角部钢筋

做 90°弯钩，弯折段长 15d。

锚固区内设置间距≤500mm 且不少于两道矩形封闭箍筋，最上方第一道箍筋距基础顶面标高下方 100mm 处。

2）当基础高度不满足直锚，且插筋保护层厚度≤5d 时，见图 4-12（b）。

所有纵筋伸至基础板底部，支承在底板钢筋网上，竖向伸入长度≥$0.6l_{abE}$ 且≥20d，再做 90°弯钩，弯折段长 15d。

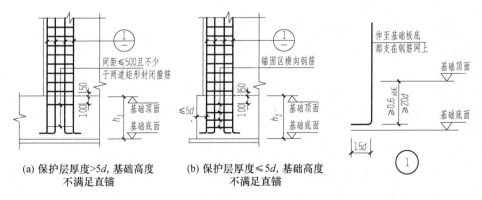

(a) 保护层厚度>5d, 基础高度不满足直锚　　(b) 保护层厚度≤5d, 基础高度不满足直锚

图 4-12　墙柱（边缘构件）插筋在基础中构造（二）

锚固区横向钢筋（箍筋和拉筋）应满足直径≥$d/4$（d 为插筋最大直径），间距≤$10d$（d 为插筋最小直径）且≤100mm 的要求，最上方第一道横向钢筋距基础顶面标高下方100mm 处。

4.2.2 剪力墙柱纵筋连接构造

剪力墙柱的纵筋连接构造见图 4-13，要点为：

（1）相邻纵筋交错连接。当采用搭接连接时，搭接长度为≥$l_{lE}(l_l)$，相邻纵筋搭接范围错开≥$0.3l_{lE}(0.3l_l)$；当采用机械连接时，相邻纵筋连接点错开 $35d$（d 为最大纵筋直径）；当采用焊接时，相邻纵筋连接点错开 $35d$（d 为最大纵筋直径）且≥500mm。（l_{lE} 为抗震搭接长度，l_l 为非抗震搭接长度，下同。）

（2）墙柱纵筋连接点距离结构层底面≥500mm。

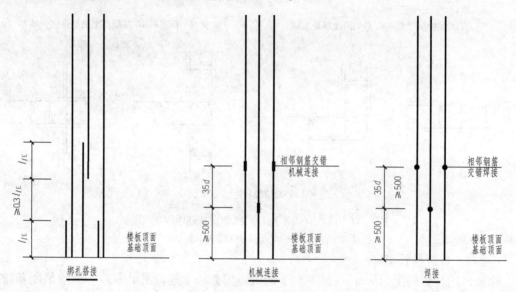

注：1. 适用于约束边缘构件阴影部分和构造边缘构件的纵向钢筋。
2. 当纵筋采用绑扎搭接连接时，应在搭接长度范围内设箍筋直径≥$d/4$（d 为搭接钢筋最大直径），间距≤$5d$（d 为搭接钢筋最小直径）及100mm 的加密箍筋。

图 4-13 剪力墙边缘构件纵筋连接构造

4.2.3 剪力墙柱钢筋构造

剪力墙柱（边缘构件）钢筋包括纵筋和箍筋，局部可能还有拉筋。在框架—剪力墙结构中，剪力墙的端柱经常担当框架结构中框架柱的作用，这时候端柱的钢筋构造应该遵照框架柱的钢筋构造。

剪力墙柱分为暗柱和端柱两大类，在平法图集中统称为边缘构件，并且把它们划分为约束边缘构件和构造边缘构件两大类，下面分别介绍构造边缘构件和约束边缘构件的钢筋构造及适用范围。

1. 构造边缘构件（GBZ）构造

（1）构造边缘端柱仅在矩形柱的范围内布置纵筋和箍筋。其箍筋布置为复合箍筋，与框架柱类似。构造边缘端柱示意见图 4-14。

（2）构造边缘暗柱构造见图 4-15 左图，其长度必须满足：≥墙厚且≥400mm。

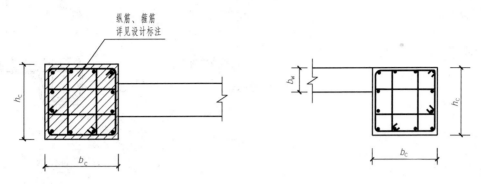

图 4-14   构造边缘端柱示意图

（3）构造边缘翼墙柱构造见图 4-15 中图，其长度必须满足：$\geqslant b_w$，$\geqslant b_f$ 且 $\geqslant 400\text{mm}$。

（4）构造边缘转角墙柱构造见图 4-15 右图，每边长度等于邻边墙厚且 $\geqslant 200\text{mm}$，且总长度 $\geqslant 400\text{mm}$。

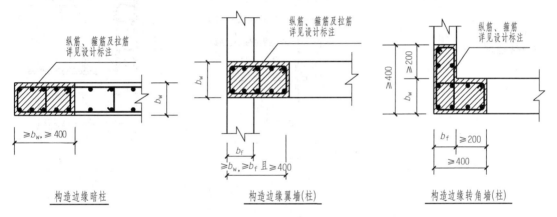

图 4-15   构造边缘暗柱构造

注：b_w 为墙宽，b_f 为与 b_w 相垂直的相邻的墙宽。

2. 约束边缘构件（YBZ）构造

（1）约束边缘端柱与构造边缘端柱的共同点和不同点。

它们的共同点是在矩形柱的范围内布置纵筋和箍筋。其纵筋和箍筋布置与框架柱类似，尤其是在框剪结构中端柱往往会兼当框架柱的作用。

它们的不同点是：

1）约束边缘端柱"λ_v 区域"，也就是阴影部分（即配箍区域），不但包括矩形柱的部分，而且伸出一段翼缘，其伸出翼缘的净长度详见设计或图集，见图 4-16。

2）与构造边缘端柱不同的是，约束边缘端柱还有一个"$\lambda_v/2$ 区域"，即图中"虚线部分"。这部分的配筋特点为加密拉筋：普通墙身的拉筋是"隔一拉一"或"隔二拉一"，而在这个"虚线区域"内是每个竖向分布筋都设置拉筋。

（2）约束边缘暗柱与构造边缘暗柱的共同点和不同点。

它们的共同点是在暗柱的端部或角部都有一个阴影部分（即配箍区域），见图 4-17，其纵筋、箍筋及拉筋详见具体设计标注。

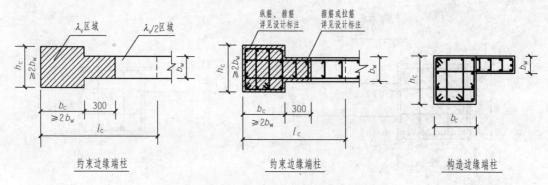

图 4-16　约束边缘端柱与构造边缘端柱的异同

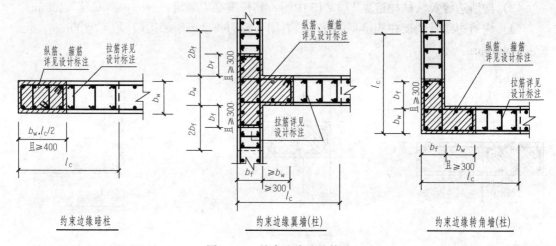

图 4-17　约束边缘暗柱构造

凡是拉筋都应该拉住纵横两个方向的钢筋，所以，暗柱的拉筋也要同时钩住暗柱的纵筋和箍筋。

它们的不同点是：

约束边缘暗柱除了阴影部分（即配箍区域）以外，在阴影部分与墙身之间还存在一个"虚线区域"。这部分的配筋特点为加密拉筋：普通墙身的拉筋是"隔一拉一"或"隔二拉一"，而在这个"虚线区域"内是每个竖向分布筋都设置拉筋。

在实际工程中，在这个虚线区域还可能出现墙身竖向分布筋加密的情况，这样一来，不仅拉筋的根数增加了，而且竖向分布筋根数也增加了。

4.3　剪力墙身的钢筋构造

4.3.1　剪力墙身水平分布筋构造

剪力墙身的钢筋设置包括水平分布筋、竖向分布筋（即垂直分布筋）和拉筋。这三种钢筋形成了剪力墙身的钢筋网。一般剪力墙身设置两层或两层以上的钢筋网，而各排钢筋网的钢筋直径和间距是一致的。剪力墙身采用拉筋把外侧钢筋网和内侧钢筋网连接起来。如果剪力墙身设置三层或更多层的钢筋网，拉筋还要把中间层的钢筋网固定起来。

剪力墙身水平钢筋包括：剪力墙身的水平分布筋、暗梁的纵筋和边框梁的纵筋。剪力墙身的主要受力钢筋是水平分布筋，这里我们只讨论墙身水平分布筋的构造，暗梁的纵筋和边框梁的纵筋另讨论。

水平分布筋构造按照一般构造、无暗柱时构造、在暗柱中的构造和在端柱中的构造分别介绍。暗柱和端柱构造又各分三种，见图 4 - 18。

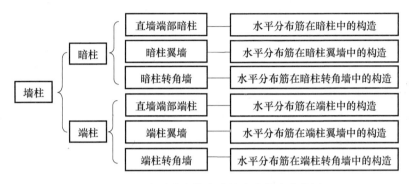

图 4 - 18 水平分布筋在墙柱中的构造分类图

1. 水平分布筋在剪力墙身中的一般构造

（1）剪力墙多排配筋的构造。

平法图集给出了剪力墙布置两排配筋、三排配筋和四排配筋时的构造，见图 4 - 19。

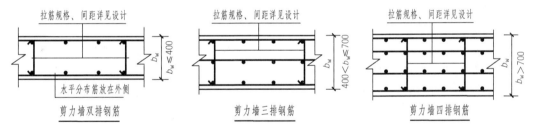

图 4 - 19 剪力墙身多排配筋时构造

特别提示

1. 剪力墙身布置钢筋时，把水平分布筋放在外侧，竖向分布筋放在水平分布筋的内侧。

2. 拉筋要求拉住两个方向上的钢筋，即同时钩住水平分布筋和竖向分布筋。

3. 当剪力墙身设置两排以上钢筋网时，水平分布筋和竖向分布筋要均匀分布，各排钢筋网的钢筋直径和间距要一致，拉筋需与各排分布筋绑扎。

（2）剪力墙水平分布筋的搭接构造。

剪力墙水平钢筋的搭接长度 $1.2l_{aE}$，沿高度每隔一根错开搭接，相邻两个搭接区之间错开的净距离≥500mm，见图 4 - 20。

2. 水平分布筋无暗柱时的锚固构造

无暗柱时剪力墙水平分布筋锚固构造，见图 4 - 21（a）。墙身两侧水平分布筋伸至墙端

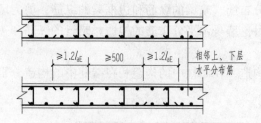

图 4-20 剪力墙水平分布筋交错搭接构造

弯折 $10d$，墙端部设置双列拉筋。

实际工程中，剪力墙墙肢的端部一般都设置边缘构件（暗柱或端柱），墙肢端部无暗柱情况不多见。

3. 水平分布筋在暗柱中的锚固构造

（1）剪力墙水平分布筋在直墙端部暗柱中的构造，见图 4-21（b）、（c）。

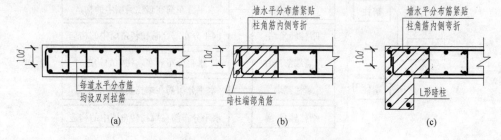

图 4-21 剪力墙端部水平分布筋构造
(a) 无暗柱时构造；(b) 有暗柱时构造；(c) 有 L 形暗柱时构造

剪力墙的水平分布筋伸到暗柱端部纵筋的内侧，然后弯折 $10d$。

（2）剪力墙水平分布筋在翼墙柱中的构造，见图 4-22（a）。

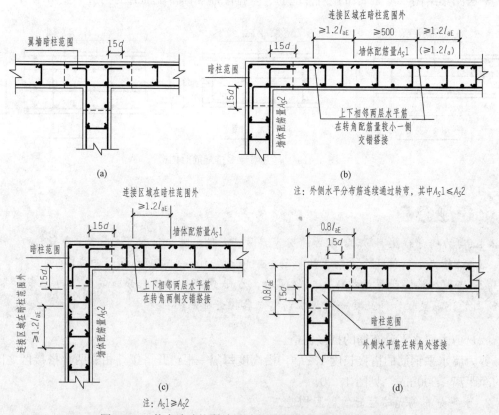

图 4-22 剪力墙暗柱翼墙和暗柱转角墙中的水平钢筋构造
(a) 翼墙；(b) 转角墙（一）；(c) 转角墙（二）；(d) 转角墙（三）

　　端墙两侧的水平分布筋伸至翼墙对边，顶着翼墙暗柱外侧纵筋的内侧弯折 $15d$。如果剪力墙设置了三排、四排钢筋，则墙中间的各排水平分布筋同上述构造。

　　（3）剪力墙水平分布筋在转角墙柱中的构造。剪力墙水平分布筋在转角墙柱中的构造有三种，图 4-22（b）是剪力墙的外侧水平分布筋从转角的一侧绕到另一侧，与另一侧的水平分布筋搭接 $\geq 1.2l_{aE}$，上下相邻两排水平筋交错搭接，错开距离 ≥ 500mm；图 4-22（c）是剪力墙的外侧水平分布筋分别在转角的两侧进行搭接，搭接长度 $\geq 1.2l_{aE}$，上下相邻两排水平筋在转角两侧交错搭接；图 4-22（d）是剪力墙的外侧水平分布筋在转角处搭接，搭接长度 l_{lE}。

　　4. 水平分布筋在端柱中的构造

　　（1）剪力墙水平分布筋在端柱直墙中的构造，见图 4-23。

　　当剪力墙端柱两侧凸出墙宽时，水平分布筋伸至端柱对边后弯折 $15d$；当端柱一侧与墙平齐时，水平分布筋伸至端柱对边且 $\geq 0.6l_{abE}$，再弯折 $15d$。

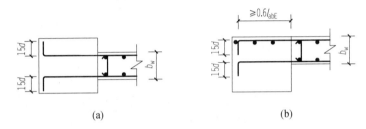

图 4-23　剪力墙水平分布筋在端柱端部墙中构造

　　（2）剪力墙水平分布筋在端柱翼墙中的构造，见图 4-24。

　　剪力墙水平分布筋在端柱翼墙中的构造按照端柱与墙的不同位置分三种，不论何种情况，剪力墙水平分布筋均要伸至端柱对边后弯折 $15d$。

　　（3）剪力墙水平分布筋在端柱转角墙中的构造，见图 4-25。

　　剪力墙水平分布筋在端柱转角墙中的构造按照端柱与墙的不同位置分三种，不论何种情况，剪力墙水平分布筋均要伸至对边且 $\geq 0.6l_{abE}$，再弯折 $15d$。

　　（4）位于端柱纵筋内侧的墙身水平分布筋伸入端柱的长度 $\geq l_{aE}$ 时可直锚，其他情况下伸直端柱对边紧贴柱角筋弯折。

4.3.2　剪力墙身竖向钢筋构造

　　1. 墙身插筋在基础中的锚固构造

　　墙身插筋在基础内的锚固构造按照插筋保护层的厚度、基础高度是否满足直锚要求，给出了三种锚固构造，见图 4-26，现分述如下。

　　（1）墙身插筋保护层厚度 $>5d$ 时构造。

　　剪力墙的内墙钢筋网和外墙内侧钢筋网一般保护层厚度 $>5d$，根据"基础高度满足直锚"和"基础高度不满足直锚"，有两种构造。

　　1）当墙身插筋保护层厚度 $>5d$、基础高度满足直锚要求时，按照"隔二下一"原则，2/3 的钢筋伸入基础内，直锚长度 $\geq l_{aE}$，另 1/3 钢筋伸至基础板底部，支承在底板钢筋网上，也可支承在筏形基础的中间层钢筋网上，再弯折 $6d$ 且 ≥ 150mm。

　　2）当墙身插筋保护层厚度 $>5d$、基础高度不满足直锚要求时，所有插筋伸至基础板底部，支承在底板钢筋网上，竖向伸入基础长度 $\geq 0.6l_{abE}$ 且 $\geq 20d$，再弯折 $15d$，见图 4-27。

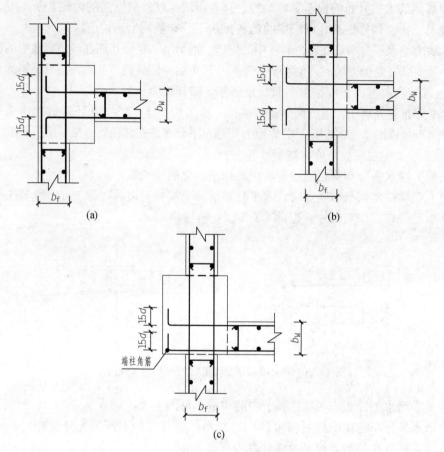

图 4-24　剪力墙水平分布筋在端柱翼墙中构造
（a）端柱翼墙（一）；（b）端柱翼墙（二）；（c）端柱翼墙（三）

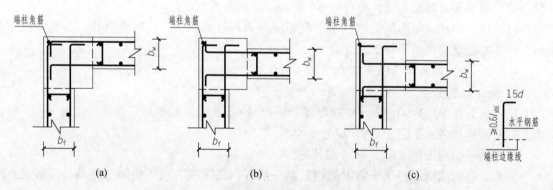

图 4-25　剪力墙端柱转角墙中的水平钢筋构造
（a）端柱转角墙（一）；（b）端柱转角墙（二）；（c）端柱转角墙（三）

3）锚固区设置间距≤500mm 且不少于两道水平分布筋与拉筋。

（2）墙身插筋保护层厚度≤5d 时构造。

剪力墙的外墙外侧钢筋网有时保护层厚度≤5d，根据"基础高度满足直锚"和"基础高度不满足直锚"，有两种构造。

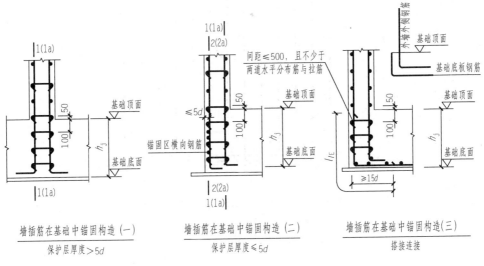

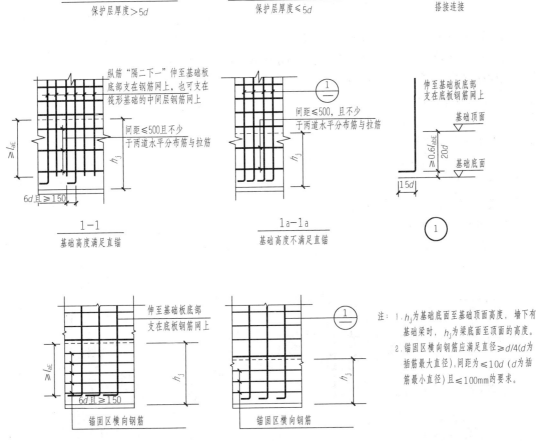

图 4-26　墙插筋在基础中的锚固构造

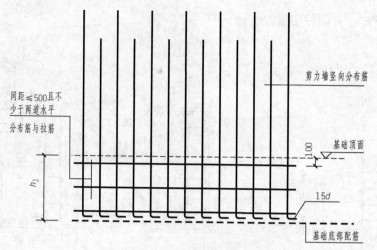

图 4-27 墙插筋在基础中构造纵向立面示意图
(保护层厚度>5d，基础高度不满足直锚)

1) 当墙身插筋保护层厚度≤5d、基础高度满足直锚要求时，所有钢筋伸至基础板底部，支承在底板钢筋网上，竖向伸入基础长度≥l_{aE}，再弯折6d且≥150mm。

2) 当墙身插筋保护层厚度≤5d、基础高度不满足直锚要求时，所有插筋伸至基础板底部，支承在底板钢筋网上，竖向伸入基础长度≥0.6l_{abE}且≥20d，再弯折15d。

3) 锚固区设置横向钢筋，应满足直径≥d/4（d为纵筋最大直径），间距≤10d（d为纵筋最小直径）且≤100mm。

（3）搭接连接构造。

外墙外侧钢筋在基础内可以采用与底板钢筋搭接锚固构造，搭接长度≥l_{lE}，且外墙外侧钢筋伸至基础底板底部后弯折≥15d。

2. 剪力墙竖向钢筋顶部构造

剪力墙竖向钢筋顶部构造包括暗柱纵筋和墙身竖向分布筋构造，见图 4-28。

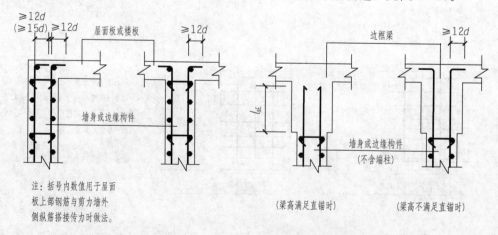

注：括号内数值用于屋面板上部钢筋与剪力墙外侧纵筋搭接传力时做法。

（梁高满足直锚时）　（梁高不满足直锚时）

图 4-28 剪力墙竖向钢筋顶部构造

剪力墙竖向钢筋伸入屋面板或楼板顶部后弯折12d。如果是外墙外侧钢筋，考虑屋面板上部钢筋与其搭接传力，则弯折 $15d$。

当顶部设有边框梁时，如果梁高满足直锚，竖向钢筋伸入边框梁内锚固长度为 l_{aE}；如果梁高不满足直锚，竖向钢筋伸入边框梁顶部后弯折 $12d$。

端柱的竖向钢筋执行框架柱构造。

3. 剪力墙变截面处竖向钢筋构造

剪力墙变截面处竖向钢筋构造包含墙柱和墙身的竖向钢筋变截面构造。

（1）边柱或边墙变截面处竖向钢筋变截面构造，见图 4-29（a）。

边柱或边墙外侧的竖向钢筋垂直地通到上一楼层，这符合"能通则通"的原则。

边柱或边墙内侧的竖向钢筋伸到楼板顶部以下弯折 $12d$ 后切断，上一层的墙柱和墙身竖向钢筋插入当前楼层 $1.2l_{aE}$。

（2）中柱或中墙变截面处竖向钢筋构造，见图 4-29（b）和（c）。

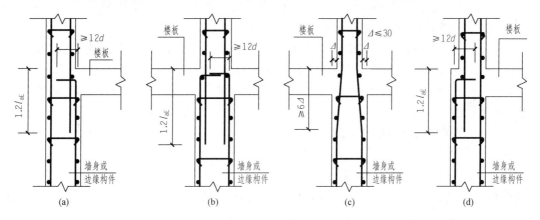

图 4-29　剪力墙变截面处竖向钢筋构造

图 4-29（b）的构造做法为当前楼层的墙柱和墙身的竖向钢筋伸到楼板顶部以下然后弯折 $12d$ 后切断，上一层的墙柱和墙身竖向钢筋插入当前楼层 $1.2l_{aE}$（$1.2l_a$）。

图 4-29（c）的做法是当前楼层的墙柱和墙身的竖向钢筋不切断，而是以 1/6 钢筋斜率的方式弯曲伸到上一楼层。

（3）边柱或边墙外侧变截面时竖向钢筋构造，见图 4-29（d）。

下一层边柱或边墙外侧的竖向钢筋伸到楼板顶部以下弯折 $12d$ 后切断，上一层的墙柱和墙身竖向钢筋插入当前楼层 $1.2l_{aE}$。

（4）上下楼层竖向钢筋规格发生变化时的构造：

上下楼层的竖向钢筋规格发生变化，我们不妨称为"钢筋变直径"。此时的构造做法是：当前楼层的墙柱和墙身的竖向钢筋伸到楼板顶部以下弯折到对边切断，上一层的墙柱和墙身竖向钢筋插入当前楼层 $1.2l_{aE}$。

4. 剪力墙竖向钢筋连接构造

剪力墙身竖向钢筋连接构造适用于暗柱和墙身竖向分布筋，图 4-30 中以三种钢筋连接方式表示构造要求，其要点为：

（1）一、二级抗震等级剪力墙底部加强部位竖向分布筋搭接长度为 $\geqslant 1.2l_{aE}$，交错搭接，相邻搭接点错开净距离 500，见图 4-30（a）。

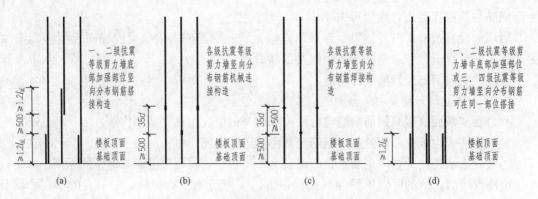

图 4 - 30　剪力墙身竖向分布钢筋连接构造

（2）各级抗震等级或非抗震剪力墙竖向分布筋第一个连接点距楼板顶面或基础顶面 ≥500，相邻钢筋交错连接，错开距离 $35d$，见图 4 - 30（b）。

（3）各级抗震等级或非抗震剪力墙竖向分布筋第一个连接点距楼板顶面或基础顶面 ≥500，相邻钢筋交错连接，错开距离 $35d$ 且≥500，见图 4 - 30（c）。

（4）一、二级抗震等级剪力墙非底部加强部位，或三、四级抗震等级剪力墙竖向分布筋 可在同一部位搭接，搭接长度为≥$1.2l_{aE}$，见图 4 - 30（d）。

4.3.3　剪力墙身钢筋排布构造

1. 剪力墙身水平钢筋排布构造

剪力墙层高范围最下一排水平分布筋距底部楼板板顶 50mm，最上一排水平分布筋距顶 部楼板板顶不大于 100mm，见图 4 - 31（a）；当顶板处设有宽度大于剪力墙厚度的边框梁 时，最上一排水平分布筋距边框梁底部矮 100mm，见图 4 - 31（b）。

2. 剪力墙身竖向钢筋排布构造

在暗柱内不布置剪力墙身竖向分布筋。

剪力墙身的第一道竖向分布筋的起步距离在12G901-1中表示为"距墙柱最外侧主筋中 心竖向分布筋间距"，见图 4 - 32，但是在计算造价钢筋长度时，确定墙柱最外侧主筋的位置 比较麻烦，参考现浇板钢筋起步距离是"距梁边 1/2 板筋间距"，为方便起见，第一根竖向 分布筋的起步距离可以取"距墙柱边缘 1/2 竖向分布筋间距"来确定。

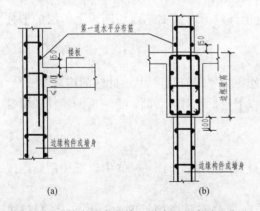

图 4 - 31　剪力墙身的第一道水平分布筋的定位

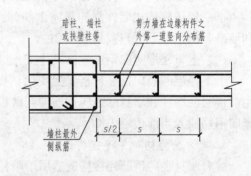

图 4 - 32　剪力墙身的第一道竖向分布筋的定位

3.剪力墙身拉筋排布构造

(1)剪力墙身拉筋设有梅花形和矩形两种形式,见图 4-33。拉筋的水平和竖向间距:梅花形排布不大于 800mm,矩形排布不大于 600mm;当设计未注明时,宜采用梅花形排布。

(2)拉筋排布:在层高范围内,由底部板顶向上第二排水平分布筋处开始设置,至顶部板底向下第一排水平分布筋处终止;在墙身宽度范围内,由第一排竖向分布筋开始设置。位于边缘构件范围内的水平分布筋也应设置拉筋。拉筋直径≥6mm。

(3)墙身拉筋应同时钩住水平分布筋和竖向分布筋。当墙身分布筋多于两排时,拉筋应与墙身内部的每排水平和竖向分布筋同时牢固绑扎。

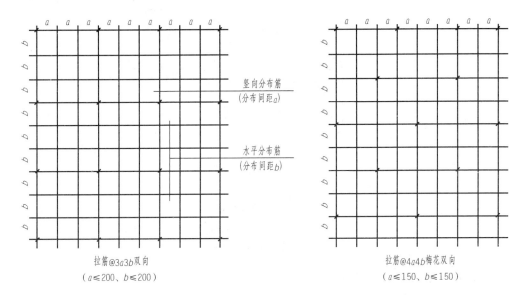

拉筋@3a3b双向
(a≤200、b≤200)

拉筋@4a4b梅花双向
(a≤150、b≤150)

图 4-33　墙身拉筋示意图

4.4　剪力墙梁的钢筋构造

4.4.1　剪力墙暗梁构造

剪力墙暗梁的钢筋种类包括纵向钢筋、箍筋、拉筋和暗梁侧面的水平分布筋。

1.暗梁的纵筋

由于暗梁纵筋是布置在剪力墙身上的水平钢筋,因此执行剪力墙身水平分布筋构造。

从暗梁的基本概念可以知道,暗梁的长度是整个墙肢,所以暗梁纵筋应贯通整个墙肢。暗梁纵筋在墙肢端部的收边构造是弯 $10d$ 直钩。

(1)暗梁纵筋在暗柱中的构造。

1)剪力墙暗梁纵筋在端部暗柱墙中的构造,见图 4-34(a),剪力墙的暗梁纵筋伸到暗柱端部纵筋的内侧,然后弯 $10d$ 直钩。

2)剪力墙暗梁纵筋在翼墙柱中的构造见图 4-34(b),墙端部的暗梁纵筋伸至翼墙对边,顶着暗柱外侧纵筋的内侧后弯钩 $15d$。

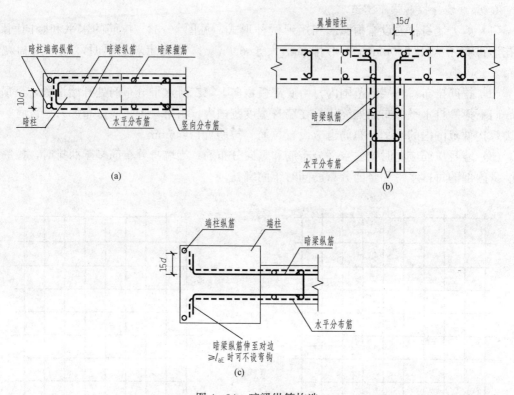

图 4-34　暗梁纵筋构造

(a) 暗梁纵筋在暗柱中的构造；(b) 暗梁纵筋在翼墙柱中的构造；
(c) 端柱凸出墙面时暗梁纵筋构造

(2) 暗梁纵筋在端柱中的构造。

暗梁纵筋构造见图 4-34（c），暗梁纵筋伸至端柱纵筋内侧后弯 $15d$ 的直钩。当伸至对边长度 $\geqslant l_{aE}$ 时可不设弯钩。

2. 暗梁的箍筋

暗梁的箍筋沿墙肢方向全长布置，而且是均匀布置，不存在箍筋加密区和非加密区。

(1) 暗梁箍筋宽度。

箍筋长度计算时，暗梁箍筋的宽度不能像框架梁那样用梁宽度减两倍保护层厚度。暗梁和框架梁主要区别在于框架的保护层是针对梁箍筋，而暗梁的保护层（和墙身一样）是针对水平分布筋的，见图 4-35。

(2) 暗梁箍筋高度。

关于暗梁箍筋的高度计算，这是一个颇有争议的问题。由于暗梁的上方和下方都是混凝土墙身，所以不存在面临一个保护层的问题。因此，在暗梁箍筋高度计算中，是采用暗梁的标注高度尺寸直接作为暗梁箍筋的高度，还是需要把暗梁的标注高度减去保护层？根据一般的习惯，人们往往采用下面的计算公式：

$$箍筋高度 h = 暗梁标注高度 - 2 \times 保护层$$

(3) 暗梁箍筋根数。

暗梁箍筋的分布规律，不但影响箍筋根数的计算，而且直接影响钢筋的绑扎。前面说

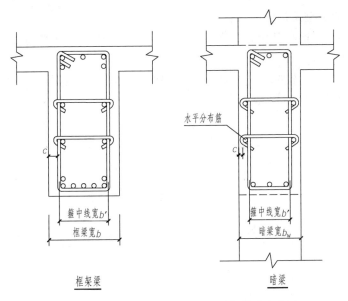

图 4-35　暗梁与框架梁保护层厚度区别示意图

过，暗梁在墙肢的全长布置箍筋，但这只是一个宏观的说法，在微观上，暗梁箍筋将如何分布呢？从施工方便、计算钢筋方便考虑，可取距暗柱边缘起为暗梁箍筋间距 1/2 的地方布置暗梁的第一根箍筋。

3. 暗梁的拉筋

施工图中的"剪力墙梁表"主要定义暗梁的上部纵筋、下部纵筋和箍筋，不定义拉筋的规格和间距。而拉筋的直径和间距可从图集中获得。

拉筋直径：当梁宽≤350mm 时为 6mm，梁宽>350mm 时为 8mm，拉筋间距为 2 倍箍筋的间距，竖向沿侧面水平筋"隔一拉一"。

暗梁拉筋的计算同剪力墙身拉筋。

4. 暗梁侧面纵筋

暗梁侧面构造钢筋当设计未注写时，按剪力墙水平分布筋布置。墙身水平分布筋按其间距在暗梁箍筋的外侧布置见图 4-36。

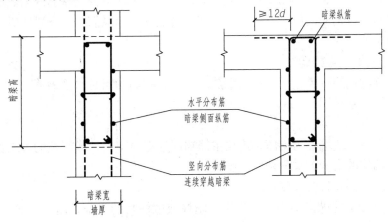

图 4-36　暗梁侧面纵筋

4.4.2　剪力墙边框梁构造

剪力墙边框梁的钢筋种类包括：纵向钢筋、箍筋、拉筋和边框梁侧面的水平分布筋。

1. 边框梁的纵筋

边框梁纵筋在端柱的锚固构造见图4-37，其要点为：边框梁纵筋伸至端柱对边后弯折15d；当伸至对边长度≥l_{aE}且≥600mm时可不必弯折。

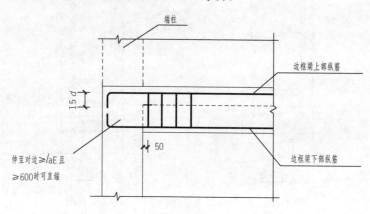

图4-37　边框梁纵筋端部和箍筋构造

2. 边框梁的箍筋

边框梁的纵筋沿墙肢方向贯通布置，所以边框梁的箍筋也是沿墙肢方向全长布置，而且是均匀布置，不存在箍筋加密区和非加密区。

边框梁一般都与端柱建立联系。由于端柱的钢筋构造与框架柱相同，因此可以认为边框梁的第一个箍筋从端柱外侧50mm处开始布置，见图4-37。

3. 边框梁的拉筋

施工图中剪力墙梁表主要定义边框梁的上部纵筋、下部纵筋和箍筋，不定义拉筋的规格和间距，所以，拉筋的直径和间距可从图集中获得。

拉筋直径：当梁宽≤350mm时为6mm，梁宽>350mm时为8mm，拉筋间距为两倍箍筋的间距，竖向沿侧面水平筋"隔一拉一"。

4. 边框梁侧面纵筋

边框梁侧面水平分布筋（墙身水平分布筋）按其间距在边框梁箍筋的内侧通过，当设计未注写时，侧面构造钢筋同剪力墙水平分布筋。边框梁侧面纵筋的拉筋要同时钩住边框梁的箍筋和水平分布筋。

4.4.3　剪力墙连梁构造

剪力墙连梁的钢筋种类包括：纵向钢筋、箍筋、拉筋和墙身水平钢筋。

剪力墙连梁构造见图4-38。

1. 连梁的纵筋

连梁一般以暗柱或端柱为支座，连梁主筋锚固起点要从暗柱或端柱的边缘算起。连梁主筋锚入暗柱或端柱的锚固方式和锚固长度为：

（1）直锚的条件和直锚长度：

当端部洞口连梁的纵向钢筋在端支座（暗柱或端柱）的直锚长度≥l_{aE}且≥600mm时可不必弯锚，而直锚。

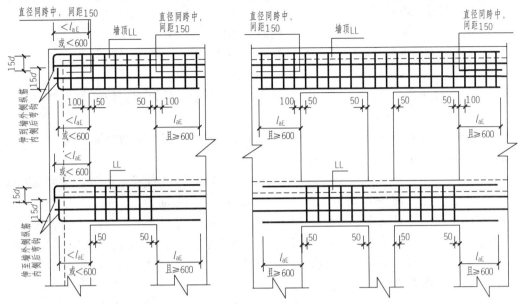

图 4-38　剪力墙连梁构造

（2）弯锚的条件和弯锚长度：在连梁端部当暗柱或端柱的长度小于钢筋的锚固长度时需要弯锚，连梁主筋伸至暗柱或端柱外侧纵筋的内侧后弯钩 15d。

2. 连梁的箍筋

连梁的箍筋构造见图 4-39。

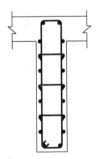

图 4-39　连梁示意图

（1）楼层连梁的箍筋仅在洞口范围内布置，第一个箍筋在距支座边缘 50mm 处设置。

（2）顶层连梁的箍筋在全梁范围内布置，洞口范围内的第一个箍筋在距支座边缘 50mm 处设置；支座范围内的第一个箍筋在距支座边缘 100mm 处设置，在"连梁表"中定义的箍筋直径和间距指的是跨中的间距，而支座范围内箍筋间距就是 150mm（设计时不必标注）。

3. 连梁的拉筋

剪力墙梁表主要定义连梁的上部纵筋、下部纵筋和箍筋，不定义拉筋的规格和间距。而拉筋的直径和间距可从图集题注中获得。

拉筋直径：当梁宽≤350mm 时为 6mm，梁宽＞350mm 时为 8mm，拉筋间距为 2 倍箍筋的间距，竖向沿侧面水平筋"隔一拉一"。

4. 连梁侧面纵筋

连梁侧面构造纵筋，当设计未注写时，按剪力墙身水平分布筋布置。

4.5　剪力墙洞口补强构造

4.5.1　剪力墙洞口的表示方法

1. 剪力墙洞口表示的内容

剪力墙洞口表示的内容包括：

（1）洞口编号：矩形洞口：JD××，例如，JD2；

　　　　　　　圆形洞口：YD××，例如，YD3。

（2）洞口尺寸：矩形洞口以宽×高（$b×h$）（mm）表示，例如，1800×2100；

　　　　　　　圆形洞口以直径 D 表示，例如，$D=300$。

（3）洞口中心相对标高（m）：例如+1.800，表示洞口中心距本结构层楼面高出 1800mm。

（4）洞口每边补强钢筋：

1）当矩形洞口的洞宽、洞高均不大于 800mm 时，注写洞口每边补强钢筋的具体数值（如果按照标准构造详图设置补强钢筋时可不注）。

例如：JD2 400×300+3.100　3Φ14，表示 2 号矩形洞口洞宽 400mm，洞高 300mm，洞口中心距当前楼层结构标高高出 3100mm，洞口每边补强钢筋为 3Φ14。

2）当矩形洞口的洞宽或直径大于 800mm 时，在洞口的上下边需设置补强暗梁，此项注写为洞口上、下每边暗梁的纵筋与箍筋的具体数值（在标准构造详图中梁高一律为 400mm，施工时按照标准构造详图取值，设计不注。当设计采用与此不同做法时另行注明）。圆形洞口时尚需注明环向钢筋的具体数值。

例如：JD5 1800×2100+1.800　6Φ20　Φ8@150，表示 5 号矩形洞口洞宽 1800mm，洞高 2100mm，洞口中心距当前楼层结构标高高出 1800mm，洞口上下设补强暗梁，每边暗梁纵筋共6Φ20（上部 3Φ20；下部 3Φ20），箍筋为 Φ8@150。

2. 洞口标注

在剪力墙平面布置图的墙身或连梁的洞口位置上，注写洞口编号 JD1（矩形洞口）或 YD1（圆形洞口）。

4.5.2　洞口处的钢筋截断

剪力墙遇到洞口时，水平分布筋和竖向分布筋在洞口处弯折绕过加强筋，再与对边直钩交错绑在一起，见图 4-40。

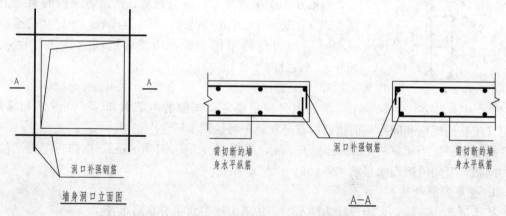

图 4-40　剪力墙洞口钢筋截断构造

4.5.3　剪力墙洞口构造

剪力墙洞口构造分为矩形洞口构造和圆形洞口构造。

1. 矩形洞口构造

矩形洞宽和洞高均不大于 800mm 时，洞口补强钢筋构造见图 4-41。

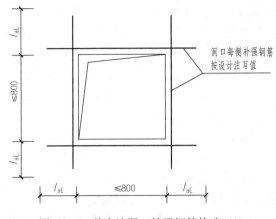

图 4-41 剪力墙洞口补强钢筋构造 (1)

矩形洞宽和洞高均大于 800mm 时，洞口补强钢筋构造见图 4-42。

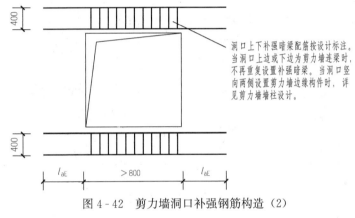

图 4-42 剪力墙洞口补强钢筋构造 (2)

2. 圆形洞口构造

关于圆形洞口构造，详见图集中相关内容。

4.6 剪力墙保护层厚度取值探讨

GB 50010—2010《混凝土结构设计规范》对钢筋的混凝土保护层厚度定义为最外层钢筋（包括箍筋、构造筋、分布筋）外边缘至混凝土表面的距离，并对混凝土保护层厚度取值进行了简化，按照平面构件（板、墙、壳）和杆状构件（梁、柱、杆）两大类确定保护层厚度。剪力墙构件包括墙身、墙柱和墙梁，在具体应用时，墙身、墙柱和墙梁的保护层统一按墙保护层厚度取值呢，还是墙身取墙保护层厚度、墙柱取柱保护层厚度、墙梁取梁保护层厚度？这是颇有争议的问题，各种版本的平法书、各种钢筋计算软件取值都不同。

笔者认为，要搞清这个问题，首先来学习规范。GB 50010—2010《混凝土结构设计规范》第 8.2.1 条第一款为："构件中受力钢筋的保护层厚度不应小于钢筋的公称直径 d"。在条文说明第 8.2.1 条第一款提到："混凝土保护层厚度不小于受力钢筋直径（单筋的公称直径或并筋的等效直径）的要求，是为了保证握裹层混凝土对受力钢筋的锚固"。第四款提到"根据混凝土碳化反应的差异和构件的重要性，按平面构件（板、墙、壳）及杆状构件（梁、柱、杆）分两类确定保护层厚度"。一般情况下，梁、柱受力钢筋直径较大，而板、墙受力钢筋直径较小，所以平面构件的保护层厚度比杆状构件保护层厚度小 5mm 或 10mm。

先来看端柱，端柱在剪力墙中的作用类似于框架柱，其构造执行框架柱的构造。另外，端柱受力钢筋直径也较大，所以端柱按照柱保护层厚度取值较为合理。

再来看暗柱，墙身水平分布筋通常在暗柱中锚固，水平分布筋与暗柱中的箍筋位于同一个层次，所以暗柱保护层厚度按柱取值更合理。

最后看墙梁，墙梁包括连梁、暗梁和边框梁，其中边框梁按普通梁计算，但是连梁（暗梁）属于墙身的一部分，连梁（暗梁）的最外侧钢筋是墙身水平分布筋（见图 4-7），构件的钢筋保护层是针对最外侧钢筋而言的，所以连梁（暗梁）的保护层厚度取墙身的保护层厚度，而连梁（暗梁）箍筋的保护层厚度用以下公式确定：

$$连梁（暗梁）箍筋保护层厚度 = 墙保护层厚度 + 水平筋 d_水$$

先求出连梁（暗梁）保护层厚度后，再应用普通梁箍筋公式计算其箍筋长度。

剪力墙保护层厚度取值要求见表 4-8。

表 4-8 剪力墙保护层厚度取值要求

构 件		保护层厚度取值	备 注
墙身		按墙取值	
墙柱	端柱	按柱取值	应用普通柱钢筋计算公式或直接用表 4-16 计算
	暗柱		
墙梁	连梁	按墙取值	先求墙梁箍筋保护层厚度，再应用普通梁钢筋计算公式或直接用表 4-16 计算
	暗梁		
	边框梁	按梁取值	应用普通梁钢筋计算公式

4.7 剪力墙识图操练

4.7.1 剪力墙身识图操练

我们将通过剪力墙身的平法施工图，绘制墙身截面钢筋排布图，以进一步深入掌握剪力墙的平法知识，提高剪力墙施工图的识读能力。

1. 剪力墙 Q1 施工图

在某住宅楼的工程施工图中截取了 Q1 的平法施工图，见图 4-43。

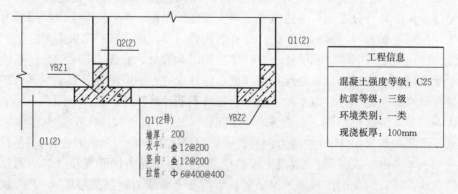

图 4-43 剪力墙 Q1 平法施工图

2. 剪力墙 Q1 钢筋排布图

应用平法图集中关于剪力墙身水平分布筋在转角墙处连接构造，绘制 Q1 水平截面钢筋排布图，见图 4-44。

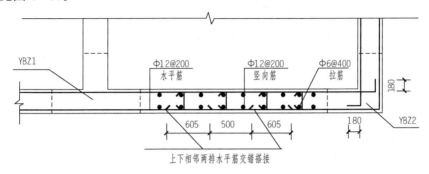

图 4-44　剪力墙 Q1 水平截面钢筋排布图

3. 关键部位钢筋长度计算

剪力墙 Q1 关键部位钢筋长度计算，见表 4-9。

表 4-9　　　　　　　　　　　关键部位钢筋长度计算表　　　　　　　　　　　mm

位　　置	钢筋长度计算	备　　注
水平分布筋搭接长度	$1.2l_{aE}=1.2\times42\times12=605$	参见 16G101-1
暗柱内弯折 $15d$	$15d=15\times12=180$	第 71 页转角墙（一）

4.7.2　剪力墙连梁的识图操练

我们将通过剪力墙连梁 LL2 的平法施工图，绘制 LL2 立面钢筋排布图和截面钢筋排布图。

1. 剪力墙连梁 LL2 施工图

在某住宅楼的工程施工图中截取了 LL2 的平法施工图，见图 4-45。

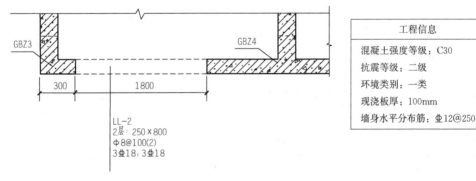

工程信息
混凝土强度等级：C30
抗震等级：二级
环境类别：一类
现浇板厚：100mm
墙身水平分布筋：Φ12@250

LL-2
2 层：250×800
Φ8@100(2)
3Φ18；3Φ18

图 4-45　剪力墙 LL2 平法施工图

2. 剪力墙连梁 LL2 钢筋排布图

应用平法图集中关于剪力墙连梁配筋构造，绘制 LL2 立面钢筋排布图和截面钢筋排布图，见图 4-46。

3. 关键部位钢筋长度计算

剪力墙混凝土保护层厚度 $c_w=15\text{mm}$，LL2 关键部位钢筋长度计算，见表 4-10。

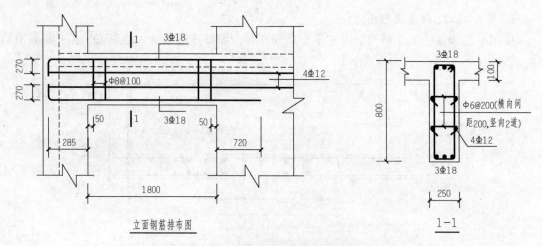

图 4-46　剪力墙 LL2 钢筋排布图

表 4-10　　　　　　　　　　　　　关 键 部 位 钢 筋 计 算　　　　　　　　　　　　　　mm

位　　置	钢筋长度计算	备　　注
伸入端支座后平直段长度	$\min(600, l_{aE}) = \min(600, 40 \times 18) = 600 > h - c = 300 - 15 = 285$，弯锚	参见 16G101-1 第 78 页
伸至墙外侧纵筋内侧后弯钩 $15d$	$15d = 15 \times 18 = 270$	
中间支座	$l_{aE} = 40 \times 18 = 720$，且 ≥600，取大值为 720	
连梁侧面水平纵筋根数	$n = (梁高 - 板厚)/水平筋间距 - 1 = (800 - 100)/250 - 1 = 2(根)$	参见 16G101-1 第 17 页第 3.2.5 条

4.8　剪力墙钢筋计算操练

4.8.1　剪力墙钢筋计算公式

1. 墙身钢筋计算公式

一般民用建筑的剪力墙身钢筋直径为 10～14mm，由于直径偏小，钢筋多采用绑扎搭接的连接方式，现按照绑扎搭接连接方式列出墙身水平分布筋、竖向分布筋和拉筋的长度和根数计算公式，见表 4-11。

表 4-11　　　　　　　　　　　　　　墙身钢筋计算公式表

钢筋	计算内容	计 算 公 式	备　　注
水平分布筋	长度	$L = 墙净长 + 锚固长度$ 或 $L = 墙长 - 2 \times 墙c + 左弯折长 + 右弯折长$	16G101-1 第 71、第 72 页
	根数	基础内侧： $n = \max\{2, [(h_j - 100 - 基c)/500 + 1]\}$	16G101-3 第 64 页
		各楼层单侧：$n = (层高 - 50)/间距 + 1$ 当内侧、外侧钢筋长度相同时，总根数 = 单侧根数 × 排数	
		起步距离距楼面 50(mm)	12G901-1 第 3～12 页

续表

钢筋	计算内容	计　算　公　式	备　　　注
竖向分布筋	长度	基础内： 弯锚：L＝弯折长＋基内竖向锚固长＋上层搭接长 　　　＝弯折长＋(h_j-c_j)＋上层搭接长 直锚：L＝基内竖向锚固长＋上层搭接长 　　　＝l_{aE}＋上层搭接长	16G101-3 第 64 页
		中间层：L＝层高＋上层搭接长 顶层：L＝层高－c－非连接区＋$12d$（或锚入 BKL 内 l_{aE}）	16G101-1 第 74 页
	根数	单侧：n＝（墙净长－2×起步距离）/间距＋1 总根数＝单侧根数×排数 起步距离距边缘构件 1/2 竖向筋间距	
拉筋	长度	见表 4-13 剪力墙箍筋和拉筋长度计算公式表	
	根数	拉筋为矩形布置时： n＝净墙面积/（横向间距×竖向间距） 拉筋为梅花形布置时： n＝2×［净墙面积/（横向间距×竖向间距）］	这是近似公式，当墙身尺寸较小时，只能画出样图，一一数出来

2. 暗柱钢筋计算公式

剪力墙结构中的端柱执行框架柱的钢筋构造，所以端柱的钢筋计算同框架柱，这里只讨论暗柱的钢筋计算。

暗柱钢筋包括纵筋和箍筋，有时可能有拉筋，其计算公式见表 4-12。

表 4-12　　　　　　　　　　　　　暗柱钢筋计算公式表

钢筋	部位或内容		计　算　公　式	备　　　注
纵筋	基础层		基础内： 弯锚：L＝弯折长＋基内竖向锚固长＋上层搭接长 　　　＝弯折长＋(h_j-c_j)＋上层搭接长 直锚：L＝基础内竖向锚固长＋上层搭接长 　　　＝l_{aE}＋上层搭接长	16G101-3 第 65 页，16G101-1 第 73、第 74 页，计算搭接长度时 d 取相连钢筋较小直径
	中间层		L＝层高＋上层搭接长	
	顶层		L＝层高－c－非连接区＋$12d$（或锚入 BKL 内 l_{aE}）	
箍筋	长度		见表 3-12 柱箍筋长度计算公式表	采用绑扎搭接时，应在搭接长度范围内设箍筋直径≥$d/4$（d 为搭接钢筋最大直径），间距≤100 的加密箍筋
	根数	基础层	n＝max{2，［$(h_j-100-c_j)/500+1$］}	
		各层	机械连接、焊接时：n＝（层高－50）/间距＋1	
			绑扎搭接连接时： n＝绑扎区域加密箍筋数＋非加密箍筋数 绑扎区域加密箍筋数＝$2.3l_{lE}/100+1$ 非加密箍筋数＝（层高－$2.3l_{lE}$－50）/间距	
单肢箍	长度		见表 3-7 柱箍筋长度计算公式表	
	根数		根数同箍筋	

3. 连梁（暗梁）箍筋长度计算公式

连梁和暗梁与普通梁不同，普通梁的保护层是针对箍筋而言的，而连梁（暗梁）的保护层是针对位于连梁（暗梁）侧面的水平分布筋而言的。连梁（暗梁）从外向内的顺序为：保护层→水平分布筋→箍筋→墙梁纵筋，见图 4-47（a）。这里只推导连梁（暗梁）箍筋的长度计算公式，边框梁钢筋计算公式参照普通梁公式。

连梁（暗梁）考虑抗震时，箍筋长度：

$$L = 2[(b-2c-2d_水)+(h-2c)]+2×弯钩长$$
$$= 2(b+h)-8c+2\max(12.9d,75+2.9d)-4d_水$$
$$= 2(b+h)-8c+\max(25.8d,150+5.8d)-4d_水$$

故箍筋的长度计算公式：

$$L = 2(b+h)-8c+\max(25.8d,150+5.8d)-4d_水 \tag{4-1}$$

式中　$d_水$——水平分布筋直径。

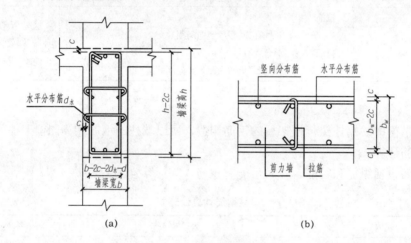

图 4-47　箍筋和拉筋图样

不同箍筋直径情况下连梁（暗梁）箍筋长度的计算公式见表 4-13。

连梁（暗梁）箍筋根数计算公式同普通梁。

4. 拉筋长度计算公式

GB 506666—2011《混凝土结构工程施工规范》的第 5.3.6 条规定：箍筋、拉筋的末端应按设计要求作弯钩，并应符合下列规定：

拉筋用作剪力墙、楼板等构件中拉结筋时，两端弯钩可采用一端 135°另一端 90°，弯折后平直段长度不应小于拉筋直径的 5 倍。

剪力墙的连梁和暗梁配置侧面钢筋时，拉筋要同时钩住侧面钢筋和箍筋，并在端部做 135°的弯钩，见图 4-47（a），则拉筋的长度：

$$L = b-2c+2d+2×弯钩长$$
$$= b-2c+2d+2×7.9d$$

上式整理后，拉筋的长度计算公式为

$$L = b-2c+17.8d \tag{4-2}$$

不同拉筋直径情况下拉筋长度的计算公式见表 4-13。

表 4-13　　　　　　　　　剪力墙箍筋和拉筋长度计算公式表　　　　　　　　　mm

箍筋或拉筋	适用范围	箍筋直径 d	箍筋长度计算公式	备注
连梁和暗梁的箍筋	抗震	$d=8$，10，12	$L=2(b+h)-8c+25.8d-4d_水$	保护层厚度按墙取值
		$d=6$	$L=2(b+h)-8c+150+5.8d-4d_水$	
	非抗震		$L=2(b+h)-8c+15.8d-4d_水$	
连梁、暗梁和墙身的拉筋			$L=b-2c+17.8d$	

注　表中公式不适用于端柱、暗柱和边框梁。

连梁（暗梁）拉筋根数计算公式见表 4-14。

表 4-14　　　　　　　　　连梁（暗梁）拉筋根数计算公式表

钢筋	计算内容	计　算　公　式	备注
拉筋	根数	横向根数：$n=$（洞口宽$-2×$起步距离)/2×箍筋间距$+1$ 　　　　　　$=$（洞口宽$-2×50$)/2×箍筋间距$+1$ 竖向根数：$n=$（连梁高$-$上、下保护层厚)/侧面水平筋间距-1 　　　　　　$=$（连梁高$-2c$)/侧面水平筋间距-1	16G101-1 第 78 页

5. 墙梁侧面钢筋

关于连梁、暗梁、边框梁的侧面钢筋，当设计有标注时，按设计要求执行；当无设计标注时，同墙身水平分布筋。

4.8.2　剪力墙钢筋计算操练

剪力墙平法施工图见图 4-48，工程信息见表 4-15。要求计算 Q2、GBZ1、LL3 的钢筋工程量。

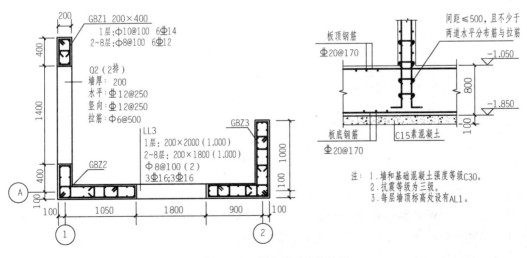

图 4-48　剪力墙平法施工图

表 4 - 15　　　　　　　　　　　　　　**工 程 信 息 表**

层号	墙顶标高(m)	层高(m)
8	29.650	3.6
7	26.050	3.6
6	22.450	3.6
5	18.850	3.6
4	15.250	3.6
3	11.650	3.6
2	8.050	3.6
1	4.450	4.5
基础	−1.050	基顶到一层地面1.0

剪力墙、基础混凝土强度等级为 C30,抗震等级为三级,基础保护层厚度为 40mm,现浇板厚为 100mm。钢筋直径 $d \leqslant 14$mm 时采用绑扎搭接,$d > 14$mm 时采用焊接。结构一层层高度为 $4.5+1.0=5.5$(m)

1. Q2 钢筋计算

计算步骤如下:

第一步:画 Q2 水平分布筋和竖向分布筋简图,见图 4 - 49,水平分布筋一端锚固在直墙暗柱内,另一端锚固在转角墙内。

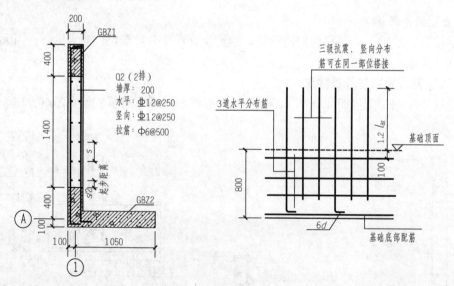

图 4 - 49　Q2 钢筋简图

第二步:计算内侧水平分布筋长度和根数。

第三步:计算外侧水平分布筋长度和根数。本例中内外侧钢筋长度相同,但是很多情况下内外侧钢筋长度不同,外侧水平分布筋或者在转角一侧交错搭接,或者在转角两侧交错搭接,或者在转角处搭接,均要与内侧钢筋分开计算。

第四步:计算过程汇总成表,见表 4 - 16。

表 4 - 16　　　　　　　　　　　　Q2 钢 筋 计 算 表

钢筋名称	计算内容	计 算 式	长度(m)	备注
水平 分布筋 ⏀12@250	长度	墙 $c=15$mm $L=$墙净长+锚固长度=墙长$-2\times$墙 $c+10d+15d$ $=400+1400+500-2\times15+25\times12=2570$(mm)	704.180	内外侧水平筋长度相同
	根数	因 $h_j=800$(mm)$>l_{aE}=37\times12=444$(mm),基础高度 满足直锚,故在 l_{aE} 范围内布置横向钢筋。 基础内:$n=\max\{2,[(444-100-40)/500+1]\}=2$(根) 1 层:$n=$(层高$-50$)/间距$+1=(5500-50)/250+1=23$(根) 2~8 层:$n=(3600-50)/250+1=16$(根) 总根数=单侧根数$\times$排数$=(2+23+16\times7)\times2=274$(根)		
竖向 分布筋 ⏀12@250	长度	因保护层厚度$>5d$,且 $h_j=800$(mm)$>l_{aE}=37\times12=$ 444(mm),故采用墙插筋在基础中锚固构造(一),弯折长度为 $\max(6d,150)=\max(72,150)=150$(mm)。 弯锚:$L=$弯折长+($h_j-$基 c)+上层搭接长 $=150+(800-40)+1.2\times444=1443$(mm) 直锚:$l_{aE}+1.2l_{aE}=2.2\times444=977$(mm)	428.296	本工程抗震等级为三级,故竖向分布筋可在同一部位搭接
		1 层:$L=$层高+上层搭接长$=5500+1.2\times444=6033$(mm) 2~7 层:$L=6\times(3600+1.2\times444)=24\,797$(mm) 8 层(顶层):$L=$层高$-c+12d=3600-15+12\times12=3729$(mm)		
	根数	基础内弯锚钢筋(1/3)$\times12=4$根,直锚钢筋(2/3)$\times12=8$(根) 单侧:$n=$(墙净长$-2\times$起步距离)/间距$+1$ $=(1400-250)/250+1=6$(根) 总根数=单侧根数$\times$排数$=6\times2=12$(根)		
竖向 分布筋 ⏀12@250	总长度	总长度$=(4\times1443+8\times977)+12\times(6033+24\,797+3729)$ $=428\,296$(mm)	428.296	
拉筋 ⏀6@500	长度	$L=b-2c+17.8d=200-2\times15+17.8\times6$ $=277$(mm)	50.968	见表 4 - 13
	根数	双向拉筋:$n=$净墙面积/(横向间距$\times$竖向间距) 基础内:$n=6$(根) 1 层:$n=(1400\times5500)/(500\times500)=31$(根) 2~8 层:$n=7\times[(1400\times3600)/(500\times500)]=147$(根) 总根数$=6+31+147=184$(根)		基础内拉筋根数少,不能用近似公式计算,要画草图一一数出来

合计长度:⏀12:1132.476m;⏀6:50.968m

合计质量:⏀12:1005.639kg;⏀6:11.315kg

注　1. 计算钢筋根数时,每个商取整数,只入不舍;

　　2. 质量=长度$\times$钢筋单位理论质量。

2. GBZ1 钢筋计算

计算步骤如下：

第一步：画 GBZ1 钢筋简图，见图 4 - 50。GBZ1 是直墙暗柱，保护层厚度按柱取值 $c=20\mathrm{mm}$。

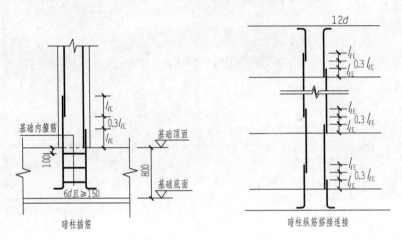

图 4 - 50　GBZ1 钢筋简图

第二步：计算暗柱纵筋。

第三步：计算暗柱箍筋。

第四步：计算暗柱拉筋。

第五步：计算过程汇总成表，见表 4 - 17。

表 4 - 17　　　　　　　　　　　GBZ1 钢 筋 计 算 表

钢筋	计算部位	计 算 式	长度 (m)	备注
纵筋	一层及以下 6 ⏀14	因保护层>5d，$h_j=800(\mathrm{mm})>l_{aE}=37\times14=518(\mathrm{mm})$，所以采用墙柱插筋在基础中锚固构造（a），共有 4 个角部纵筋弯锚，2 个非角部纵筋直锚。 弯折长度：$\max(6d, 150)=\max(6\times14, 150)=150(\mathrm{mm})$ 搭接长：$l_{lE}=52\times14=728(\mathrm{mm})$ 基内竖向锚固长=h_j-基$c-$基d_x-基$d_y=800-40-20-20$ 　　　　　　$=720(\mathrm{mm})$ 弯锚：$L=4\times(150+800-40-2\times20)+2\times2.3\times728+2\times728$ 　　　$=8285(\mathrm{mm})$ 直锚：$L=2\times518+728+2.3\times728=3438$ 一层：$L=$层高+上层搭接长=$6\times(5500+728)=37\ 368(\mathrm{mm})$	49.091	16G101 - 3 第 65 页、16G101 - 1 第 73 页
	2～7 层 6 ⏀12	$l_{lE}=52\times12=624(\mathrm{mm})$ $L=$层高+上层搭接长=$6\times6\times(3600+624)=152\ 064(\mathrm{mm})$	171.974	d 取相连钢筋较小直径
	8 层 6 ⏀12	顶层纵筋伸到顶部弯折12d 顶层：$L=$层高$-c+12d-$钢筋起点高度 　　　　$=6\times(3600-20+12\times12)-3\times1.3\times624=19\ 910(\mathrm{mm})$		

续表

钢筋	计算部位	计 算 式	长度（m）	备注
箍筋	1层及以下 $\phi10@100$	长度：$L=2(b+h)-8c+25.8d$ 　　　$=2(200+400)-8\times20+25.8\times10=1298(mm)$ 基础内：$n=\max\{2,\,[(518--100-40-2\times20)/500+1]\}=2$（根） 1层：$n=$绑扎区域加密箍筋数＋非加密箍筋数$=(5500-50)/100+1=56$（根） 总根数 $n=3+56=59$（根） 总长度 $L=1298\times59=76\,582(mm)$	76.582	16G101-1 第73页； d 取相连 钢筋较小 直径
	2～8层 $\phi8@100$	长度：$L=2(b+h)-8c+25.8d$ 　　　$=2(200+400)-8\times20+25.8\times8=1246(mm)$ 每层根数：$n=(3600-50)/100+1=37$（根） 总根数 $n=7\times37=259$（根） 总长度 $L=1246\times259=322\,714(mm)$	322.714	
单肢箍	一层 $\phi10@100$	长度：$L=b-2c+27.8d=200-2\times20+27.8\times10=438(mm)$ 一层以下无拉筋，故一层拉筋根数同一层箍筋根数 $n=56$（根） 总长度 $L=438\times56=24\,528(mm)$	24.528	
	2～8层 $\phi8@100$	长度：$L=b-2c+27.8d=200-2\times20+27.8\times8=388(mm)$ 根数同箍筋 $n=259$（根） 总长度 $L=388\times259=98\,938(mm)$	98.938	

合计长度：Φ 14：49.091m；Φ 12：171.974m；ϕ 10：101.164m；ϕ 8：421.652m

合计质量：Φ 14：51.302kg；Φ 12：152.713kg；ϕ 10：62.418kg；ϕ 8：166.553kg

注　1. 计算钢筋根数时，每个商取整数，只入不舍；

　　2. 质量＝长度×钢筋单位理论质量。

3. LL3 钢筋计算

计算步骤

第一步：画 LL3 钢筋简图，见图 4 - 51。连梁保护层厚度按墙取值 $c=15mm$，保护层针对墙身水平分布筋而言。

第二步：计算连梁纵筋。

第三步：计算连梁箍筋。

第四步：计算连梁侧面筋。

第五步：计算连梁拉筋。

第六步：计算过程汇总成表，见表 4 - 18。

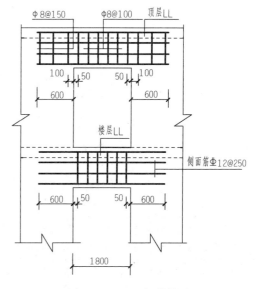

图 4 - 51　LL3 钢筋简图

表 4 - 18　　　　　　　　　　　　　**LL3 钢 筋 计 算 表**

钢筋	计算内容	计 算 式	长度(m)	备注
纵筋	1～8层 上下纵筋 各 3 ⏀ 16	左右锚固长： $\max(l_{aE}, 600)= \max(l_{aE}=37\times16=592, 600)=600(mm)$ $L=$洞口宽＋左锚固长＋右锚固长 　$=1800+600+600=3000(mm)$ 总长度 $L=8\times6\times3000=144\,000(mm)$	144.000	
箍筋	一层 200×2000 ⏀ 8@100	长度：$L=2(b+h)-8c+25.8d-4d_{水}$ 　　　$=2\times(200+2000)-8\times15+25.8\times8-4\times12$ 　　　$=4438(mm)$ 根数：$n=($洞口宽$-2\times50)/$间距$+1$ 　　　$=(1800-100)/100+1=18($根$)$ 总长度 $L=18\times4438=79\,884(mm)$	79.884	
	2～8层 200×1800 ⏀ 8@100	长度：$L=2\times(200+1800)-8\times15+25.8\times8-4\times12$ 　　　$=4038(mm)$ 2～7层根数：$n=6\times18=108($根$)$ 8层根数：$n=2\times($锚固区根数$)＋$洞口范围根数 　　　$=2\times(600-100)/150+(1800-100)/100+1$ 　　　$=2\times4+18=26($根$)$ 总长度 $L=(108+26)\times4038=541\,092(mm)$	541.092	每个区段 内箍筋根数 取整数后再 继续计算
侧面筋	按水平分布 筋确定： ⏀ 12@250	$\max(l_{aE}, 600)= \max(l_{aE}=37\times12=444, 600)=600(mm)$ 长度：$L=$洞口宽＋左锚固长＋右锚固长 　　　$=1800+600+600=3000(mm)$ 一侧根数：$n=($连梁高$-2c)/$水平筋间距-1 1层一侧：$n=(2000-2\times15)/250-1=7($根$)$ 2～8层一侧：$n=(1800-2\times15)/250-1=6($根$)$ 总根数 $n=2\times(7+7\times6)=98($根$)$ 总长度 $L=98\times3000=294\,000(mm)$	294.000	
拉筋	⏀ 6	长度：$L=b-2c+17.8d=200-2\times15+17.8\times6$ 　　　$=277(mm)$ 横向根数：$n=($洞口宽$-2\times50)/2\times$箍筋间距$+1$ 　　　　$=(1800-2\times50)/2\times100+1=10($根$)$ 竖向根数：$n=($连梁高$-2c)/$水平筋间距-1 1层：$n=(2000-2\times15)/250-1=7($根$)$ 2～8层：$n=[(1800-2\times15)/250-1]\times7=42($根$)$ 总根数 $n=(7+42)\times10=490($根$)$ 总长度 $L=490\times277=135\,730(mm)$	135.730	见 16G101－1 第 78 页

合计长度：⏀ 16：144.000m；⏀ 12：294.000m；⏀ 8：620.976m；⏀ 6：135.730m

合计质量：⏀ 16：227.232kg；⏀ 12：261.072kg；⏀ 8：245.286kg；⏀ 6：30.132kg

注　1. 计算钢筋根数时，每个商取整数，只入不舍；
　　　2. 质量＝长度×钢筋单位理论质量。

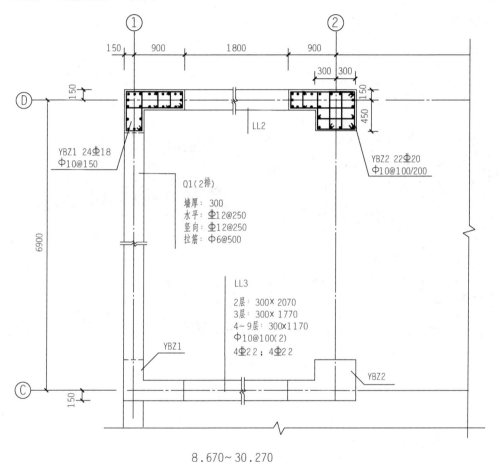

实操题

图 4-52 是剪力墙平法施工图，请绘制 Q1 的水平截面钢筋排布图并计算钢筋；绘制 LL3 的立面钢筋排布图和截面钢筋排布图，并计算钢筋（混凝土强度等级：C30；抗震等级：三级；环境类别：一类）。

图 4-52 剪力墙平法施工图

项目 5 梁平法钢筋计算

看一看、想一想

图 5-1 和图 5-2 是框架梁的实物照片，请仔细观察框架梁与框架柱的连接节点部位钢筋构造，观察框架梁的箍筋、箍筋加密和非加密范围、梁支座负筋、上部通长筋的连接、主梁和次梁相交处设置的附加吊筋等情况。

图 5-1 框架梁钢筋

图 5-2 梁内吊筋

5.1 梁的平法设计规则

5.1.1 梁编号规定

在梁平法施工图中，各种类型的梁均应按照表 5-1 的规定编号，同时，对相应的标准构造详图也标注编号中的相同代号。梁编号中的代号不仅可以区别不同类型的梁，还将作为信息纽带，使梁平法施工图与相应标准构造详图建立明确的联系，使平法梁施工图中表达的设计内容与相应的标准构造详图合并构成完整的梁结构设计。

表 5-1   梁 编 号 规 定

梁类型	代号	序号	跨数（××）、一端悬挑（××A）、两端悬挑（××B）
楼层框架梁	KL	××	(××)、(××A)、(××B)
楼层框架扁梁	KBL	××	(××)、(××A)、(××B)
屋面框架梁	WKL	××	(××)、(××A)、(××B)
框支梁	KZL	××	(××)、(××A)、(××B)

续表

梁类型	代号	序号	跨数（××）、一端悬挑（××A）、两端悬挑（××B）
托柱转换梁	TZL	××	（××）、（××A）、（××B）
非框架梁	L	××	（××）、（××A）、（××B）
井字梁	JZL	××	（××）、（××A）、（××B）
悬挑梁	XL	××	

注　平法图集中，非框架梁 L、井字梁 JZL 表示端支座为铰接；当非框架梁 L、井字梁 JZL 端支座上部纵筋为充分
　　利用钢筋的抗拉强度时，在梁代号后加"g"，即 Lg、JZLg。

特别提示

1. 非框架梁、井字梁和悬挑梁均为非抗震设计（即不考虑抗震耗能）。
2. 楼层框架梁、屋面框架梁和框支梁无论是否为抗震设计，其悬挑端均为非抗震设计。
3. 悬挑部分不计入跨数。

5.1.2　梁平法制图规则

梁平法施工图制图规则，是在梁平面布置图上采取平面注写方式或截面注写方式表达梁结构设计内容的方法，梁平法注写方式分类见表 5-2。

表 5-2　　　　　　　　　　　　　　　**梁平法注写方式分类**

注　写　方　式		备　　注
平面注写方式	集中标注	平面注写方式为主； 原位标注取值优先
	原位标注	
截面注写方式		截面注写方式可单独使用，也可与平面注写方式结合使用

1. 梁平面注写方式的一般要求

梁平面注写方式是在分标准层绘制的梁平面布置图上直接注写截面尺寸和配筋的具体数值，是整体表达该标准层梁平法施工图的一种方式。

对标准层上的所有梁应按表 5-1 的规定进行编号，并在相同编号的梁中选择一根进行平面注写，其他相同编号梁仅需标注编号。

平面注写方式包括集中标注和原位标注两部分，集中标注主要表达通用于梁各跨的设计数值，原位标注主要表达梁本跨的设计数值以及修正集中标注中不适用于本跨的内容。施工时，原位标注取值优先。平面注写方式及内容见表 5-3。

表 5-3 平面注写方式分类及内容

注写方式分类		标注内容	注写方式举例	备 注
平面注写	集中标注	梁编号	楼层框架梁：KL1（3） 两端带悬挑框架梁：KL3（2B） 屋面框架梁：WKL4	必注值
		梁截面尺寸	矩形截面：300×700 悬挑梁变截面：300×700/500	必注值
		箍筋	φ8@200（2） φ10@100/200（4）	必注值
		上部通长筋或架立筋；下部通长筋	2Φ25+2Φ20（角筋+中筋） 2Φ22+（2Φ14）（角筋+架立筋） 2Φ25；3Φ20（上通；下通）	必注值
		侧面构造钢筋或受扭钢筋	G4Φ12 侧面构造钢筋 N6Φ14 侧面受扭钢筋	必注值，注写钢筋总数，对称配置
		梁顶标高高差	（-0.100）相对结构层楼面标高而写	选注值
	原位标注	支座负筋	6Φ25 4/2　　4Φ25/2Φ20 2Φ25（角部）+2Φ20/2Φ20	含通长筋在内的支座上部纵筋
		下部纵筋	6Φ25 2/4　　2Φ20/4Φ25 2Φ25+2Φ20（-2）/4Φ25	括号内数字表示不伸入支座的钢筋数
		附加箍筋或吊筋	附加箍筋：6φ10（2） 吊筋：2Φ20	注写钢筋总数，对称配置

梁平法施工图平面注写方式示意见图 5-3。

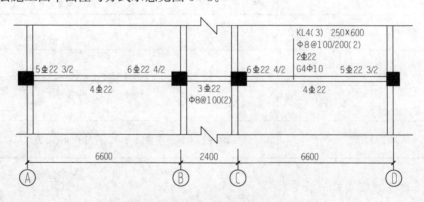

图 5-3　梁平法施工图平面注写方式示意图

2. 平面注写集中标注的具体内容

梁集中标注内容为六项，现分述如下（以下内容是对表 5-3 的注释）：

（1）注写梁编号（必注值）：梁编号带有注在括号内的梁跨数及有无悬挑端信息，应注意当有悬挑端时，无论悬挑多长均不记入跨数。

（2）注写梁截面尺寸（必注值）：

等截面梁注写为 $b \times h$，其中 b 为梁宽，h 为梁高。

竖向加腋梁注写为 $b \times h$　$Yc_1 \times c_2$，其中 Y 表示加腋，c_1 为腋长，c_2 为腋高，见示意图 5 - 4。

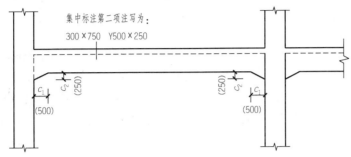

图 5 - 4　竖向加腋梁截面尺寸示意图

变截面悬挑梁注写为 $b \times h_1/h_2$，其中，h_1 为梁根部较大高度值，h_2 为梁端部较小高度值，见示意图 5 - 5。

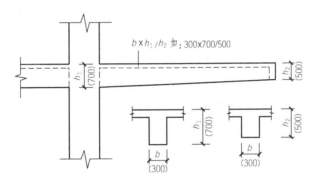

图 5 - 5　悬挑梁不等高截面尺寸示意图

（3）注写梁箍筋（必注值）：

框架梁箍筋加密区与非加密区间距用"/"分开，箍筋的肢数注在括号内。例如：Φ10 @100/200（2），表示箍筋强度等级为 HPB300，直径Φ10，加密区间距为 100mm，非加密区间距为 200mm，均为双肢箍。

Φ8@100（4）/150（4），表示箍筋强度等级为 HPB300，直径Φ8，加密区间距为 100mm，采用 4 肢箍，非加密区间距为 150mm，采用 4 肢箍。

（4）注写梁上部通长筋或架立筋，以及梁下部通长筋（必注值）：

将架立筋注写在括号内以示与通长筋区别。当框架梁箍筋采用 4 肢或更多肢时，由于通长筋一般仅需设置 2 根，所以应补充设置架立筋，此时采用"＋"将两类钢筋相连。例如：2Φ22＋（2Φ12）表示设置 2 根强度等级 HRB400，直径 22mm 的通长筋和 2 根强度等级 HPB300，直径 12mm 的架立筋。

特别提示

梁上部通长筋可为相同或不同直径采用搭接连接、机械连接或焊接的钢筋。

当梁下部通长筋配置相同时，可在跨中上部通长筋或架立筋后接续注写梁下部通长筋，前后用";"隔开。例如：2⌀22；6⌀25 2/4，表示梁上部跨中设置 2 根强度等级 HRB400，直径 22mm 的抗震通长筋；梁下部设置 6 根强度等级 HRB400，直径 25mm 的通长筋，分两排设置，上排 2 根，下排 4 根。

（5）注写梁侧面构造纵筋或受扭纵筋（必注值）：

梁侧面构造纵筋以 G 打头，梁侧面受扭纵筋以 N 打头，注写两个侧面的总配筋值。

当梁腹板高度 $h_w \geqslant 450$mm 时，梁侧面须配置纵向构造钢筋，所注规格与总根数应符合相应规范规定。当梁侧面配置受扭纵筋时，宜同时满足梁侧面纵向构造钢筋的间距要求，且不再重复配置纵向构造钢筋。例如：N6⌀22 表示共配置 6 根强度等级 HRB400，直径 22mm 的受扭纵筋，梁每侧各配置 3 根。

 **特别提示**

1. 梁侧面构造纵筋的搭接长度与锚固长度取 $15d$。

2. 梁侧面受扭纵筋的搭接长度为 l_{lE} (l_l)，锚固长度为 l_{aE} (l_a)，锚固方式同框架梁的下部纵筋。

梁侧面构造（或受扭）纵筋平面注写方式示例见图 5-6。

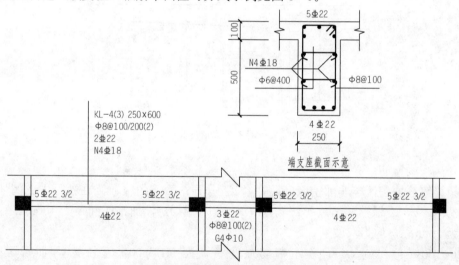

图 5-6　梁侧面构造（或受扭）纵筋平面注写方式示例

（6）注写梁顶面相对标高高差（选注值）：

梁顶面标高高差为相对于结构层楼面标高的高差值，将其注写在括号内。

应注意，当局部设有结构夹层时，应将结构夹层的标高列入结构层楼面标高和层高表中，设置在结构夹层的梁如有梁顶面标高高差，即为相对于结构夹层楼面的标高高差。

3. 平面注写原位标注的具体内容

梁原位标注见图 5-7。梁原位标注内容有四项，现分述如下：

（1）注写梁支座上部纵筋。

当集中标注的梁上部跨中抗震通长筋直径与该部位角筋直径相同时，跨中通长筋实际为该跨两端支座的角筋延伸到跨中 1/3 净跨范围内搭接形成;当集中标注的梁上部跨中通长筋直径与该部位角筋直径不同时,跨中直径较小的通长筋分别与该跨两端支座的角筋搭接完成抗震通长筋受力功能。

　　当梁支座上部纵筋多于一排时,用"/"将各排纵筋自上而下分开。例如:6⏀22 4/2 表示上排纵筋为 4⏀22,下 2 排纵筋为 2⏀22。

　　当同排纵筋有两种直径时,用"+"将两种直径的纵筋相连,并将角部纵筋注写在前面。例如:2⏀25+2⏀22 表示梁支座上部有四根纵筋,2⏀25 放在角部,2⏀22 放在中部。

　　当梁支座两边的上部纵筋不同时,须在支座两边分别标注;当梁支座两边的上部纵筋相同时,可仅在支座一边标注配筋值,另一边省去不注。

　　当两大跨中间为小跨,且小跨净尺寸小于左、右两大跨净跨尺寸之和的 1/3 时,小跨上部纵筋贯通全跨。此时,应将贯通小跨的纵筋注写在小跨中部的上部,例如图 5-7 中小跨净长:

$$(2400-2\times250)=1900<2\times(6600-250-350)/3=4000$$

所以此小跨上部纵筋贯通全跨。

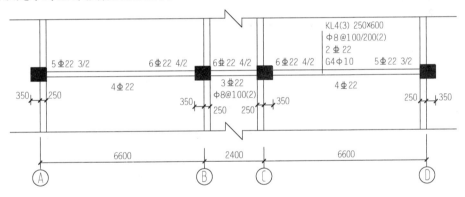

图 5-7　大小跨梁的平面注写示例

　　设计与施工应注意,贯通小跨的纵筋根数可等于或少于相邻大跨梁支座上部纵筋,当少于时,少配置的纵筋即为大跨不需要贯通小跨的纵筋。施工时应满足支座两边纵筋根数不同时的梁柱节点构造。

　　当支座两边配筋值不同时,应采用直径相同并使支座两边根数不同的方式配置纵筋。可使配置较少一边的上部纵筋全部贯穿支座,配置较多的另一边仅有较少根纵筋在支座内锚固。

　　(2) 注写梁下部纵筋。

　　当梁下部纵筋多于一排时,用"/"将各排纵筋自上而下分开。例如:6⏀25 2/4 表示上排纵筋为 2⏀25,下 2 排纵筋为 4⏀25,全部伸入支座。

　　当同排纵筋有两种直径时,用"+"将两种直径的纵筋相连,注写时角筋写在前面。例如:2⏀22+2⏀20 表示梁下部有 4 根纵筋,2⏀22 放在角部,2⏀20 放在中部。

　　当梁下部纵筋不全部伸入支座时,将减少的数量写在括号内。

　　例如:6⏀25　2 (-2)/4 表示上排纵筋为 2⏀25 均不伸入支座;下排纵筋为 4⏀25 全部

伸入支座，见图 5-8。

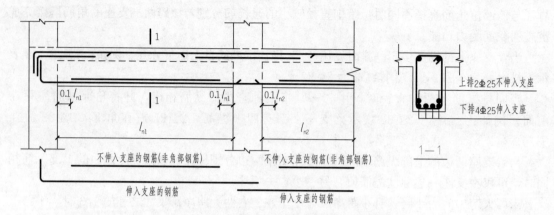

上排 2Φ25 不伸入支座

下排 4Φ25 伸入支座

不伸入支座的钢筋(非角部钢筋)

伸入支座的钢筋

图 5-8　梁下部不伸入支座的钢筋示意图

当在梁的集中标注中已在梁支座上部纵筋之后注写了下部通长筋数值时，则不需在梁下部重复做原位标注。

（3）注写附加箍筋或吊筋。

在主次梁相交处，直接将附加箍筋或吊筋画在平面图中的主梁上，用线引注总配筋值（附加箍筋的肢数注在括号内），见图 5-9。图中 8Φ10（2）表示在主梁上配置直径10mmHPB300 级附加箍筋共 8 道，在次梁两侧各配置 4 道，为双肢箍。又如：2Φ20 表示在主梁上配置直径 20mm HRB400 吊筋两根。应注意：附加箍筋的间距、吊筋的几何尺寸等构造需结合其所在位置的主梁和次梁的截面尺寸而定。

当多数附加箍筋或吊筋相同时，可在梁平法施工图上统一注明，少数与统一注明值不同时，再原位引注。

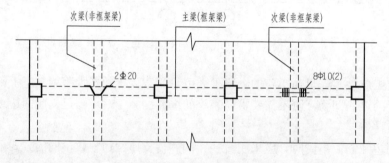

次梁(非框架梁)　　　主梁(框架梁)　　　次梁(非框架梁)

2Φ20　　　　8Φ10(2)

图 5-9　附加箍筋和吊筋的示意图

（4）注写修正集中标注中某项或某几项不适用于本跨的内容。

当在梁上集中标注的梁截面尺寸、箍筋、上部通长筋或架立筋、梁侧面纵向构造钢筋或受扭纵向钢筋、梁顶面标高高差中的某一项或几项数值不适用于某跨或某悬挑部分时，则将其不同数值原位标注在该跨或该悬挑部位，施工时，应按原位标注数值取用。

（5）平面注写方式与传统表示方式对比。

目前建筑工程结构施工图使用的梁平面注写方式能够反映一根梁的全部（平面、立面、截面）信息，见图 5-10（a）。在使用平法之前，按照传统表达方式表示梁的话，需要绘制梁的平面图、立面图和截面（剖面）图，造成图纸量大，有时这三种图中的信息可能互相矛盾，不一致，所以说平法表示是设计领域的一项改革。按照传统表达方式表示的梁截面（剖面）图，见图 5-10（b）。

图 5-10（a）和（b）是两种方式表达相同的内容，实际采用平面注写方式表达时，不需绘制梁截面图和（a）图中的截面号。

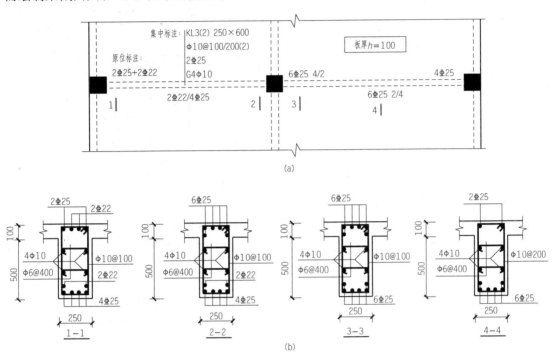

图 5-10　平法梁平面注写方式与传统表示方式对比
（a）平面注写方式；（b）传统表达方式

4. 截面注写方式

梁截面注写方式是在分标准层上绘制梁平面布置图，用截面配筋图来表达梁平法施工图的一种方式。

对所有梁应按表 5-1 的规定进行编号，并在相同编号的梁中选择一根用剖面号引出配筋图，并在其上注写截面尺寸和配筋具体数值，其他相同编号梁仅需标注编号。

5.2　非框架梁钢筋构造

5.2.1　框架梁与非框架梁、主梁与次梁的关系与区别

非框架梁是相对于框架梁而言，次梁是相对于主梁而言，这是两个不同的概念。在框架结构中，框架梁以柱为支座，非框架梁是以框架梁或非框架梁为支座。主梁一般为框架梁，次梁一般为非框架梁，次梁以主梁为支座。但是也有特殊情况，例如在图 5-11 左图中，KL3 就以 KL2 为中间支座，因此 KL2 就是主梁，而框架梁 KL3 就成为次梁了。

此外，次梁也有一级次梁和二级次梁之分。例如图 5-11 右图中，L3 是一级次梁，它以框架梁 KL5 为支座；而 L4 为二级次梁，它以 L3 为支座。

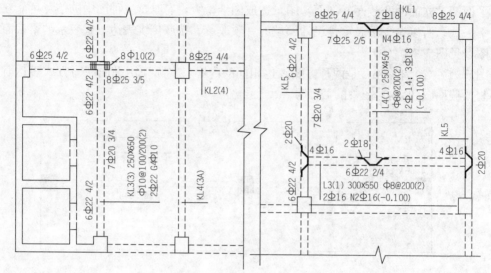

图 5-11 框架梁平面布置图

框架梁与非框架梁、主梁与次梁的关系与区别见表 5-4。

表 5-4　　　　　　　　　框架梁与非框架梁、主梁与次梁的关系与区别

梁名称	代号	支座情况	确定方式	一般情况
框架梁	KL	框架柱或剪力墙	梁是否以混凝土柱或剪力墙为支座来确定	—
非框架梁	L	架梁		—
主梁		柱或墙（混凝土、砖）	以梁的主次关系来确定	框架梁一般为主梁
次梁		梁		非框架梁一般为次梁

特别提示

> 1. 当多跨连续梁支座有框架柱又有框架梁时，仍称为框架梁。
> 2. 当多跨连续梁支座有框架柱又有剪力墙时，仍称为框架梁。
> 3. 当多跨连续梁支座均为梁时，即为非框架梁。

5.2.2　非框架梁钢筋构造

非框架梁配筋构造见图 5-12。

1. 非框架梁上部纵筋向跨内的延伸长度

（1）非框架梁端支座上部纵筋的延伸长度：

非框架梁端支座上部纵筋从主梁内边缘算起的延伸长度，当设计按铰接时取 $l_{n1}/5$；当充分利用钢筋的抗拉强度时取 $l_{n1}/3$。

（2）非框架梁中间支座上部纵筋的延伸长度：

非框架梁中间支座上部纵筋第一排延伸长度取 $l_n/3$（l_n 为相邻左右两跨中净跨值较大者），第二排延伸长度取 $l_n/4$；当配置超过二排纵筋时，应由设计者注明各排纵筋的延伸长度值。

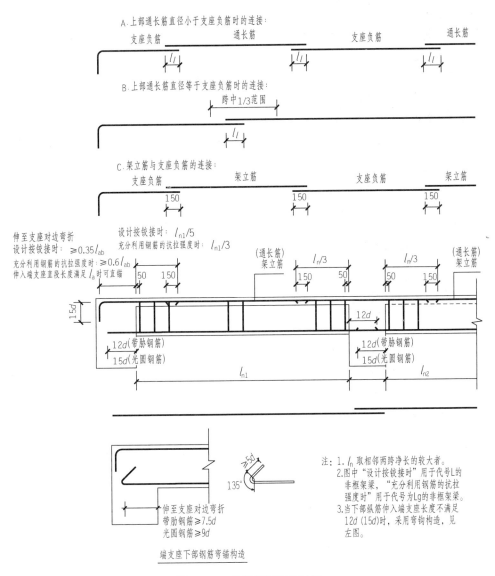

图 5-12　非框架梁配筋构造

2. 非框架梁纵向钢筋的锚固

（1）非框架梁上部纵筋在端支座的锚固：

上部纵筋在端支座伸入支座的平直段长度，当设计按铰接时要求$\geqslant 0.35l_{ab}$；当充分利用钢筋的抗拉强度时要求$\geqslant 0.6l_{ab}$，且伸至对边后再弯折，弯直钩$15d$。伸入端支座直段长度满足l_a时可直锚。

（2）图中"设计按铰接时"用于代号为 L 的非框架梁，"充分利用钢筋的抗拉强度时"用于代号为 Lg 的非框架梁。

（3）当梁配有受扭纵筋时，梁下部纵筋锚入支座的长度应为l_a，在端支座直锚长度不足时，伸入支座的平直段长度要求$\geqslant 0.6l_{ab}$，且伸至对边后再弯折，弯直钩$15d$，见图 5-12 中的 D 构造。

（4）下部纵筋在端支座、中间支座的锚固：

当为光面钢筋时，下部钢筋的直锚长度为 15d；

当为肋形钢筋时，下部钢筋的直锚长度为 12d。

3. 非框架梁纵向钢筋的连接

（1）非框架梁上部不用设抗震通长筋，但是当设计需要设通长筋时，它是非抗震通长筋，其连接构造根据具体情况分别对待。

（2）非框架梁的上部通长筋可为相同或不同直径采用搭接连接、机械连接或焊接连接的钢筋。

（3）当梁上部通长筋直径小于梁支座负筋时，其分别与梁两端支座负筋连接。当采用搭接连接时，搭接长度为 l_l，且按 100％接头面积计算搭接长度，见图 5 - 12 中的 A 构造。

（4）当梁上部通长筋直径与梁支座负筋相同时，可在跨中 1/3 净跨范围内进行连接。当采用搭接连接时，搭接长度为 l_l，且当在同一连接区段时按 100％接头面积计算搭接长度；当不在同一连接区段时按 50％接头面积计算搭接长度，见图 5 - 12 中的 B 构造。

（5）梁的架立筋分别与两端支座负筋构造搭接 150mm，且应有一道箍筋位于该长度范围，同时要钩住搭接的两根钢筋并绑扎在一起，见图 5 - 12 中的 C 构造。

（6）非框架梁下部纵筋支座外的连接见图 5 - 13，下部纵筋可贯通中间支座，在梁端 l_n/4 范围连接，连接钢筋面积不宜大于 50％。

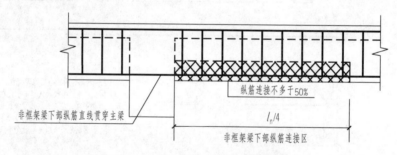

图 5 - 13　非框架梁下部纵筋支座外的连接

4. 非框架梁的箍筋

（1）非框架梁的箍筋没有作为抗震构造要求的箍筋加密区。

（2）当设计为两种箍筋值时，在梁跨两端配置较大的箍筋，在跨中配置较小的箍筋。

（3）梁第一道箍筋距主梁支座边缘 50mm。

（4）弧形非框架梁沿梁中心线展开，箍筋间距沿凸面线度量。

（5）当箍筋为多肢复合箍时，应采用大箍套小箍的形式。

5. 非框架梁侧面钢筋

非框架梁侧面钢筋构造同框架梁，详见框架梁侧面钢筋构造。

5.2.3　主、次梁节点钢筋排布构造

当主、次梁相交时，其节点的钢筋排布构造见图 5 - 14。要点为：

（1）次梁下部纵筋伸入支座锚固长度：带肋钢筋为 12d，光圆钢筋为 15d。

（2）当主、次梁顶部标高相同时，主梁上部纵筋与次梁上部纵筋的上、下位置关系应

根据楼层施工钢筋整体排布方案并经设计确认后确定。图 5 - 14 是次梁上部纵筋置于主梁上部纵筋之上的方案。次梁的支座负筋在端支座伸至主梁外侧角筋的内侧后弯折，弯直钩 $15d$。

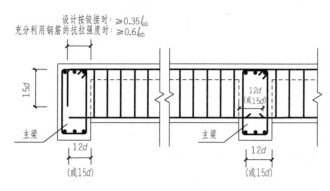

图 5 - 14　主、次梁节点钢筋排布构造

（3）当主、次梁底部标高相同时，次梁下部纵筋应置于主梁下部纵筋之上。

5.3　非框架梁识图操练

5.3.1　钢筋排列表

用平法施工图进行钢筋下料计算和钢筋工程量计算时，如果按照一定的顺序对钢筋进行排列，计算就方便，不会漏项，所以先对非框架梁钢筋进行排列，见表 5 - 5。

表 5 - 5　　　　　　　　　　　　　钢 筋 排 列 表

跨位	钢筋位置	钢筋名称	钢筋构造	备注
第一跨 （端跨）	上部	左支座负筋（端支座）	支座内锚固	16G101 - 1 第 89 页
			跨内延伸长度	
		右支座负筋（中间支座）	跨内延伸长度	
	下部	下部筋	左支座锚固（端支座）	
			右支座锚固（中间支座）	
	中部	侧面构造钢筋	侧面构造钢筋构造	
		侧面受扭钢筋	侧面受扭钢筋构造	
	箍筋		箍筋构造	
	附加箍筋、吊筋		附加箍筋、吊筋构造	
第二跨 （中间跨）	当多跨时，中间跨按照第一跨的右侧钢筋构造考虑			

......

5.3.2　单跨次梁识图操练

1. L-1 平法施工图

某一单跨次梁 L-1 平法施工图和工程信息见图 5-15，梁端支座负筋按铰接考虑。

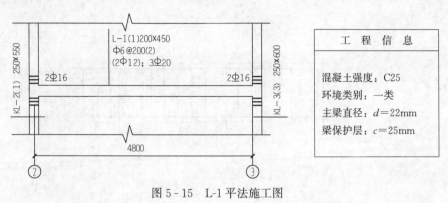

图 5-15　L-1 平法施工图

2. L-1 钢筋排布图

通过 L-1 的平法施工图，绘制 L-1 立面钢筋排布图，并在关键部位给出剖断面，再绘制剖断面处的截面钢筋排布图，见图 5-16。

确定剖断面的原则是：①纵向钢筋直径或根数发生变化；②截面尺寸发生变化。所以 L-1 左支座右侧为 1-1 剖面，跨中为 2-2 剖面，右支座左侧与 1-1 剖面相同。

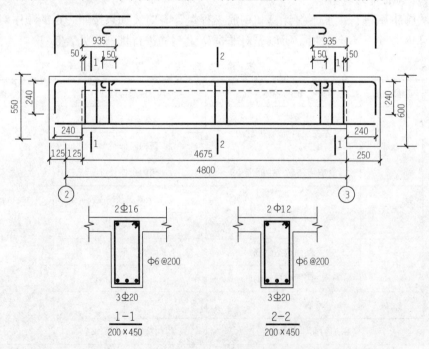

图 5-16　L-1 立面钢筋排布图和截面钢筋排布图

5.3.3　双跨次梁识图操练

1. L-2 配筋分析

首先通过画双跨次梁弯矩图，了解双跨次梁的配筋原理。两端支撑在主梁上的双跨次梁

L-2，承受竖向均布荷载时的弯矩图见图 5-17 左图，在受拉侧配受力钢筋，受压侧配架立筋，见图 5-17 右图。

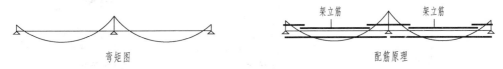

图 5-17　L-2 配筋分析图

2. L-2 平法施工图

某一双跨次梁 L-2 平法施工图和工程信息见图 5-18。梁端支座负筋按铰接考虑。

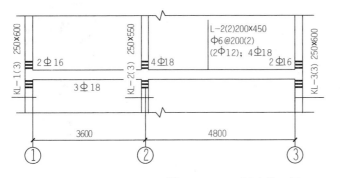

工　程　信　息
混凝土强度：C25
抗震等级：三级
环境类别：一类
主梁直径：$d=22mm$
梁保护层：$c=25mm$

图 5-18　L-2 平法施工图

3. L-2 钢筋排布图

通过 L-2 的平法施工图，绘制 L-2 立面钢筋排布图，并在关键部位给出剖断面，再绘制剖断面处的截面钢筋排布图。

确定的剖断面是第一跨左支座右侧为 1-1 剖面，跨中为 2-2 剖面，右支座左侧为 3-3，第二跨左支座右侧为 4-4 剖面，跨中为 5-5 剖面，右支座左侧为 6-6，见图 5-19 和图 5-20。

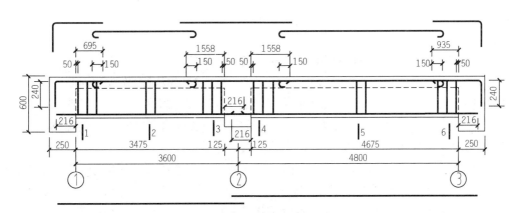

图 5-19　L-2 立面钢筋排布图

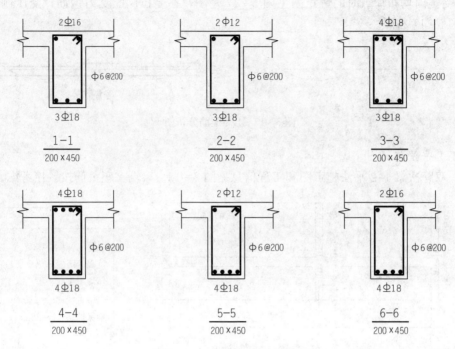

图 5-20　L-2 截面钢筋排布图

5.4　框架梁钢筋构造

5.4.1　框架梁纵筋构造

一、楼层框架梁纵筋构造

1. 框架梁上部纵筋构造

框架梁上部纵筋包括：上部通长筋、支座负筋（即支座上部纵向钢筋）和架立筋，见图 5-21。

（1）框架梁上部通长筋构造。

1）根据抗震规范要求，抗震框架梁应设两根上部通长筋。

2）通长筋可为相同或不同直径采用搭接连接、机械连接或对焊连接的钢筋。

3）当跨中通长筋直径小于梁支座上部纵筋时，其分别与梁两端支座上部纵筋（角筋）连接，当采用搭接连接时搭接长度为 l_{lE}（l_{lE} 为抗震搭接长度），且按 100％接头面积计算搭接长度。见图 5-21 中的 A 构造。

4）当通长筋直径与梁支座上部纵筋相同时，将梁两端支座上部纵筋中与通长筋位置和根数相同的钢筋延伸到跨中 1/3 净跨范围内进行连接；当采用搭接连接时，搭接长度为 l_{lE}，且当在同一连接区段时按 100％接头面积计算搭接长度，当不在同一连接区段时按 50％接头面积计算搭接长度，见图 5-21 中的 B 构造。

5）当框架梁设置多于 2 肢的复合箍筋，且当跨中通长筋仅为 2 根时，补充设置的架立筋分别与梁两端支座上部纵筋构造搭接 150mm，见图 5-21 中的 C 构造。

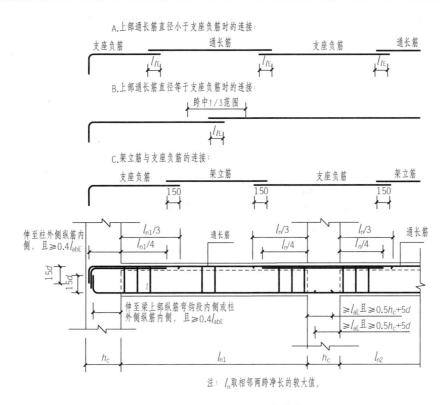

图 5 - 21　楼层框架梁纵向钢筋构造

（2）框架梁支座负筋的延伸长度。框架梁端支座和中间支座上部非通长纵筋从柱边缘算起的延伸长度统一取为：

当配置不多于三排纵筋而第一排部分为通长筋，且通长筋直径小于支座纵筋，或与支座纵筋相同时，第一排筋延伸至 $l_n/3$ 处、第二排筋延伸至 $l_n/4$ 处截断，见图 5 - 22。

（3）框架梁架立筋的构造。架立筋是梁的一种纵向构造钢筋。当梁顶面箍筋转角处无纵向受力钢筋时，应设置架立筋，见图 5 - 21 中的 C 构造。架立筋的作用是形成钢筋骨架和承受温度收缩应力。

（4）框架梁上部纵筋要求能通则通。框架梁上部纵筋在中间支座上要求遵循能通则通的原则，当钢筋超过定长时，在上部跨中 1/3 跨度的范围内可以进行机械连接或对焊连接或绑扎搭接接长。

图 5 - 22　楼层框架梁支座负筋延伸长度构造

2. 框架梁下部纵筋构造

框架梁下部纵筋包括两个：在集中标注中定义的下部通长筋和逐跨原位标注的下部纵筋。这里讲述的内容也适用于屋面框架梁下部纵筋。

框架梁下部纵筋的配筋方式基本上是"按跨布置"，即在支座处锚固，见图 5 - 21。

（1）集中标注的下部通长筋，基本上是按跨布置的，在满足钢筋定尺长度的前提下，可以把相邻两跨的下部纵筋作贯通筋处理。

（2）原位标注的下部纵筋，更是首先考虑按跨布置，当相邻两跨的下部纵筋直径相同，在不超过钢筋定尺长度的情况下，可以把它们作贯通筋处理。

3. 框架梁中间支座纵筋构造

（1）框架梁上部纵筋在中间支座的节点构造。

1）当支座两边的支座负筋直径相同、根数相等时，一般贯通穿过中间支座。由于这些钢筋在中间支座左右两边的延伸长度相等（都等于 $l_n/3$），所以常被形象地称为"扁担筋"，它以中间支座作为肩膀，向两边挑出的长度相等，这种情况比较普遍。

当中间支座左右两边的原位标注相同，或者在中间支座的某一边进行了原位标注，而在另一边没有原位标注的时候，都执行上述做法。

2）当支座两边的支座负筋直径相同、根数不相等时，把根数相等部分的支座负筋贯通穿过中间支座，而将根数多出来的支座负筋弯锚入柱内。

3）在施工图设计中要尽量避免出现支座两边的支座负筋直径不相同的情况。设计应注意：对于支座两边不同配筋值的上部纵筋，宜尽可能选用相同直径（不同根数），使其贯穿支座，避免支座两边不同直径的上部纵筋均在支座内锚固。

（2）框架梁下部纵筋在中间支座的节点构造。

1）框架梁的下部纵筋一般都以"直形钢筋"在中间支座锚固，见图 5-21，其锚固长度要同时满足两个条件：

$$锚固长度 \geqslant l_{aE}$$
$$锚固长度 \geqslant 0.5h_c + 5d$$

式中　h_c——柱截面沿框架方向的尺寸；

　　　d——钢筋直径。

2）下部纵筋在中间支座的切断点不一定在支座内。当作为中间支座的框架柱的宽度较小时，按锚固长度两个条件之一的"$\geqslant l_{aE}$"来看，下部纵筋的切断点一般是伸过支座的另一边，而不是在支座内。

3）框架梁的下部纵筋一般按跨处理，在中间支座锚固。在满足钢筋"定尺长度"的前提下，相邻两跨同样直径的框架梁下部纵筋可以而且应该直通贯穿中间支座，这样做既能够节省钢筋，而且对降低支座钢筋密度有好处。

（3）框架梁中间支座梁高、梁宽变化时钢筋构造。

楼层框架梁、屋面框架梁中间支座两边梁顶或梁底有高差时，或支座两边的梁宽不同时，或支座两边梁错开布置时的钢筋构造见图 5-23。

4. 框架梁端支座纵筋构造

这里讲述的框架梁端支座节点构造仅适用于楼层框架梁的端支座，不适用于屋面框架梁端支座的节点构造，见图 5-24。

钢筋构造要点为：

（1）楼层框架梁纵筋在端柱（墙）内的弯锚或直锚，均要求纵筋应伸至过端柱中线 $5d$ 至柱外侧纵筋内侧。

（2）当框架梁纵筋伸至梁端，其直锚段 $\geqslant 0.4l_{abE}$ 时（l_{abE} 为抗震锚固长度），可弯折 $15d$ 后截断。当弯锚时，直锚段与弯钩长度 $15d$ 之和是否 $\geqslant l_{abE}$ 不为控制条件。

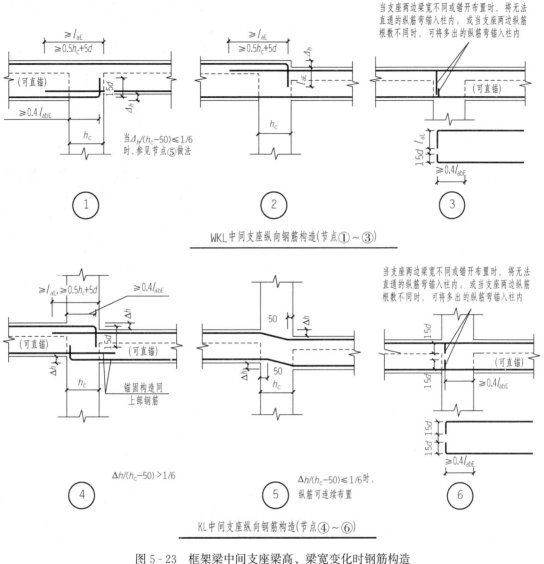

图 5 - 23　框架梁中间支座梁高、梁宽变化时钢筋构造

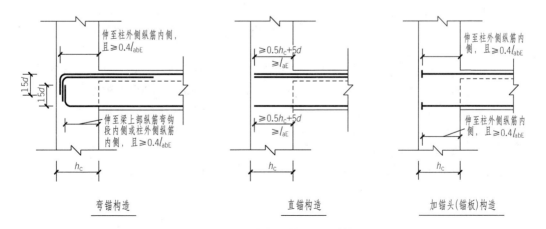

图 5 - 24　楼层框架梁端支座钢筋构造

（3）当弯锚时，弯钩与柱纵筋净距、各排纵筋弯钩净距不应小于25mm。

（4）当框架梁纵筋伸至梁端，直锚段≥l_{aE}时，可直锚。

（5）当纵筋伸至梁端，其直锚段不满足≥$0.4l_{abE}$时，应将纵筋按等强度、等面积代换为较小直径，使直锚段≥$0.4l_{abE}$，再设弯钩15d，而不应采用加长竖向直钩长度使总锚长等于l_{abE}的错误做法，可以采用端支座加锚头（锚板）的锚固措施。

（6）框架梁端部支座为剪力墙时，其弯锚与直锚控制条件与框架柱相同。

二、屋面框架梁纵筋构造

1. 楼层框架梁 KL 与屋面框架 WKL 的区别

楼层框架梁 KL 和屋面框架梁 WKL 在端支座处的受力机理不同，平法中对 KL 和 WKL 在端支座处的构造要求，以构造详图的形式加以规范、标准化，这是平法的重大贡献。下面通过表5-6，了解 KL 和 WKL 在构造上的相同点和不同点。

表5-6　　　　　　　　　　　　　　　KL 与 WKL 的异同

部　位	KL	WKL
端支座	上下部纵筋有弯锚，有直锚，锚固方式相同	上部纵筋只有弯锚，没有直锚
		下部纵筋与 KL 相同
	—	设角部附加钢筋
中间支座	下部纵筋锚固构造相同	
上部钢筋截断点	向跨内的延伸长度相同	

2. 屋面框架梁端支座纵筋构造

学习屋面框架梁纵筋构造时，要和楼层框架梁纵筋构造相互对照、分析来学习，构造要求相同时进一步熟悉和巩固，对不同的地方重点理解。学习屋面框架梁纵筋构造时，还要结合框架边柱、角柱柱顶纵筋构造来理解，即图集第67页和第85页的图、本书中图3-24和图5-25。虽然框架边柱、角柱柱顶纵筋构造和屋面框架梁纵筋构造分开表示，但是对实物来说是讲同一件事情。看图5-25时，一定要考虑图3-24的内容。屋面框架梁纵筋构造与楼层框架梁纵筋构造相对比，这里只讲不同点。

（1）顶层端支座梁上部纵筋。图5-25中表示的顶层端支座梁上部纵筋要结合图3-24中2或3构造理解，即梁上部纵筋伸至柱外侧纵筋内侧弯钩到梁底线。顶层端支座梁上部纵筋其他形式的锚固，以及附加角部钢筋构造见图3-24。

（2）顶层端支座梁下部纵筋。梁下部纵筋首先看能不能直锚，直锚条件是≥$0.5h_c+5d$，≥l_{aE}。不满足时可以弯锚，要求梁下部纵筋伸至梁上部纵筋弯钩段内侧，且其直锚段≥$0.4l_{aE}$，再弯折15d后截断。或者采用加锚头（锚板）锚固构造，要求梁下部纵筋伸至梁上部纵筋弯钩段内侧，且≥$0.4l_{aE}$。

3. 屋面框架梁中间支座纵筋构造

屋面框架梁中间支座钢筋构造见图5-23，内容分析见表5-6。

5.4.2　框架梁箍筋构造

1. 框架梁箍筋加密区构造

梁支座附近设箍筋加密区，其长度应满足以下要求。

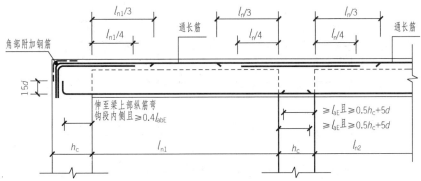

注：1. l_n 取相邻两跨净长的较大值。
2. 顶层端节点处梁上部钢筋与角部附加钢筋构造见图3-31。

抗震屋面框架梁纵向钢筋构造

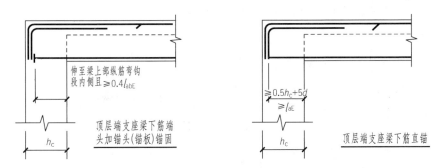

图 5-25 屋面框架梁纵筋构造

（1）一级抗震等级框架梁：箍筋加密区长度≥500mm 且≥$2h_b$（h_b 为梁截面高度），见图 5-26；

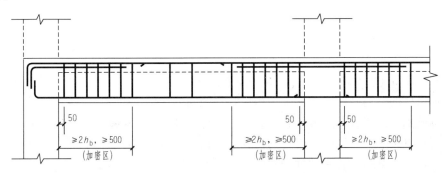

图 5-26 一级抗震等级 KL、WKL 箍筋加密区

（2）二～四级抗震等级框架梁：箍筋加密区长度≥500mm 且≥$1.5h_b$，见图 5-27；

（3）非抗震框架梁和非框架梁：构造要求不设箍筋加密区，但是当受力计算需要设箍筋加密区时，由设计标注。

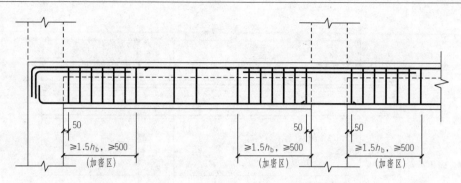

图 5-27 二～四级抗震等级 KL、WKL 箍筋加密区

特别提示

1. 第一个箍筋距支座边缘 50mm 处开始设置。
2. 弧形梁沿中心线展开，箍筋间距沿凸面线量度。
3. 当箍筋为多肢复合箍时，应采用大箍套小箍的形式。

2. 框架梁箍筋、拉筋沿梁纵向排布构造

框架梁箍筋、拉筋沿梁纵向排布构造见图 5-28。

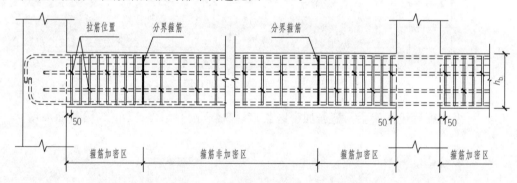

图 5-28 梁箍筋、拉筋排布构造详图

（1）按照图 5-26 和图 5-27 确定抗震框架梁箍筋加密区后，梁中间区域为箍筋的非加密区，非加密区的箍筋间距不宜大于加密区箍筋间距的 2 倍。

（2）箍筋加密区包含 50mm（第一个箍筋距支座边缘的距离）。

（3）当设置腰筋时，拉筋要同时钩住腰筋和箍筋，拉筋间距在全跨范围内为箍筋非加密区间距的 2 倍。当某跨只有一种箍筋间距时，拉筋间距取此箍筋间距的 2 倍。

5.4.3 框架梁一部分以梁为支座时钢筋构造

常见的框架梁是以柱（剪力墙）为支座的，但是个别的框架梁一部分以柱为支座，一部分以梁为支座，如图 5-29 所示，此时不能因为它是框架梁，就完全执行框架梁的配筋构造，而是分别对待。见图 5-30，要点为：

（1）纵筋构造。当梁以另一根梁为支座时，要遵循非框架梁配筋构造；当以柱（剪力墙）为支座时，要遵循框架梁配筋构造。

（2）箍筋构造。当框架梁以柱（剪力墙）为支座时，按照构造要求设箍筋加密区；当以

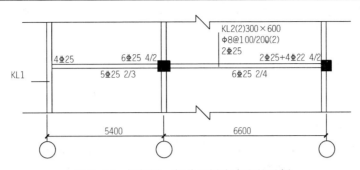

图 5-29　框架梁一部分以梁为支座的示例

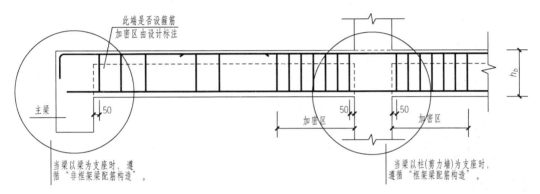

图 5-30　框架梁一部分以梁为支座时钢筋构造

梁为支座时，构造上没有要求设箍筋加密区，而是由设计标注。

5.4.4　梁侧面钢筋构造

梁的侧面纵筋俗称"腰筋"，包括梁侧面构造钢筋和侧面抗扭钢筋。这里讲述的内容，适用于楼面框架、屋面框架梁和非框架梁。

1. 框架梁侧面构造钢筋的构造

梁侧面纵向构造钢筋和拉筋的构造，对框架梁和非框架梁来说构造要求完全相同。梁侧面纵向构造钢筋和拉筋构造见图 5-31。

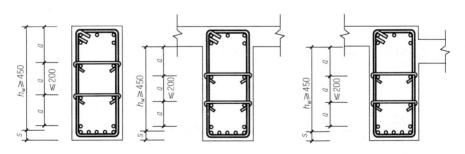

图 5-31　梁侧面纵向构造钢筋和拉筋构造

梁侧面纵向构造钢筋和拉筋构造要求如下：

（1）当梁的腹板高度 $h_w \geqslant 450$mm 时，在梁的两个侧面应沿高度配置纵向构造钢筋，其间距不宜大于 200mm。侧面纵向构造钢筋在梁的腹板高度上均匀布置。

（2）梁侧面纵向构造钢筋的规格，由设计师在施工图上给出，而不是施工人员根据

16G101-1图集来配置。

（3）梁侧面纵向构造钢筋的搭接和锚固长度可取为15d。

（4）梁侧面纵向构造钢筋的拉筋不在施工图上标注，而是由施工人员根据16G101-1图集来配置：

当梁宽≤350mm时，拉筋直径为6mm；当梁宽＞350mm时，拉筋直径为8mm。拉筋间距为非加密区箍筋间距的2倍。

当设有多排拉筋时，上下两排拉筋要竖向错开设置（俗称"隔一拉一"）。

（5）拉筋构造要求：拉筋紧靠纵向钢筋并钩住箍筋，拉筋弯钩角度为135°。弯钩平直段长度：对一般结构，不宜小于拉筋直径的5倍；对有抗震、抗扭要求的结构，不应小于拉筋直径的10倍且不应小于75mm。

（6）在平法施工图中，梁侧面纵向钢筋用"G"表示。

2. 框架梁侧面抗扭钢筋的构造

梁侧面抗扭钢筋和梁侧面纵向构造钢筋类似，都是梁的"腰筋"，梁侧面抗扭钢筋在梁截面中的位置及其拉筋的构造，与侧面构造钢筋相同。

两种梁侧面钢筋既有相同点又有不同点，不同点是：

（1）梁侧面抗扭钢筋是需要设计人员进行抗扭计算才能确定其钢筋规格和根数的，这与侧面纵向构造钢筋有本质上的不同。

（2）梁侧面抗扭纵向钢筋的锚固长度和方式与框架梁下部纵筋相同：

对于端支座来说，抗震框架梁的侧面抗扭钢筋要伸到柱外侧纵筋的内侧，再弯15d的直钩，且直锚水平段长度≥0.4l_{abE}（对于一般端支座）；对于宽支座，当满足≥l_{aE}和≥0.5h_c+5d时，可以直锚。

对于中间支座来说，梁的抗扭纵筋要锚入支座≥l_{aE}和≥0.5h_c+5d。

（3）梁侧面抗扭纵向钢筋其搭接长度为l_l（非抗震）或l_{lE}（抗震）。

（4）梁的抗扭箍筋要做成封闭式，当梁箍筋为多肢箍时，要做成"大箍套小箍"的形式。

（5）在平法施工图中，梁侧面抗扭钢筋用"N"表示。

5.4.5 附加横向钢筋构造

主、次梁相交处，次梁顶部混凝土由于负弯矩的作用而产生裂缝，主梁截面高度的中下部由于次梁传来的集中荷载而使混凝土产生斜裂缝。为了防止这些裂缝，应在次梁两侧的主梁内设置附加横向钢筋。附加横向钢筋包括箍筋和吊筋，其钢筋构造见图5-32。

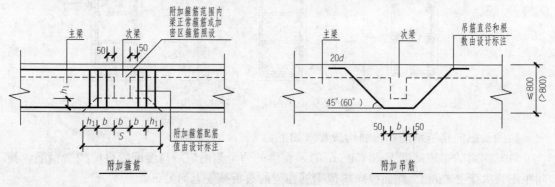

图5-32 附加横向钢筋构造

5.5　悬挑梁钢筋构造

5.5.1　悬挑梁特点

梁悬挑端的力学特征和工程做法与框架梁内部各截面截然不同，梁悬挑端有下列构造特点。

（1）梁的悬挑端在上部跨中位置进行上部纵筋的原位标注，这是因为悬挑端的上部纵筋是全跨贯通的。

（2）悬挑梁的下部钢筋为受压钢筋，它只需要较小的配筋就可以，所以有的图纸往往在"说明"中说明，如：悬挑梁的架立筋为 2Φ12。它完全不同于框架梁跨中下部纵筋，框架梁跨中下部纵筋为受拉钢筋，通常情况下配筋较大。

（3）悬挑梁的箍筋间距一般没有加密区和非加密区之分，只有一种间距。

（4）在悬挑梁上进行梁截面尺寸的原位标注。有的悬挑梁设计成变截面，例如，梁根截面高度为 700mm，而梁端截面高度为 500mm，梁宽为 300mm，则其截面尺寸的原位标注为：300×700/500。

（5）悬挑梁的钢筋构造不考虑抗震。

5.5.2　悬挑梁配筋构造

16G101-1 图集第 92 页的悬挑梁构造可分两大类：一类是延伸悬挑梁，即框架梁的边跨所带的悬挑端，如 KL1（3A），表示该框架梁有 3 跨，且一端带悬挑；另一类是纯悬挑梁，用 XL 代码表示。

本书图 5-33 中只列出延伸悬挑梁的①、②、③节点钢筋构造和纯悬挑梁 XL 钢筋构造，其他情况的悬挑梁钢筋构造见 16G101-1 图集第 92 页。

1. 悬挑梁上部纵筋配筋构造

（1）悬挑梁的钢筋构造图中给出了若干个节点构造，它们共同遵循的原则是钢筋能直锚时就直锚，不能直锚时才弯锚。对于弯锚，钢筋所在的位置不同，弯锚要求不同。

（2）第一排上部纵筋中至少设两根角筋，并不少于第一排纵筋的二分之一的上部纵筋（直弯钢筋）一直伸到悬挑梁端部，再直弯下伸到梁底，且 $\geq 12d$，其余纵筋（第一排弯起筋）下弯 45°或 60°后直段长度 $\geq 10d$，且满足下弯点离边梁边缘 50mm。

（3）第二排上部纵筋（弯起筋）伸到悬挑端长度的 $0.75l$ 处下弯 45°或 60°，弯折后直段长度 $\geq 10d$。

（4）纯悬挑梁（XL）的上部纵筋在支座的锚固为：当纯悬挑梁的上部纵筋直锚长度 $\geq l_a$，且 $\geq 0.5h_c + 5d$ 时可直锚；当直锚伸至对边不足 l_a 时则弯锚，即伸至柱外侧纵筋内侧且 $\geq 0.4l_{ab}$ 后再弯折 $15d$；当水平段伸直对边仍不足 $0.4l_{ab}$ 时，则应钢筋代换，采用较小直径的钢筋。

（5）当上部钢筋为一排且满足 $l < 4h_b$ 时，可不将钢筋在端部斜弯下，而是伸至端部后再直弯；当上部钢筋为两排且满足 $l < 5h_b$ 时，可不将钢筋在端部斜弯下，而是伸至端部后直弯。

2. 悬挑梁下部纵筋配筋构造

悬挑端下部钢筋直锚长度为 $15d$。由于悬挑端下部受压，配筋量较少，钢筋直径不大，锚固长度 $15d$ 一般都能实现柱内直锚。

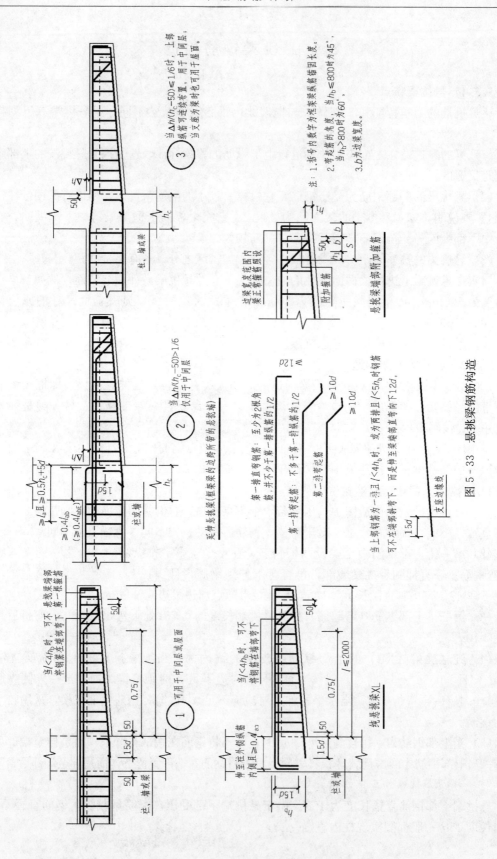

图 5 - 33 悬挑梁钢筋构造

3. 悬挑梁箍筋构造

悬挑梁根部第一根箍筋离支座50mm，而端部因为没有支座，所以端部第一根箍筋离端部边缘减一个保护层厚度后再稍往内开始设置。箍筋根数计算时，可以减一个保护层厚度。

悬挑梁的正常箍筋构造与非框架梁相同，但是悬挑梁端部往往设有边梁，边梁相当于悬挑梁的次梁，所以就像主、次梁相交处需要设附加钢筋一样，悬挑梁端部也要设附加钢筋。附加钢筋分为附加箍筋和吊筋，悬挑梁内的弯起筋在端部所起的作用就像吊筋。

悬挑梁端部附加箍筋范围内梁正常箍筋照设。

5.6　框架梁识图操练

5.6.1　三跨楼层框架梁识图操练

通过三跨楼层框架梁KL-4平法施工图，绘制KL-4立面钢筋排布图和截面钢筋排布图，以提高楼层框架梁平法施工图的识读能力。

1. KL-4平法施工图和工程信息

在某办公楼的工程施工图中截取了KL-4的平法施工图，用已学过的楼层框架梁平面注写方式，识读KL-4的平法施工图。KL-4平法施工图和工程信息见图5-34。

2. 绘制框架梁钢筋排布图的步骤

用实际的平法施工图纸绘制框架梁钢筋排布图的步骤如下：

（1）查看该框架梁的结构配筋图，确定与柱（墙或梁）的定位关系，必要时要查看柱（或墙）的定位图；

（2）绘制框架梁的外轮廓线，标注梁的跨长和净跨长；

（3）查看该框架梁的平法标注，按照钢筋排列顺序，边计算锚固长度、延伸长度和箍筋加密区长度，边绘制立面钢筋排布图；

（4）在立面钢筋排布图上确定剖断面，再绘制剖断面处的截面钢筋排布图。确定剖断面的原则是：①纵向钢筋直径或根数发生变化；②截面尺寸发生变化。考虑KL-4对称，共给出4个剖面。

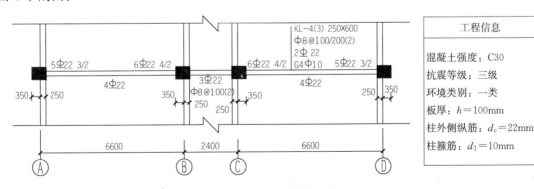

图5-34　KL-4平法施工图

3. 框架梁钢筋排布图

通过KL-4平法施工图，绘制立面钢筋排布图，见图5-35，绘制截面钢筋排布图，见图5-36。

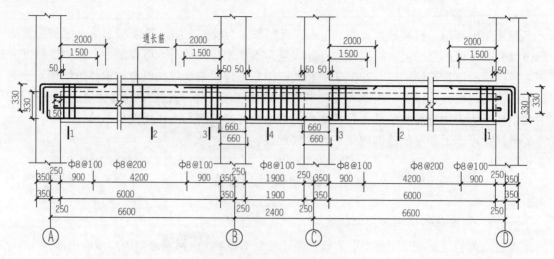

图 5 - 35　KL-4 立面钢筋排布图

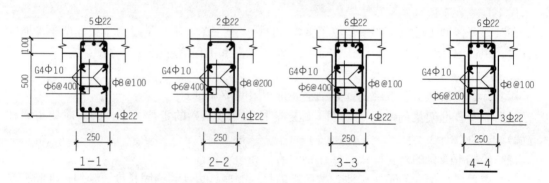

图 5 - 36　KL-4 截面钢筋排布图

5.6.2　带悬挑楼层框架梁识图操练

建筑结构中纯悬挑梁结构较少见，大多数情况下框架梁的一端或二端带悬挑端，通过二跨带悬挑楼层框架梁 KL-2（2A）平法施工图，绘制立面钢筋排布图和截面钢筋排布图，进一步理解和掌握带悬挑框架梁的平法知识。

1. KL-2（2A）平法施工图和工程信息

在某工程施工图中截取了 KL-2（2A）的平法施工图，用已学过的楼层框架梁和悬挑梁的平法知识，识读 KL-2（2A）的施工图。KL-2（2A）平法施工图和工程信息见图 5 - 37。

2. 绘制带悬挑框架梁钢筋排布图的步骤

用实际的平法施工图纸绘制带悬挑框架梁钢筋排布图的步骤如下：

（1）查看该框架梁的结构配筋图，确定与柱（墙或梁）的定位关系，必要时要查看柱（或墙）的定位图，再确定悬挑梁的位置；

（2）绘制框架梁的外轮廓线，标注梁的跨长和净跨长；

（3）注意悬挑梁的原位标注，如上部筋的表示和下部筋的表示，有的施工图纸中把悬挑梁的下部钢筋写在图纸的"说明"中，用"架立筋"来表述；

（4）查看该框架梁的平法标注，按照钢筋排列顺序，边计算锚固长度、延伸长度和箍筋加密区长度，边绘制立面钢筋排布图；

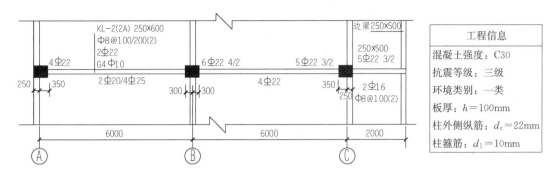

图 5-37　KL-2（2A）平法施工图

（5）在立面钢筋排布图上确定剖断面，再绘制剖断面处的截面钢筋排布图。确定剖断面的原则是：①纵向钢筋直径或根数发生变化；②截面尺寸发生变化。所以 KL-2（2A）共给出 7 个剖面：第一跨的左、中、右各给一个剖面，第二跨的左、中、右各给一个剖面，悬挑梁给一个剖面。

3. 带悬挑框架梁钢筋排布图

通过 KL-2（2A）平法施工图，绘出立面钢筋排布图，见图 5-38，绘出截面钢筋排布图，见图 5-39。

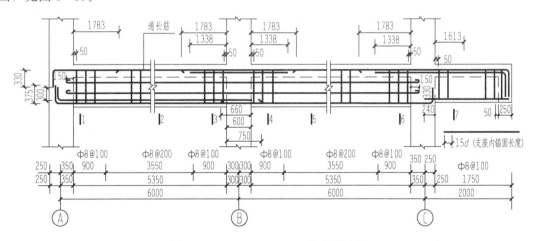

图 5-38　KL-2（2A）立面钢筋排布图

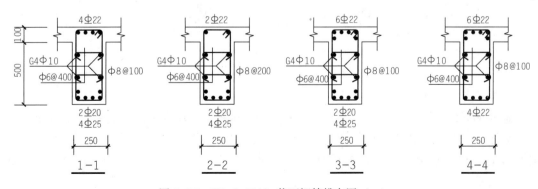

图 5-39　KL-2（2A）截面钢筋排布图（一）

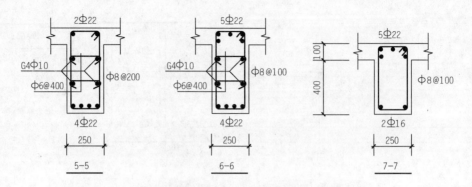

图 5-39 KL-2（2A）截面钢筋排布图（二）

5.6.3 屋面框架梁实操训练

通过平法施工图，绘制 WKL-2 的立面钢筋排布图和截面钢筋排布图，进一步深入掌握平法知识，提高混凝土结构识图能力。

1. WKL-2 平法施工图和工程信息

在某办公楼的工程施工图中截取了 WKL-2 的平法施工图，用已学过的屋面框架梁平面注写方式，识读 WKL-2 的平法施工图。WKL-2 平法施工图和工程信息见图 5-40。

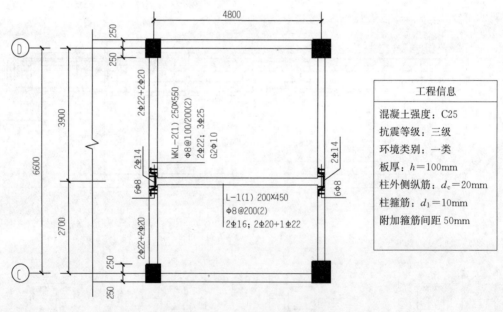

工程信息
混凝土强度：C25
抗震等级：三级
环境类别：一类
板厚：$h=100\text{mm}$
柱外侧纵筋：$d_c=20\text{mm}$
柱箍筋：$d_1=10\text{mm}$
附加箍筋间距 50mm

图 5-40 WKL-2 平法施工图

2. 屋面框架梁钢筋排布图

通过 WKL-2 平法施工图，绘制立面钢筋排布图，见图 5-41，绘制截面钢筋排布图，见图 5-42。绘制屋面框架梁立面钢筋排布图时，必须同时考虑"屋面框架梁纵向钢筋构造"和"框架边柱和角柱柱顶纵向钢筋构造"，本例采用 16G101-1 第 67 页的⑤节点构造。

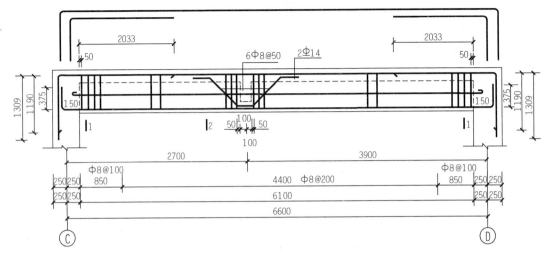

图 5 - 41　WKL-2 立面钢筋排布图

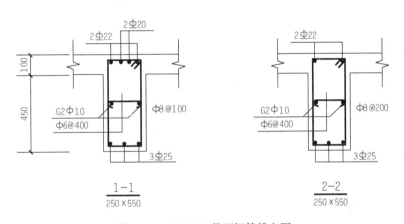

图 5 - 42　WKL-2 截面钢筋排布图

5.7　框架梁钢筋计算操练

钢筋计算一般指下料钢筋计算和预算钢筋计算，二者对计算精度要求不同，所用公式也不同，这里只讲预算钢筋计算，下料钢筋计算详见项目 8 钢筋翻样中的相关内容。

5.7.1　梁钢筋计算公式

1. 梁箍筋根数计算公式

每跨梁箍筋根数：

$$n = \frac{左端加密区 - 50}{加密间距} + \frac{非加密区}{非加密间距} + \frac{右端加密区 - 50}{加密间距} + 1 \qquad (5 - 1)$$

2. 梁箍筋长度计算公式

工程中常见的梁箍筋肢数为两肢箍和四肢箍，这里只介绍两肢箍和四肢箍的计算公式。

（1）梁两肢箍（四肢箍的外箍）的长度计算公式。

梁两肢箍（四肢箍的外箍）的长度计算公式与柱非复合箍（外箍）的长度计算公式完全相同，考虑抗震时，箍筋长度计算公式为

$$L = 2(b+h) - 8c + \max(25.8d, 150+5.8d) \quad (5-2)$$

不同箍筋直径情况下箍筋长度的计算公式见表 5-7。

（2）梁四肢箍的内箍长度计算公式。

梁四肢箍的内箍长度与柱 4×4 复合箍的内箍长度计算公式完全相同，考虑抗震时，内箍的长度计算公式为

$$L = 2(b-2c)/3 + 2(h-2c) + 1.3D + \max(27.1d, 150+7.1d) \quad (5-3)$$

式中　D——梁纵筋直径；

　　　d——箍筋直径。

不同箍筋直径情况下箍筋长度的计算公式见表 5-7。

3. 梁拉筋根数计算公式

当梁内设有侧面构造钢筋或侧面受扭钢筋时，需要设拉筋同时勾住纵筋和箍筋。当某跨梁箍筋分为加密区和非加密区时拉筋间距为该跨梁箍筋非加密区间距的 2 倍，此时该跨梁的每行拉筋根数的计算公式为

$$n = \frac{梁跨净长 - 100}{2 \times 非加密间距} + 1 \quad (5-4)$$

当某跨梁只有一种箍筋间距时，拉筋间距为该跨梁箍筋间距的 2 倍，此时该跨梁的每行拉筋根数的计算公式为

$$n = \frac{梁跨净长 - 100}{2 \times 箍筋间距} + 1 \quad (5-5)$$

当设有 m 行拉筋时，每跨梁的拉筋根数为 $n \times m$。

4. 梁拉筋长度计算公式

当梁内设有侧面构造钢筋或侧面受扭钢筋时，拉筋要同时勾住侧面钢筋和箍筋，并在端部做 135° 的弯钩，见图 5-43。考虑抗震时，拉筋的长度

$$L = b - 2c + 2d + 2 \times 弯钩长$$

$$= b - 2c + 2d + 2\max(12.9d, 75+2.9d)$$

上式整理后，拉筋的长度计算公式为

$$L = b - 2c + \max(27.8d, 150+7.8d) \quad (5-6)$$

不同拉筋直径情况下拉筋长度的计算公式见表 5-7。

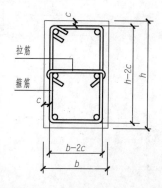

图 5-43　梁箍筋、拉筋图样

表 5-7　　　　　　　　　梁箍筋和拉筋长度计算公式表　　　　　　　　　　　mm

箍筋或拉筋	适用范围	直径 d	箍筋或拉筋长度计算公式
两肢箍（复合箍的外箍）	受扭		$L = 2(b+h) - 8c + 25.8d$
	抗震	$d=8,10,12$	$L = 2(b+h) - 8c + 25.8d$
		$d=6$	$L = 2(b+h) - 8c + 150+5.8d$
	非抗震		$L = 2(b+h) - 8c + 15.8d$
内箍	抗震		$L = 2\{[(b-2c-2d-D)/间距个数] \times 内箍占间距个数 + D + 2d\} + 2(h-2c) + 2\max(12.9d, 75+2.9d)$
	非抗震		$L = 2\{[(b-2c-2d-D)/间距个数] \times 内箍占间距个数 + D + 2d\} + 2(h-2c) + 15.8d$

续表

箍筋或拉筋	适用范围	直径 d	箍筋或拉筋长度计算公式
四肢箍的内箍	受扭		$L=2(b-2c)/3+2(h-2c)+1.3D+27.1d$
	抗震	$d=8,10,12$	$L=2(b-2c)/3+2(h-2c)+1.3D+27.1d$
		$d=6$	$L=2(b-2c)/3+2(h-2c)+1.3D+150+7.1d$
	非抗震		$L=2(b-2c)/3+2(h-2c)+1.3D+17.1d$
拉筋	受扭		$L=b-2c+27.8d$
	抗震	$d=8,10,12$	$L=b-2c+27.8d$
		$d=6$	$L=b-2c+150+7.8d$
	非抗震		$L=b-2c+17.8d$

5.7.2　框架梁钢筋计算操练

1. 计算步骤

现取某办公楼施工图中 $KL4$ 的平法施工图（见图5-34）进行钢筋计算操练。计算钢筋步骤如下：

第一步：画梁钢筋计算简图，见图5-44。梁纵筋采用焊接连接，焊接连接不影响钢筋长度的计算。

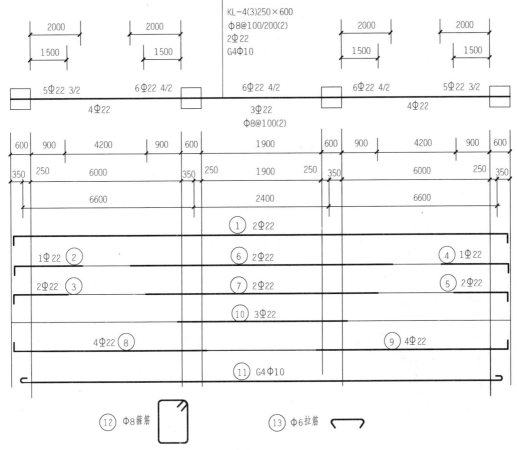

图 5-44　梁钢筋计算简图

第二步：对梁钢筋编号。从左到右、从上到下、从主到次的顺序编号。

第三步：按照编号顺序计算纵筋和箍筋。

2. 计算分析

（1）梁、柱保护层厚度为 20mm，$l_{abE}=31d$，$l_{aE}=30d$。

（2）纵筋计算。在"抗震框架梁识图操练"时，对关键部位的钢筋长度进行过计算，但是在"钢筋计算"环节要以预算钢筋计算为主，计算过程可以简化，没有必要完全按照钢筋排布要求进行计算。所以框架梁纵筋计算时，可以认为纵筋到构件边缘减一个柱保护层厚度。值得注意的是，框架梁以框架柱为支座，梁纵筋伸入柱内锚固，所以要取柱保护层厚度而不是梁保护层厚度。

（3）梁纵筋在端支座弯钩长度：$15d=15\times22=330$（mm）。

（4）梁下部纵筋在中间支座锚固长度要求：$\max(l_{aE},\ 0.5h_c+5d)=\max(660,\ 410)=660$（mm）。

（5）第二跨是小跨，当两大跨中间为小跨，且小跨净尺寸小于左、右两大跨净跨尺寸之和的 1/3 时，小跨上部纵筋要采取贯通全跨的方式。

小跨净长：

$$(2400-2\times250)=1900<2\times(6600-250-350)/3=4000(\text{mm})。$$

所以第二跨上部纵筋贯通全跨。

（6）框架梁箍筋加密区范围：$\max(1.5h_b,\ 500)=\max(900,\ 500)=900$（mm）。第二跨只有一种箍筋间距，不分加密区和非加密区。

（7）侧面构造钢筋。侧面构造钢筋是光圆钢筋（HPB300），不考虑定长问题，同时为了施工方便和快捷，支座处可以不断开而贯通布置。

3. 钢筋计算

按照编号顺序计算框架梁纵筋和箍筋，计算过程见表 5 - 8。

表 5 - 8　　　　　　　　　　　　　KL4 钢 筋 计 算 表

钢筋名称		编号	钢筋规格	计算式（mm）	根数	长度(m)
上部通长筋		1	⊉ 22	$L=6600+2400+6600+350\times2-2\times20+2\times15\times22=16\ 920$	2	33.840
第一跨 左负筋	一排	2	⊉ 22	$L=15\times22+600-20+2000=2910$	1	2.910
	二排	3	⊉ 22	$L=15\times22+600-20+1500=2410$	2	4.820
第三跨 右负筋	一排	4	⊉ 22	$L=2000+600-20+15\times22=2910$	1	2.910
	二排	5	⊉ 22	$L=1500+600-20+15\times22=2410$	2	4.820
跨越中间 支座上部筋	一排	6	⊉ 22	$L=2\times2000+2\times600+1900=7100$	2	14.200
	二排	7	⊉ 22	$L=2\times1500+2\times600+1900=6100$	2	12.200
第一跨下部筋		8	⊉ 22	$L=15\times22+600-20+6000+660=7570$	4	30.280
第三跨下部筋		9	⊉ 22	$L=7570$	4	30.280
第二跨下部筋		10	⊉ 22	$L=660\times2+1900=3220$	3	9.660
侧向构造钢筋		11	Φ 10	$L=15\times10\times2+6000\times2+1900+600\times2+6.25\times10\times2$ $=15\ 525$	4	62.100

续表

钢筋名称	编号	钢筋规格	计算式（mm）	根数	长度（m）
箍筋	12	Φ8	$L=2\times(250+600)-8\times20+25.8\times8=1746$ $n=2\times[2\times(900-50)/100+4200/200+1]$ $+[(1900-100)/100+1]=99$（根）	99	172.894
拉筋	13	Φ6	$L=250-2\times20+150+7.8\times6=407$ $n=2\times\{2\times[(6000-100)/400+1]$ $+[(1900-100)/200+1]\}=84$（根）	84	34.188

合计长度：Φ22：145.920m；Φ10：62.100m；Φ8：172.894m；Φ6：34.188m

合计质量：Φ22：435.425kg；Φ10：38.316kg；Φ8：68.293kg；Φ6：7.590kg

注 1. 计算钢筋根数时，每个商取整数，只入不舍；

2. 质量＝长度×钢筋单位理论质量。

实 操 题

1. 请看图 5 - 45 L-1 平法施工图，画出立面钢筋排布图和截面钢筋排布图，并计算钢筋。已知混凝土强度等级为 C25，环境类别为一类，现浇板厚度为 80mm。

2. 请看图 5 - 46 L-2 平法施工图，画出立面钢筋排布图和截面钢筋排布图，并计算钢筋。已知混凝土强度等级为 C30，环境类别为一类，现浇板厚度为 100mm。

3. 请看图 5 - 47 KL-3（3）平法施工图，画出立面钢筋排布图和截面钢筋排布图，并计算钢筋。已知混凝土强度等级为 C25，环境类别为一类，现浇板厚度为 100mm，框架抗震等级三级。

4. 请看图 5 - 48 WKL-1 平法施工图，画出立面钢筋排布图和截面钢筋排布图，并计算钢筋。已知混凝土强度等级为 C30，环境类别为一类，现浇板厚度为 80mm，框架抗震等级二级。

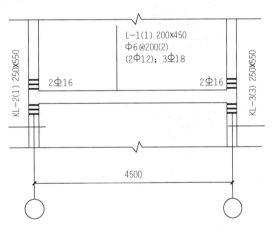

图 5 - 45　L-1 平法施工图

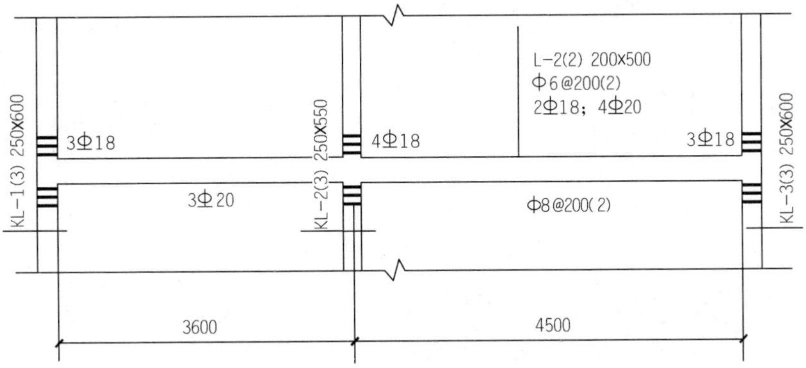

图 5 - 46　L-2 平法施工图

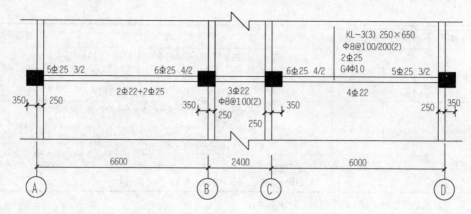

图 5-47　KL-3（3）平法施工图

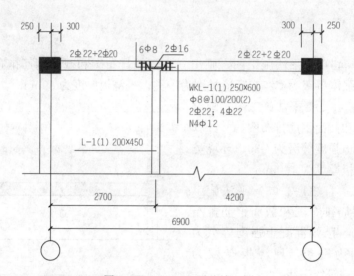

图 5-48　WKL-1 平法施工图

项目6 板平法钢筋计算

看一看、想一想

图6-1和图6-2是楼面板的实物照片，请仔细观察楼面板的底部钢筋、上部钢筋和支座负筋，想一想平法施工图中这些钢筋会怎么表示？

图6-1 单层布筋板

图6-2 双层布筋板

6.1 板的平法设计规则

6.1.1 板编号规定

G101-1图集包括现浇混凝土楼面板与屋面板平法制图规则和构造详图，该图集针对板块进行编号，编号由代号和序号组成，见表6-1。

表6-1 板 块 编 号

板的类型	代 号	序 号	举 例
楼面板	LB	××	LB1
屋面板	WB	××	WB2
纯悬挑板	XB	××	XB4

6.1.2 板平法制图规则

G101-1图集中对板钢筋标注分为集中标注和原位标注两种。集中标注的主要内容是板的贯通纵筋，原位标注的主要内容是针对板的非贯通纵筋（支座负筋）。

下面分别介绍平法板的集中标注和原位标注。

一、板块集中标注

图集的集中标注以"板块"为单位。对于普通楼面，两向均以一跨为一块板。

板块集中标注的内容有：板块编号、板厚、贯通纵筋，以及当板面标高不同时的标高高差。板块集中标注见图6-3。

（1）板块编号：按照表6-1规定编号。

相同编号的板块的类型、板厚和贯通纵筋均要相同，但板面标高、跨度、平面形状以及板支座上部非贯通纵筋可以不同，如同一编号板块的平面形状可为矩形、多边形及其他形状等。施工和预算时，应根据其实际平面形状，分别计算各块板的混凝土与钢材用量。例如，图6-3中的LB1就包括大小不同的矩形板，还包括一块刀把形板。在图中，仅在其中某一块板上进行了集中标注，其他相同编号的板参照执行。

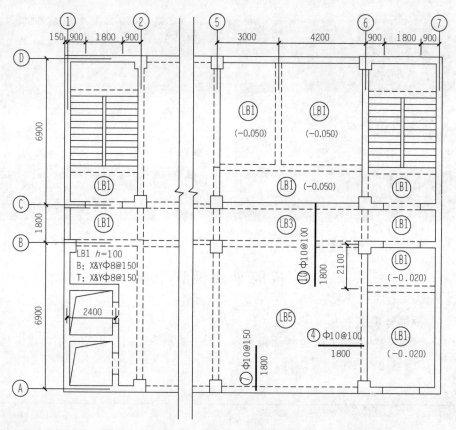

图6-3　板平法施工图（1）

（2）板厚注写：板厚注写为$h=\times\times\times$，例如：$h=100$。

当悬挑板的端部改变截面厚度时，注写为$h=\times\times\times/\times\times\times$（斜线前为板根的厚度，斜线后为板端的厚度），例如：$h=80/60$。

（3）贯通纵筋：贯通纵筋按板块的下部纵筋（用B表示）和上部纵筋（用T表示）分别注写（当板块上部不设贯通纵筋时则不注）。

【例6-1】　单层单向布筋板（单向板）

LB4　　$h=100$

B：Yφ10@150

说明：上述标注表示编号为 LB4 的楼面板，厚度为 100mm，板下部布置 Y 向贯通纵筋 φ10@150，板下部 X 向布置的分布筋不必进行集中标注，而在施工图中统一注明。

【例 6 - 2】　双层双向布筋板（见图 6 - 3 左侧）

LB1　h＝100

B：X&Yφ8@150　T：X&Yφ8@150

说明：上述标注表示编号为 LB1 的楼面板，厚度为 100mm，板下部配置的贯通纵筋无论 X 向和 Y 向都是 φ8@150，板上部配置的贯通纵筋无论 X 向和 Y 向都是 φ8@150。

需要说明的是，虽然 LB1 的钢筋标注只在①～②轴线的一块楼板上进行，但是，本楼层上所有注明"LB1"的楼板都执行上述标注的配筋。

特别提示

　　相同编号的板块，其板类型、板厚和贯通筋均要相同，但板面标高、跨度、平面形状以及板支座上部非贯通筋可以不同。无论是矩形板、多边形板、刀把形板，还是其他形状的板，都执行同样的配筋。对这些尺寸不同或形状不同的板，计算钢筋时，要分别计算每一块板的钢筋用量。

【例 6 - 3】　"走廊板"的标注（见图 6 - 4）

LB3　h＝100

B：X&Yφ8@150　T：Xφ8@150

说明：上述标注表示编号为 LB3 的楼面板，厚度为 100mm，板下部配置的贯通纵筋无论 X 向和 Y 向都是 φ8@150，板上部配置的 X 向贯通纵筋为 φ8@150。

注意，板上部 Y 向没有标注贯通纵筋，但是并非没有配置钢筋——Y 向的钢筋为支座原位标注的横跨两道梁的负筋⑨φ10@100。

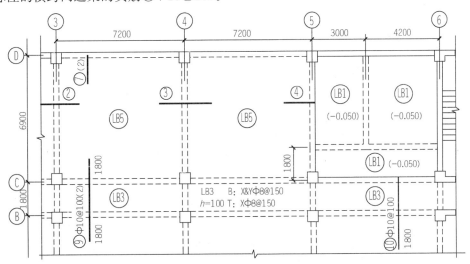

图 6 - 4　板平法施工图（2）

另外，该 LB3 的集中标注虽然是注写在④～⑤轴线的走廊板上，但在③～④轴线和

⑤～⑥轴线的走廊板 LB3 都执行上述标注的贯通纵筋，只是横跨这几块板的负筋规格和间距不同。

（4）板面标高高差。板面标高高差是指相对于结构层楼面标高的高差，应将其注写在括号内。有高差则注，无高差则不注。

例如：（－0.100）表示本板块比本层楼面标高低 0.100m。

【例 6 - 4】　"低板"的标注（见图 6 - 4 右上角）

该图的⑤～⑥轴线之间有三块 LB1 板，在这些板上都标注有（－0.050），这表示这三块板比本层楼面标高低 0.050m。

应该注意，由于这三块板的板面标高比周围的板要低 0.050m，所以⑤轴线左边板上的负筋只能做成单侧负筋，即该负筋不能跨越⑤轴线的 KL 扣到⑤轴线右边的 LB1 板上。

二、板支座原位标注

板支座原位标注的内容为：板支座上部非贯通纵筋（即支座负筋）和纯悬挑板上部受力钢筋。

1. 板支座原位标注的基本方式

（1）采用垂直于板支座（梁或墙）的一段适宜长度的中粗实线来代表负筋，在负筋的上方注写：钢筋编号、配筋值、横向连续布置的跨数（注写在括号内，当为一跨时可不注），以及是否横向布置到梁的悬挑端。

（2）在负筋的下方注写自支座中线向跨内的延伸长度。

2. 板支座原位标注举例

（1）单侧负筋（单跨布置）。

图 6 - 5 中，②轴线梁上的单侧负筋①号钢筋，在负筋的上部标注：①φ8@150，在负筋的下部标注 1000。这表示这个编号为①号的负筋，规格和间距为φ8@150，从梁中线向跨内的延伸长度为 1000mm（见图 6 - 5 左侧）。

应该注意：这个负筋上部标注的后面没有带括号的内容，说明这个负筋①只在当前跨（即一跨）的范围内进行布置。

（2）双侧负筋（向支座两侧对称延伸）。

例如：一根横跨一道框架梁的双侧负筋②号钢筋（见图 6 - 5 中间部位）。

在负筋的上部标注：②φ10@150；

在负筋的下部右侧标注：1800；

在负筋下部的左侧为空白，没有尺寸标注。

这表示这根②号负筋从梁中线向右侧跨内的延伸长度为 1800mm，而因为双侧负筋的左侧没有尺寸标注，则表明该负筋向支座两侧对称延伸，即向左侧跨内的延伸长度也是 1800mm。所以，②号负筋的水平段长度＝1800＋1800＝3600（mm）。

作为通用的计算公式：

双侧负筋的水平段长度＝左侧延伸长度＋右侧延伸长度

（3）双侧负筋（向支座两侧非对称延伸）。

例如：一根横跨一道框架梁的双侧负筋③号钢筋（见图 6 - 5 右侧）。

在负筋的上部标注：③φ12@120；

在负筋下部的左侧标注：1800；

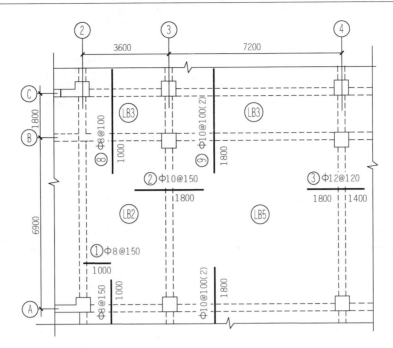

图 6-5　支座处板负筋原位标注

在负筋下部的右侧标注：1400。

则表示③号负筋向支座两侧非对称延伸，即从梁中线向左侧跨内的延伸长度为1800mm，从梁中线向右侧跨内的延伸长度为1400mm。

所以，③号负筋的水平段长度＝1800＋1400＝3200（mm）。

3. 板上部构造钢筋或分布钢筋

与板支座上部非贯通纵筋垂直且绑扎在一起的构造钢筋或分布钢筋，应由设计者在图中注明。

例如：在结构施工图的总说明里规定板的分布钢筋为Φ8@250，或者在楼层结构平面图上规定板分布钢筋为Φ8@200 等。

6.2　楼板的钢筋构造

6.2.1　楼板端部支座钢筋构造

1. 当端部支座为梁时

当板的端部支座为梁时，构造要求见图 6-6（a）。

（1）板下部贯通纵筋。板下部贯通纵筋在端部支座的直锚长度≥5d 且至少到梁中线。

（2）板上部贯通纵筋。板上部贯通纵筋伸到支座梁外侧角筋的内侧，然后弯钩15d。

当端支座梁的截面宽度较宽，板上部贯通纵筋的直锚长度≥l_a 时可直锚。

（3）板上部非贯通纵筋。板上部非贯通纵筋在支座内的锚固与板上部贯通纵筋相同，只是板上部非贯通纵筋伸入板内的延伸长度见具体设计。

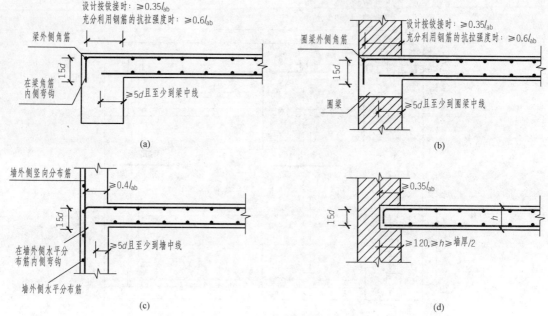

注：纵筋在端支座应伸至支座(梁、圈梁或剪力墙)外侧纵筋内侧后弯折，当平直段长度≥l_a时可不弯折。

图6-6 板钢筋在端支座锚固构造

(a) 端支座为梁；(b) 端支座为砌体墙的圈梁；(c) 端支座为剪力墙；(d) 端支座为砌体墙

✎ 特别提示

平法中的楼面板与屋面板，支撑它们的主体结构不论是抗震还是非抗震，板自身的各种钢筋构造均不考虑抗震要求，即锚固长度均用l_a。

2. 当端部支座为圈梁时

当板的端部支座为圈梁时，构造要求见图6-6（b）。

（1）板下部贯通纵筋在端部支座的直锚长度≥5d且至少到圈梁中线。

（2）板上部贯通纵筋伸到圈梁外侧角筋的内侧，然后弯钩15d。

3. 当端部支座为剪力墙时

当板的端部支座为剪力墙时，构造要求见图6-6（c）图。

（1）板下部贯通纵筋在端部支座的直锚长度≥5d且至少到墙中线。

（2）板上部贯通纵筋伸到墙身外侧水平分布筋的内侧，然后弯钩15d。

4. 当端部支座为砌体墙时

当板的端部支座为砌体墙时，构造要求见图6-6（d）。

（1）板在端部支座的支承长度≥120，≥h（h为楼板的厚度）且≥墙厚/2。

说明：这个支承长度确定了混凝土板的长度，间接地确定了板上部纵筋和下部纵筋的长度。

（2）板下部贯通纵筋伸至板端部减一个保护层厚度。

（3）板上部贯通纵筋伸至板端部减一个保护层厚度，然后弯钩15d。

6.2.2　楼板中间支座钢筋构造

板的中间支座均按梁绘制，当支座为混凝土剪力墙、砌体墙或圈梁时，其构造相同，见图 6-7。

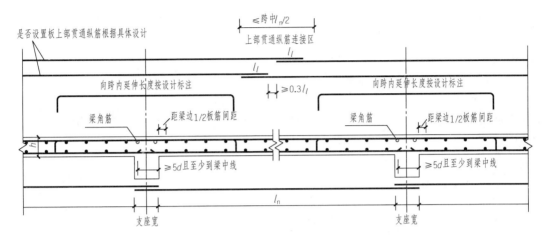

注：此构造同样适用于屋面板。

图 6-7　楼板钢筋构造

1. 板下部纵筋

与支座垂直的贯通纵筋：伸入支座 $5d$ 且至少到梁中线；

与支座平行的贯通纵筋：第一根钢筋在距梁边为 1/2 板筋间距处开始设置。

2. 板上部纵筋

（1）贯通纵筋。

1）与支座垂直的贯通纵筋：应贯通跨越中间支座。

2）与支座平行的贯通纵筋：第一根钢筋在距梁边为 1/2 板筋间距处开始设置。

（2）非贯通筋（负筋）。非贯通筋（与支座垂直）向跨内延伸长度详见具体设计。

非贯通筋的分布筋（与支座平行）构造见图 6-8，从支座边缘算起，第一根分布筋从 1/2 分布筋间距处开始设置；在负筋拐角处必须布置一根分布筋；在负筋的直段范围内按分布筋间距进行布置。板分布筋的直径和间距一般在结构施工图的说明中给出。

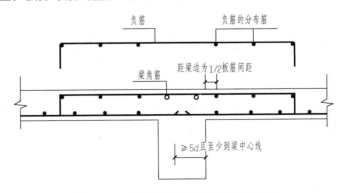

图 6-8　中间支座板上部非贯通筋构造

✎ 特别提示

　　楼面板和屋面板中，不论是受力钢筋还是构造钢筋（分布筋）当与梁（墙）纵向平行时，在梁（墙）宽度范围内不布置钢筋。

6.2.3　楼板钢筋连接、搭接构造

1. 板上部贯通纵筋连接（见图6-7）

　　上部贯通纵筋连接区在跨中净跨的1/2跨度范围之内（跨中 $l_n/2$）。当相邻等跨或不等跨的上部贯通纵筋配置不同时，应将配置较大者越过其标注的跨数终点或起点延伸至相邻跨的跨中连接区域连接。

2. 负筋分布筋搭接构造（见图6-9）

　　在楼板角部矩形区域，纵横两个方向的负筋相互交叉，已形成钢筋网，所以这个角部矩形区域不应该再设置分布筋，否则，四层钢筋交叉重叠在一块，混凝土不能包裹住钢筋。负筋分布筋伸进角部矩形区域150mm。分布筋并非一点都不受力，所以 HPB300 钢筋做分布筋时，钢筋端部需要加180°的小弯钩。

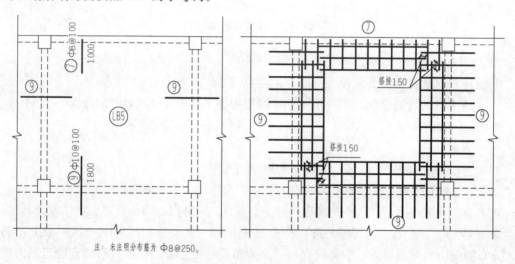

注：未注明分布筋为 Φ8@250。

图6-9　负筋分布筋的搭接构造

6.3　悬挑板的平法标注及钢筋构造

　　悬挑板有两种：一种是延伸悬挑板，即楼面板（屋面板）的端部带悬挑，如挑檐板、阳台板等；另一种是纯悬挑板，即仅在梁的一侧带悬挑的板，常见的有雨篷板。

6.3.1　悬挑板的标注方式

1. 悬挑板的集中标注

悬挑板集中标注的内容：在悬挑板上注写板的编号、厚度、板的贯通纵筋和构造钢筋。

【例6-5】　在某一块悬挑板上有如下的集中标注（见图6-10左图）：

XB1　　$h=120$

B：$X_c\phi8@150$；$Y_c\phi8@200$

T：$X\phi8@150$

说明：

（1）悬挑板的编号以"XB"打头；

（2）悬挑板的板厚 $h=120$，表示该板的厚度是 120mm 且均匀的。如果该板的板根厚度为 120mm、板前端厚度为 80mm，则板厚注写：$h=120/80$；

（3）上述标注的"X_c"表示 X 方向的构造钢筋，Y_c 表示 Y 方向的构造钢筋。所以，上述"B：$X_c\phi8@150$；$Y_c\phi8@200$"表示这块悬挑板的下部设置纵横方向的构造钢筋；

（4）上述标注的"T：$X\phi8@150$"，表示这块悬挑板的上部设置 X 方向的贯通纵筋（也即悬挑板受力主筋的分布筋）；

（5）在这个例子中，没有进行 Y 方向顶部贯通纵筋的集中标注（此钢筋是悬挑板的主要受力钢筋），这个方向的钢筋由悬挑板的原位标注来布置。

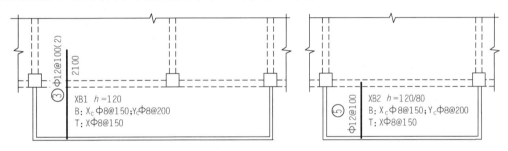

图 6 - 10　悬挑板的平法施工图

2. 悬挑板的原位标注

悬挑板原位标注的内容：悬挑板支座（梁或墙）上标注的非贯通纵筋。

这些非贯通纵筋是垂直于梁（墙）的，它是悬挑板的主要受力钢筋。

【例 6 - 6】　在延伸悬挑板 XB1（见图 6 - 10 左图）上有如下的原位标注：在垂直于延伸悬挑板的支座（梁）上画一根非贯通纵筋，前端伸至延伸悬挑板的尽端，后端延伸到楼板跨内。

在这根非贯通纵筋的上方注写：③$\phi12@100$（2）；

在这根非贯通纵筋的跨内下方注写延伸长度：2100；

在这根非贯通纵筋的悬挑端下方不注写延伸长度。

说明：

（1）这是延伸悬挑板，其非贯通纵筋上方注写的钢筋编号、钢筋规格和间距同普通负筋，本例中的"（2）"代表分布范围是两跨，其标注方式和意义也与负筋相同。

（2）延伸悬挑板非贯通纵筋下方注写的跨内延伸长度也与负筋相同，即本例中的"2100"也是从梁（墙）的中心线算起。

（3）延伸悬挑板非贯通纵筋的跨内延伸部分，也像负筋一样弯一个直钩，直钩长度按下式计算

$$直钩长度＝板厚度－保护层厚度$$

（4）延伸悬挑板非贯通纵筋覆盖延伸悬挑板一侧的延伸长度不作标注，其钢筋长度根据

悬挑板的悬挑长度来决定。

6.3.2 悬挑板的钢筋构造

1. 延伸悬挑板上部纵筋的锚固构造（见图 6-11）

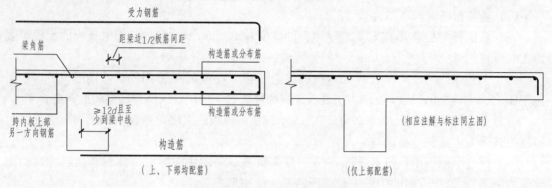

图 6-11　延伸悬挑板钢筋构造

（1）延伸悬挑板上部纵筋的构造特点：延伸悬挑板的上部纵筋与相邻跨板同向的顶部贯通纵筋或非贯通纵筋贯通。

（2）当跨内板的上部纵筋是顶部贯通纵筋时，把跨内板的顶部贯通纵筋一直延伸到悬挑板的末端，此时的延伸悬挑板上部纵筋的锚固长度容易满足。

（3）当跨内板的上部纵筋是顶部非贯通纵筋时，原先插入支座梁中的"负筋腿"没有了，而把负筋的水平段一直延伸到悬挑端的尽头。由于原先负筋的水平段长度也是足够长的，所以此时的延伸悬挑板上部纵筋的锚固长度也是足够的。

2. 纯悬挑板上部纵筋的锚固构造（见图 6-12）

（1）纯悬挑板上部纵筋伸至支座梁角筋的内侧，然后弯钩 $15d$。

（2）纯悬挑板上部纵筋伸入支座的水平段长 $\geqslant 0.6 l_{ab}$。

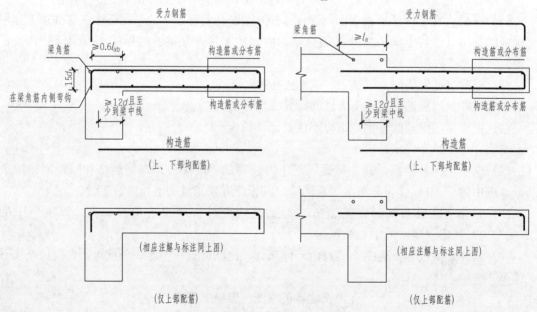

图 6-12　纯悬挑板钢筋构造

3. 延伸悬挑板和纯悬挑板下部纵筋构造（如果有下部纵筋）

（1）延伸悬挑板和纯悬挑板的下部纵筋构造相同，均为直形钢筋（当为 HPB300 钢筋时，钢筋端部应设 180°弯钩，弯钩平直段长度为 3d）。

（2）延伸悬挑板和纯悬挑板的下部纵筋在支座内的弯锚长度为 12d 且至少到梁中线。

（3）平行于支座梁的悬挑板下部纵筋，从距梁边 1/2 板筋间距处开始设置。

6.4　板的识图操练

1. 板的施工图

建筑界推广应用"平法"已二十多年了，目前很多地方的设计院出图的情况来看，柱、梁、剪力墙的构件已普遍用"平法"表示，但是板构件很多地方还是喜欢用传统方式表示，而构造方面则要求满足 G101 图集的构造要求。鉴于此，本环节中我们用传统方式表示的板的施工图，应用平法图集构造详图进行识图操练。

现有某板施工图，见图 6 - 13（注：图中钢筋端部斜钩表示钢筋截断）。Ⓐ轴下方的板是单向板，①—②—Ⓐ—Ⓑ范围内的板以及②—③—Ⓐ—Ⓑ范围内的板是双向板。

本工程板施工图采用传统表示方式，板上部非贯通筋下方表示的数值为向跨内的延伸长度：中间支座表示非贯通筋从支座中线到跨内延伸的水平投影长度；端支座表示非贯通筋从一端到另一端的水平投影长度，见图 6 - 13 中图例，而 G101 图集中不论是中间支座还是端

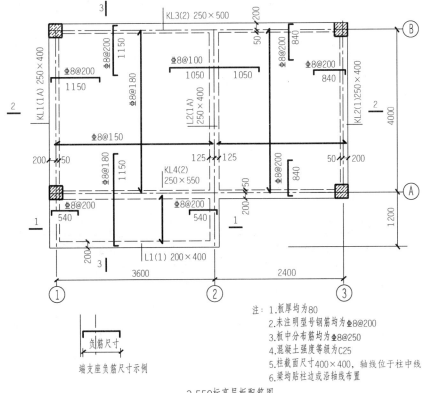

图 6 - 13　板的施工图

支座均表示从支座中线到跨内延伸的水平投影长度。

2. 板截面钢筋排布图

通过板的平法施工图，绘制给定截面的钢筋排布图，见图 6-14～图 6-16。

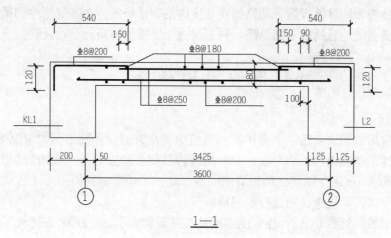

1—1

图 6-14 1-1 截面钢筋排布图

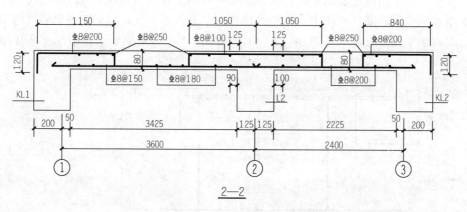

2—2

图 6-15 2-2 截面钢筋排布图

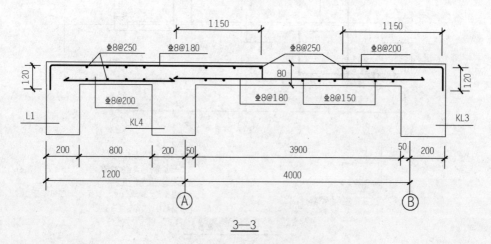

3—3

图 6-16 3-3 截面钢筋排布图

用实际的工程图纸绘制板的钢筋排布图的步骤如下：

（1）查看板的结构配筋图，确定板与梁（或墙）的定位关系；

（2）绘制板的外轮廓线，标注板的厚度、跨长和净跨长；

（3）查看该板的平法标注，按照板在端支座和中间支座的构造要求，绘制给定剖面的截面钢筋排布图。

6.5　板钢筋计算操练

板钢筋计算包括板底部贯通筋、顶部贯通筋、支座负筋和分布筋。这里只讲预算用板钢筋计算，没必要完全按照钢筋排布要求计算钢筋，有些地方可以简化，如板端部负筋伸至梁外侧减一个梁保护层厚度即可。这里为什么减梁的保护层厚度而不是板的保护层厚度？因为板支座是梁，板钢筋是锚固在梁支座中，并且要用梁的混凝土强度等级确定梁的保护层厚度。

6.5.1　板钢筋计算公式

1. 板底部贯通筋计算公式

钢筋长度：

$$L = 板净跨 + 左、右支座内锚固长 + 弯钩增加值（光圆钢筋） \tag{6-1}$$

式中，板净跨指与钢筋平行的板净跨。

钢筋根数：

$$n = [（另向板净跨 - 2 \times 起步距离）/ 间距] + 1$$
$$= [（另向板净跨 - 间距）/ 间距] + 1 \tag{6-2}$$

式中，板净距指与钢筋垂直的板净跨；第一根钢筋的起步距离按"距梁边板筋间距的1/2"考虑。

2. 板顶部贯通筋计算公式

板顶部贯通筋长度和根数的计算公式仍然用式（6-1）和式（6-2），但是作为板顶部贯通筋，支座内的锚固构造不同其锚固长度也不同，计算时要注意。

3. 板支座负筋（非贯通筋）计算公式

中间支座负筋长度：

$$L = 平直段长 + 左弯折长 + 右弯折长 \tag{6-3}$$

端支座负筋长度：

$$L = 平直段长 + 15d（端支座） + 弯折长（板跨内） \tag{6-4}$$

板支座负筋根数应用式（6-2）计算。

4. 板负筋的分布筋计算公式

单向板中一个方向配有受力钢筋，另一个方向必须配分布筋以形成钢筋网；支座负筋（非贯通筋）中与其垂直方向上也要配分布筋以形成钢筋网。分布筋一般不在图中画出，而是在说明中指出分布筋的规格、直径和间距，初学者很容易漏掉，一定要仔细、认真地读图。

支座负筋的分布筋与其平行的支座负筋搭接150mm，见图6-17右图。当采用光圆钢筋时，如果分布筋不做温度筋，其末端不做180°弯钩。

负筋分布筋长度：

$$L = 板净跨 - 左侧负筋板内净长 - 右侧负筋板内净长 + 2 \times 150 \qquad (6-5)$$

负筋分布筋根数：

$$n = [(负筋板内净长 - 起步距离)/间距] + 1$$

$$= [(负筋板内净长 - 间距/2)/间距] + 1 \qquad (6-6)$$

6.5.2　板钢筋计算操练

1. 计算步骤

板施工图见图 6-13（注：图中钢筋端部的斜钩表示钢筋截断）。计算钢筋步骤如下：

第一步：画板钢筋计算简图，图中未画出的分布筋也要表示出来，见图 6-17。当钢筋长度超过定长时要考虑钢筋连接。

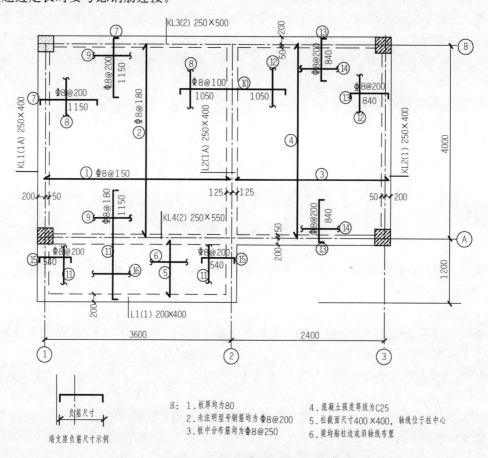

图 6-17　板钢筋编号示意图

第二步：对板钢筋编号。先底部后顶部、从左到右、从上到下、从主到次的顺序编号，支座负筋和分布筋按照顺时针方向编号。编号时要按一定的规律编号，以保证不漏钢筋。

第三步：按照编号顺序计算钢筋长度和根数。

2. 计算分析

（1）板保护层厚度为 20mm，梁保护层厚度为 25mm，由于板筋锚固在梁内，所以伸入梁的板筋要按梁保护层厚度考虑。

（2）板端支座负筋伸入支座水平段长度假设按照"设计按铰接时 $\geqslant 0.35 l_{ab}$"考虑，并要求伸至梁外侧角筋内侧后弯钩 $15d$，这里可以简化计算，伸至梁外侧减一个梁保护层厚度再弯钩 $15d$。

$$15d = 15 \times 8 = 120(\text{mm})$$

$$0.35l_{ab} = 0.35 \times 40 \times 8 = 112(\text{mm})$$

梁宽最小者为 200mm，伸入支座的平直段为 $b_b - c_b = 200 - 25 = 175(\text{mm}) > 0.35l_{ab} = 112\text{mm}$，满足要求。

（3）板上部非贯通筋下方表示的数值为向跨内的延伸长度：中间支座表示非贯通筋从支座中线向跨内延伸长度，而端支座则表示非贯通筋从一端到另一端的水平投影长度，见图 6-13 中图例。（注：平法图集中端支座非贯通筋也是自支座中线向跨内的延伸长度，但是本工程设计要求不同。）

（4）计算各跨板的净长。从左到右、从上到下顺序表示：

$l_{nx1} = 3600 - 50 - 125 = 3425(\text{mm})$；

$l_{nx2} = 2400 - 125 - 50 = 2225(\text{mm})$；

$l_{ny1} = 4000 - 50 - 50 = 3900(\text{mm})$；

$l_{ny2} = 1200 - 200 - 200 = 800(\text{mm})$。

3. 钢筋计算

按照钢筋编号顺序计算板钢筋的根数和长度，计算过程见表 6-2。

表 6-2　　　　　　　　　　　　　　**板 钢 筋 计 算 表**

钢筋名称	编号	钢筋规格	计算式	总长（m）
双向板底筋	1	Φ8@150	$L=$ 板净跨 + 左、右支座锚固长 $= 3425 + 125 + 125 = 3675(\text{mm})$ $n =$ ［（板净跨 $- 2 \times$ 起步距离）/ 间距］$+ 1$ $= (3900 - 150)/150 + 1 = 26$（根）	95.550
	2	Φ8@180	$L=$ 板净跨 + 左、右支座锚固长 $= 3900 + 125 + 125 = 4150(\text{mm})$ $n =$ ［（板净跨 $- 2 \times$ 起步距离）/ 间距］$+ 1$ $= (3425 - 180)/180 + 1 = 19$（根）	78.850
双向板底筋	3	Φ8@200	$L = 2225 + 250 = 2475(\text{mm})$ $n = (3900 - 200)/200 + 1 = 20$（根）	49.500
	4	Φ8@200	$L = 3900 + 250 = 4150(\text{mm})$ $n = (2225 - 200)/200 + 1 = 12$（根）	49.800
单向板底筋	5	Φ8@200	$L = 800 + 100 + 125 = 1025(\text{mm})$ $n = (3425 - 200)/200 + 1 = 18$（根）	18.450
	6	Φ8@250	$L = 3425 + 250 = 3675(\text{mm})$ $n = (800 - 250)/250 + 1 = 4$（根）	14.700
负筋	7	Φ8@200	$L = 15d$（端支座）+ 平直段长 + 弯折长（板跨内） $= 15 \times 8 + 1150 + 80 - 2 \times 20 = 1310(\text{mm})$ $n =$ ［（板净跨 $- 2 \times$ 起步距离）/ 间距］$+ 1$ $= (3900 - 200)/200 + 1 + (3425 - 200)/200 + 1 = 38$（根）	49.780

钢筋名称	编号	钢筋规格	计算式	总长（m）
负筋的分布筋	8	⏀8@250	$L =$ 板净跨－左侧负筋板内净长－右侧负筋板内净长＋2×150 $= 3900 + 125 - 1150 - 1150 + 250 - 25 + 2×150$ $= 2250 (\text{mm})$ $n = [($负筋板内净长－起步距离$)/$间距$] + 1$ $= (1150 + 25 - 250 - 125)/250 + 1 + (1050 - 125 - 125)/250$ $+ 1 = 10$(根)	22.500
负筋的分布筋	9	⏀8@250	$L = 3425 + 250 - 25 - 1150 - 1050 + 125 + 2×150 = 1875(\text{mm})$ $n = (1150 + 25 - 250 - 125)/250 + 1 + (1150 - 125 - 125)/250$ $+ 1 = 10$(根)	18.750
负筋	10	⏀8@100	$L = 2×(80 - 2×20 + 1050) = 2180(\text{mm})$ $n = (3900 - 100)/100 + 1 = 39$(根)	85.020
负筋	11	⏀8@180	$L = 120 + 200 - 25 + 800 + 125 + 1150 + 80 - 2×20$ $= 2410(\text{mm})$ $n = (3425 - 180)/180 + 1 = 19$(根)	45.790
负筋的分布筋	12	⏀8@250	$L = 3900 + 2×(250 - 25 - 840) + 2×150$ $= 2970(\text{mm})$ $n = (1050 - 125 - 125)/250 + 1 + (840 + 25 - 250 - 125)/250$ $+ 1 = 8$(根)	23.760
负筋	13	⏀8@200	$L = 120 + 840 + 80 - 2×20 = 1000(\text{mm})$ $n = 2[(2225 - 200)/200 + 1] + (3900 - 200)/200 + 1 = 44$(根)	44.000
负筋的分布筋	14	⏀8@250	$L = 2225 + 125 - 1050 - 840 + 250 - 25 + 2×150 = 985(\text{mm})$ $n = 2[(840 + 25 - 250 - 125)/250 + 1] = 6$(根)	5.910
负筋	15	⏀8@200	$L = 120 + 540 + 80 - 2×20 = 700(\text{mm})$ $n = 2[(800 - 200)/200 + 1] = 8$(根)	5.600
负筋的分布筋	16	⏀8@250	$L = 3425 + 2×(250 - 25 - 540) + 2×150$ $= 3095(\text{mm})$ $n = (800 - 250)/250 + 1 = 4$(根)	12.380

合计长度：⏀8：620.340m

合计质量：⏀8：245.038kg

注　1. 计算钢筋根数时，每个商取整数，只入不舍；

　　2. 质量＝长度×钢筋单位理论质量。

实 操 题

　　某一工程板的配筋施工图见图6-18，按照平法板构造要求，绘制1-1和2-2截面钢筋排布图，计算LB2下部钢筋、支座处①、②负筋。

工程信息
混凝土强度等级：C30；   抗震等级：二级；
环境类别：一类；   分布筋：φ8@250

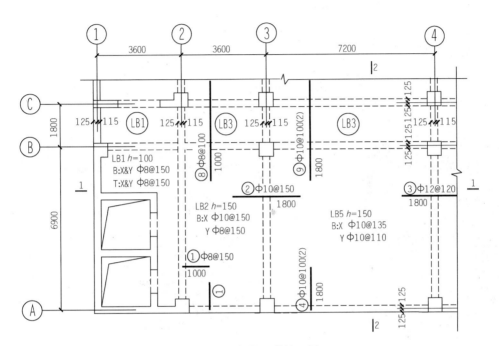

图 6-18 板的配筋施工图

项目7 板式楼梯平法钢筋计算

看一看、想一想

图7-1是板式楼梯、梯梁、梁上柱的实物照片，图7-2是板式楼梯的受力筋和分布筋，你能建立起二者之间的联系吗？

图7-1 板式楼梯、梯梁TL、
梁上柱LZ

图7-2 板式楼梯钢筋
（梯板底部钢筋在下，分布筋在上）

7.1 楼 梯 概 述

7.1.1 楼梯分类及楼梯间钢筋计算内容

1. 从结构上划分，现浇混凝土楼梯可分为板式楼梯、梁式楼梯、悬挑楼梯和旋转楼梯等，16G101-2图集只适用于板式楼梯。

2. 板式楼梯间钢筋计算内容包括：踏步段斜板、梯梁、楼层平板、层间平板（休息平台）以及梁上柱（框架结构）等构件的钢筋，见图7-3。

（1）踏步段斜板钢筋按照16G101-2图集构造要求计算；

（2）梯梁钢筋计算：当梯梁支撑在梁上柱或剪力墙上柱时，按照框架梁的构造要求计算钢筋，箍筋宜全长加密；当梯梁支承在梁上时，按照非框架梁的构造要求计算钢筋；

（3）楼层平板和层间平板按照楼板构造计算钢筋；

（4）梁上柱按照框架柱构造要求计算钢筋。

7.1.2 楼梯间梁上柱

在框架结构中，墙体采用的填充墙不能承受荷载，所以必须在框架梁上起柱（梁上柱）以支撑层间梯梁。计算楼梯间钢筋时梁上柱很容易漏掉，所以一定要引起注意。

梁上柱图示见图7-4，钢筋构造见项目2。

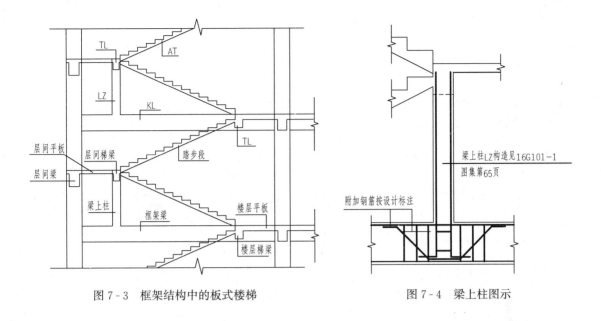

图 7-3　框架结构中的板式楼梯　　　　　　　图 7-4　梁上柱图示

7.2　板式楼梯平法设计规则

7.2.1　板式楼梯基本构件及类型

16G101-2图集中板式楼梯是由一块踏步段斜板、高端梯梁和低端梯梁组成，踏步段斜板支撑在高端梯梁和低端梯梁上，或者直接与楼层平板和层间平板连成一体，见图 7-5。

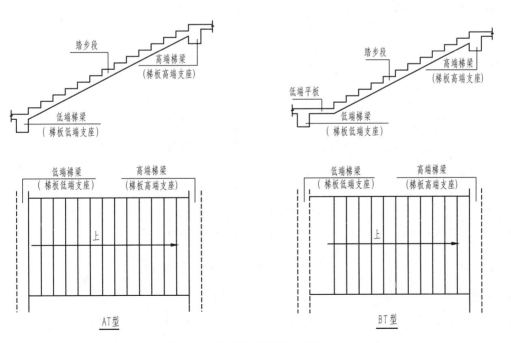

图 7-5　板式楼梯类型示意图（1）

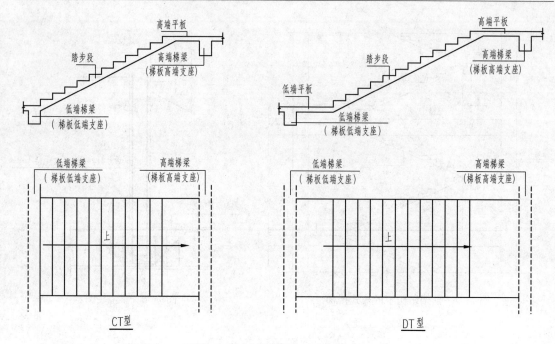

图 7 - 5　板式楼梯类型示意图（2）

板式楼梯共有 12 种楼梯类型，见表 7 - 1，其中：

AT 型梯板全部由踏步段构成；

BT 型梯板由低端平板和踏步段构成；

CT 型梯板由踏步段和高端平板构成；

DT 型梯板由低端平板、踏步段和高端平板构成。

其他类型楼梯详见 16G101 - 2 图集相关内容。

表 7 - 1　　　　　　　　　　　楼　梯　类　型

梯板代号	适用范围		是否参与结构整体抗震设计
	抗震构造措施	适用结构	
AT	无	剪力墙、砌体结构	不参与
BT			
CT	无	剪力墙、砌体结构	不参与
DT			
ET	无	剪力墙、砌体结构	不参与
FT			
GT	无	剪力墙、砌体结构	不参与
ATa	有	框架结构 框剪结构中框架部分	不参与
ATb			
ATc			

续表

梯板代号	适用范围		是否参与结构整体抗震设计
	抗震构造措施	适用结构	
CTa	有	框架结构框剪结构中框架部分	不参与
CTb			

注　ATa、CTa 低端设滑动支座支撑在梯梁上；ATb、CTb 低端设滑动支座支撑在挑板上。

7.2.2　板式楼梯的注写方式

现浇混凝土板式楼梯平法施工图有平面注写、剖面注写和列表注写三种表达式，现分述如下。

1. 平面注写方式

平面注写方式是在楼梯平面布置图上注写截面尺寸和配筋具体数值的方式来表达楼梯施工图，包括集中标注和外围标注，见图 7-6。

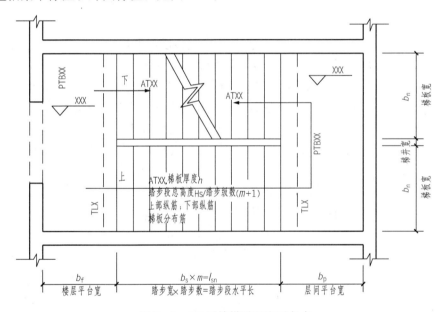

图 7-6　AT 型楼梯平面注写方式

集中标注内容有五项：

（1）梯板类型代号与序号，如 AT××。

（2）梯板厚度，注写为 $h=\times\times\times$。当为带平板的梯板且梯段板厚度和平板厚度不同时，可在梯段板厚度后面括号内以字母 P 打头注写平板厚度。

【例 7-1】　$h=130$（P150），130 表示梯段板厚度，150 表示梯板平板段厚度

（3）踏步段总高度和踏步级数之间以"/"分隔。

（4）梯板支座上部纵筋和下部纵筋之间以"；"分隔。

（5）梯板分布筋以 F 打头注写分布钢筋具体值，该项也可以在图中统一说明。

【例 7-2】　AT1，$h=130$　　　　　——梯板类型及编号，梯板板厚

　　　　　　　1800/12　　　　　　　——踏步段总高度/踏步级数

Φ 10@200；Φ 12@150 ——上部纵筋；下部纵筋

FΦ8@250 ——梯板分布筋（可统一说明）

楼梯外围标注的内容包括楼梯间平面尺寸、楼层结构标高、层间结构标高、楼梯的上下方向、梯板的平面几何尺寸、平台板配筋、梯梁及梯柱（梁上柱）配筋等。

2. 剖面注写方式

剖面注写方式需在楼梯平法施工图中绘制楼梯平面布置图和楼梯剖面图，注写方式分平面注写和剖面注写两部分。

楼梯平面布置图注写内容包括楼梯间平面尺寸、楼层结构标高、层间结构标高、楼梯的上下方向、梯板的平面几何尺寸、梯板类型及编号、平台板配筋、梯梁及梯柱（梁上柱）配筋等。

楼梯剖面图注写内容，包括梯板集中标注、梯梁和梯柱（梁上柱）编号、梯板水平及竖向尺寸、楼层结构标高、层间结构标高等。

梯板集中标注内容有四项，具体规定如下：

（1）梯板类型及编号，如 AT××。

（2）梯板厚度，注写为 h=×××。当梯板由踏步段和平板构成，且踏步段梯板厚度和平板厚度不同时，可在梯板厚度后面括号内以字母 P 打头注写平板厚度。

（3）梯板上部纵筋和下部纵筋，用"；"分隔。

（4）梯板分布筋以 F 打头注写分布钢筋具体值，该项也可在图中统一说明。

3. 列表注写方式

列表注写方式是用列表方式注写梯板截面尺寸和配筋具体数值的方式来表达楼梯施工图。

列表注写方式的具体要求同剖面注写方式，仅将剖面注写方式中的梯板配筋集中标注项改为列表注写项即可，例如，AT3 梯板几何尺寸和配筋见表 7-2。

表 7-2 梯板几何尺寸和配筋表

梯板编号	踏步段总高度/踏步级数	板厚 h	上部纵筋	下部纵筋	分布筋
AT3	1800/12	120	Φ 10@200	Φ 12@150	FΦ8@250

7.3 板式楼梯钢筋构造

板式楼梯钢筋包括下部纵筋、上部纵筋、梯板分布筋等，以 AT 型楼梯为例说明钢筋构造，见图 7-7，要点为：

（1）下部纵筋端部要求伸过支座中线且不小于 5d。

（2）上部纵筋在支座内需伸至对边再向下弯折 15d，当有条件时可直接伸入平台板内锚固，从支座内边算起总锚固长度不小于 l_a。上部纵筋支座内锚固长度 $0.35l_{ab}$ 用于设计按铰接情况，$0.6l_{ab}$ 用于设计考虑充分发挥钢筋抗拉强度的情况，具体工程中设计应指明采用何种情况。

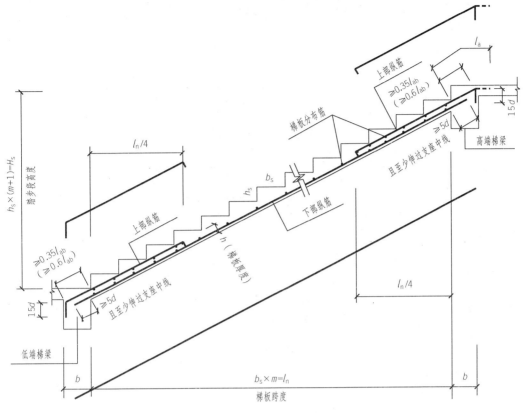

图 7-7　AT 型楼梯配筋构造

（3）上部纵筋向跨内的水平延伸长度为 $l_n/4$。

7.4　板式楼梯钢筋计算操练

7.4.1　板式楼梯钢筋计算内容及步骤

1. AT 型梯板的基本尺寸数据

AT 型梯板的基本尺寸数据：楼梯净跨 l_n、梯板净宽 b_n、梯板厚度 h、踏步宽度 b_s、踏步高度 h_s、梯梁宽度 b。

2. 斜坡系数

用踏步宽度 b_s 和踏步高度 h_s，利用三角函数关系求斜坡系数 k：

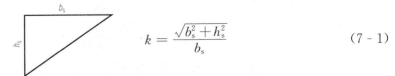

$$k = \frac{\sqrt{b_s^2 + h_s^2}}{b_s} \qquad (7-1)$$

3. 梯板斜长

$$梯板斜长 = k \times l_n$$

4. 梯板下部纵筋两端分别锚入高端梯梁和低端梯梁，锚固长度要满足 $\geqslant 5d$ 且 $\geqslant bk/2$，即取 $\max(5d，bk/2)$。

5. 梯板钢筋构造类似于楼板，所以梯板钢筋起步距离取距支座边缘 1/2 板筋间距。

6. 梯板钢筋计算

梯板钢筋计算公式见表 7-3。

表 7-3 **梯 板 钢 筋 计 算 公 式**

钢筋名称	钢筋详称	计 算 公 式	备注
梯板下部钢筋	下部纵筋	长度：$L = l_n \times k + 2\max(5d, bk/2)$ 根数：$n = (b_n - 2 \times 板 c)/间距 + 1$	参见 16G101-2 第 24 页，k 为斜坡系数
	分布筋	长度：$L = b_n - 2 \times 板 c$ 根数：$n = (l_n - 2 \times 起步距离) \times k/间距 + 1$ $= (l_n \times k - 间距)/间距 + 1$	
低端上部钢筋	上部纵筋	长度：$L = (l_n/4 + b - 梁 c) \times k + 15d + (h - 2 \times 板 c)$ 根数：$n = (b_n - 2 \times 板 c)/间距 + 1$	
	分布筋	长度：$L = b_n - 2 \times 板 c$ 根数：$n = (l_n/4 - 间距/2) \times k/间距 + 1$	
高端上部钢筋	上部纵筋	长度：$L = (l_n/4 + b - 梁 c) \times k + 15d + (h - 2 \times 板 c)$ 或 $L = l_n/4 \times k + (h - 板 c) + l_a$ 根数：$n = (b_n - 2 \times 板 c)/间距 + 1$	
	分布筋	同低端上部分布筋	

注 1. 计算根数时，每个商取整数，只入不舍。

2. 上部纵筋锚入支座直段长度，当设计按铰接时≥$0.35l_{ab}$；设计考虑充分发挥钢筋抗拉强度时≥$0.6l_{ab}$。

3. 当采用光面钢筋时，末端应做 180°弯钩。

7.4.2 板式楼梯钢筋计算操练

板式楼梯平法施工图见图 7-8，这是 AT 型板式楼梯，应用 16G101-2 图集构造要求计算钢筋。

1. 楼梯平面图尺寸标注

梯板净跨尺寸 280×11＝3080（mm）

梯板净宽尺寸 1600mm

楼梯井宽度 150mm

楼层平板宽度 1785mm

层间平板宽度 1785mm

混凝土强度等级为 C25，梯梁宽度 b＝200mm

2. 计算分析

从楼梯平面图的标注中可以获得与楼梯钢筋计算有关的信息：

梯板净跨：l_n＝3080（mm）

梯板净宽：b_n＝1600（mm）

梯板厚度：h＝120（mm）

踏步宽度：b_s＝280（mm）

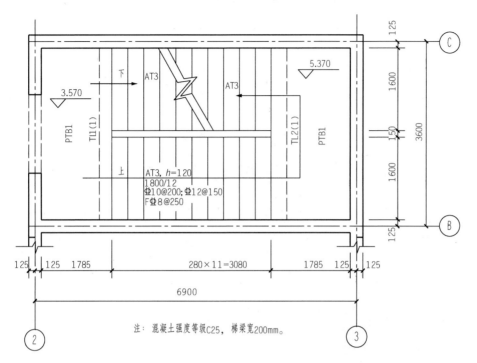

图 7-8　AT 型板式楼梯平法施工图

踏步高度：$h_s = 1800/12 = 150$（mm）

板的保护层厚度：板 $c = 20$（mm）

梁的保护层厚度：梁 $c = 25$（mm）

$l_{ab} = 40d$，$l_a = 40d$

斜坡系数：$k = \dfrac{\sqrt{b_s^2 + h_s^2}}{b_s} = \dfrac{\sqrt{280^2 + 150^2}}{280} = 1.134$

锚固长度 $= \max(5d, bk/2) = \max(5 \times 12, 200 \times 1.134/2) = 113.4$（mm）

假设设计按铰接情况考虑：$0.35 l_{ab} = 0.35 \times 40 \times 10 = 140$（mm）

3. 钢筋计算过程（见表 7-4）

表 7-4　　　　　　　　　　　　　　梯 板 钢 筋 计 算 表

钢筋名称	钢筋详称	钢筋规格	计算式	长度(m)	备注
梯板下部钢筋	下部纵筋	Φ 12@150	长度：$L = l_n \times k + 2\max(5d, bk/2)$ $= 3080 \times 1.134 + 2 \times 113.4 = 3720$(mm) 根数：$n = (b_n - 2 \times$ 板 $c)/$ 间距 $+1$ $= (1600 - 2 \times 20)/150 + 1 = 12$(根)	44.640	
	分布筋	Φ 8@250	长度：$L = b_n - 2 \times$ 板 $c = 1600 - 2 \times 20 = 1560$(mm) 根数：$n = (l_n \times k -$ 间距$)/$ 间距 $+1$ $n = (3080 \times 1.134 - 250)/250 + 1 = 14$(根)	21.84	

续表

钢筋名称	钢筋详称	钢筋规格	计算式	长度(m)	备注
低端上部钢筋	上部纵筋	⏀10@200	长度：$L = (l_n/4 + b - 梁\,c) \times k + 15d + (h - 2 \times 板\,c)$ $\quad = (3080/4 + 200 - 25) \times 1.134 + 15 \times 10 + (120 - 2 \times 20)$ $\quad = 1302(mm)$ 根数：$n = (b_n - 2 \times 板\,c)/间距 + 1 = (1600 - 2 \times 20)/200 + 1$ $\quad = 9(根)$	11.718	
	分布筋	⏀8@250	长度：$L = b_n - 2 \times 板\,c = 1600 - 2 \times 20 = 1560(mm)$ 根数：$n = [(l_n/4) \times k - 间距/2]/间距 + 1$ $\quad = [(3080/4) \times 1.134 - 125]/250 + 1 = 4(根)$	6.240	
高端上部钢筋	上部纵筋	⏀10@200	长度：$L = 1302(mm)$ 根数：$n = 9(根)$	11.718	同低端上部钢筋
	分布筋	⏀8@250	长度：$L = 1560(mm)$ 根数：$n = 4(根)$	6.240	

合计长度：⏀12：44.640m；⏀10：23.436m；⏀8：34.32m
合计质量：⏀12：39.640kg；⏀10：14.460kg；⏀8：13.556kg

注　1. 计算钢筋根数时，每个商取整数，只人不舍；
　　2. 质量＝长度×钢筋单位理论质量。

实操题

某一工程的楼梯施工图见图 7-9，混凝土强度等级为 C30，环境类别为一类，要求画出其剖面配筋图，并进行楼梯钢筋计算。

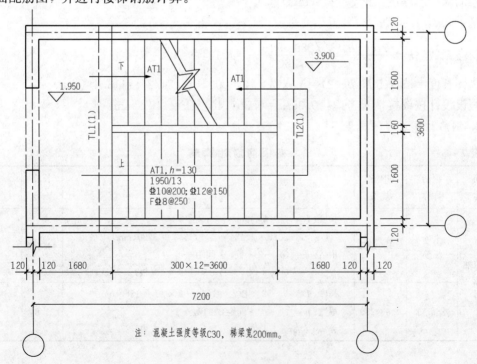

注：混凝土强度等级C30，梯梁宽200mm。

图 7-9　楼梯平法施工图

项目8 工程案例1——框架结构

8.1 工程图纸说明

（1）本工程图纸不是一套完整的图纸，只涉及结构部分的主要构件，包括基础施工图、柱施工图、二层梁施工图、屋面梁施工图、三层楼板施工图和楼梯施工图。

（2）钢筋工程量计算在整个工程造价中起着举足轻重的作用，每次在计算前要对图纸仔细研读，理清思路后再计算，切忌这里先算一点，那里再算一点，回头再整理的做法。真实的工程图纸计算钢筋工程量往往很大，没有明确的思路，不仅计算容易出错还浪费时间。

（3）计算顺序：对整套图纸而言，计算顺序为基础→柱插筋→柱→梁→板→楼梯。对构件而言，在图纸平面纵向自下而上（或自上而下），横向从左到右进行。

（4）要注意构件节点处的钢筋构造，如果图纸中给出节点详图，则以此为依据；如果没给出节点详图，则以16G101系列图集为依据。

8.2 工程图纸

本工程图纸见图8-1～图8-7。

8.3　基 础 钢 筋 计 算

（1）基础钢筋只包括独立基础底板钢筋和基础梁钢筋，不包括柱插筋和插筋的箍筋。

（2）基础混凝土强度等级为 C25。

（3）基础底板钢筋保护层 $c=40$mm，基础梁钢筋保护层 $c=25$mm。

（4）基础构件均不考虑抗震。

（5）基础钢筋计算见表 8-1。

表 8-1　　　　　　　　　　　　　基础钢筋计算表

构件	单个基础底板或基础梁钢筋计算式
DJ$_J$01	双向 Φ 12 @150 边长＝2.0m＜2.5m，采用一般构造 $L=2.0-2\times0.04=1.920$（m） $n=[2.0-2\times\min(0.075,0.15/2)]/0.15+1=14$（根） 总长＝$2\times14\times1.92=53.760$（m）
DJ$_J$02	双向 Φ 12 @120 边长＝2.5m，采用"独立基础底板配筋长度减短10％构造"。 外侧钢筋长度＝$2.5-2\times0.04=2.420$（m） 其余钢筋长度＝$2.5\times0.9=2.25$（m） $n=[2.5-2\times\min(0.075,0.12/2)]/0.12+1=21$（根） 总长＝$2\times(2\times2.42+19\times2.25)=95.180$（m）
DJ$_J$03	（1）X 向 Φ 12@120 边长＝2.9＞2.5m，采用"独立基础底板配筋长度减短10％构造"。 外侧钢筋长度＝$2.9-2\times0.04=2.820$（m） 其余钢筋长度＝$2.9\times0.9=2.610$（m） $n=[3-2\times\min(0.075,0.12/2)]/0.12+1=25$（根） 总长＝$2\times2.82+23\times2.61=65.670$（m） （2）Y 向 Φ 14@120 边长＝3.0＞2.5m，采用"独立基础底板配筋长度减短10％构造"。 外侧钢筋长度＝$3.0-2\times0.04=2.920$（m） 其余钢筋长度＝$3.0\times0.9=2.700$（m） $n=[2.9-2\times\min(0.075,0.12/2)]/0.12+1=25$（根） 总长＝$2\times2.92+23\times2.7=67.940$（m）
DJ$_J$04	（1）X 向 Φ 14@150 边长＝2.9＞2.5m，采用"独立基础底板配筋长度减短10％构造"。 外侧钢筋长度＝$2.9-2\times0.04=2.820$（m） 其余钢筋长度＝$2.9\times0.9=2.610$（m） $n=[5.7-2\times\min(0.075,0.15/2)]/0.15+1=38$（根） 总长＝$2\times2.82+36\times2.61=99.600$（m） （2）Y 向 Φ 8@200 $L=5.7-2\times0.04=5.620$（m） $n=[2.9-2\times\min(0.075,0.2/2)]/0.2+1=15$（根） 总长＝$15\times5.62=84.300$（m）

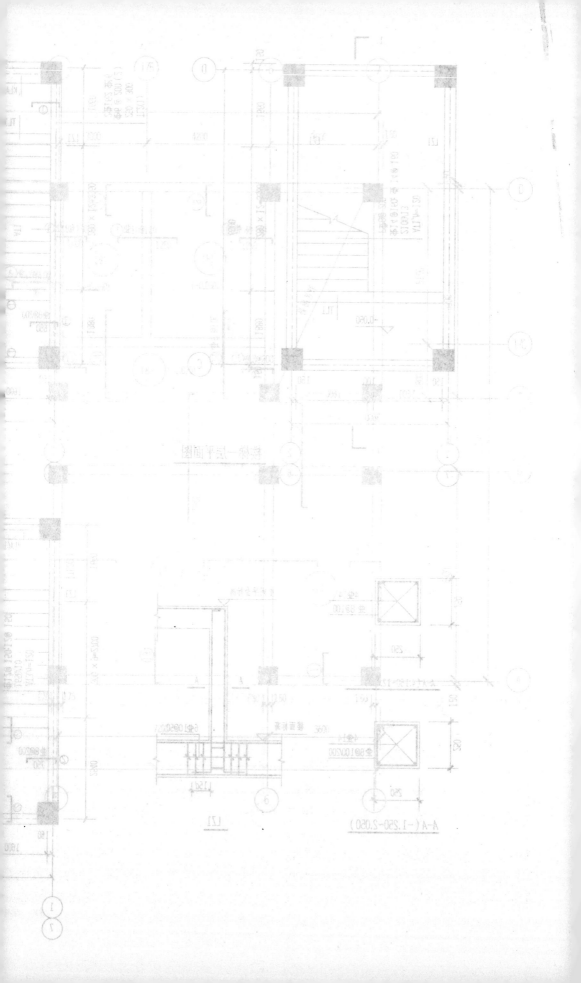

续表

构件	单个基础底板或基础梁钢筋计算式
JL01	(1) 上部钢筋 Φ 25 $L=5.7-2\times0.025+2\times12\times0.025=6.250$（m） $n=6$（根） 总长 $=6\times6.25=37.500$（m） (2) 下部钢筋 Φ 25 同上部钢筋，总长 $=37.500$（m） (3) 侧面构造钢筋 Φ 12 $L=5.7-2\times0.025=5.650$（m） $n=4$（根） 总长 $=4\times5.65=22.600$（m） (4) 箍筋 Φ 10@150（4） 外箍：$L=2(b+h)-8c+15.8d$ $L=2\times(0.7+1)-8\times0.025+15.8\times0.01=3.358$（m） $n=(5.7-2\times0.025)/0.15+1=39$（根） 内箍：公式：$L=2\{[(b-2c-2d-D)/间距个数]\times内箍占间距个数+D+2d\}+2(h-2c)+15.8dL=2\{[(0.7-2\times0.025-2\times0.01-0.025)/5]\times1+0.025+2\times0.01\}+2\times(1.0-2\times0.025)+15.8\times0.01=2.390$（m） $n=39$（根） 总长 $=39\times(3.358+2.39)=224.172$（m） (5) 拉筋 Φ 8@300 $L=b-2c+17.8d=0.7-2\times0.025+17.8\times0.01=0.828$（m） $n=(5.7-2\times0.025)/0.3+1=20$（根） 总长 $=20\times0.828=16.560$（m）

8.4　柱钢筋计算

8.4.1　说明

（1）柱混凝土强度等级为 C25，抗震等级为三级，纵筋为 HRB400，柱钢筋保护层厚度 $c=25\text{mm}$，$l_{abE}=l_{aE}=42d$。

（2）钢筋连接采用焊接连接。

（3）柱钢筋计算包括基础内柱插筋和插筋的箍筋。

（4）本工程案例只给出了二层梁施工图，在计算柱净高时涉及各层梁高，可假设各层梁高均相同，均按照二层梁高取用。当柱侧面两个方向的梁高不同时，取大值。

8.4.2　首层柱钢筋计算

由于基础高度不同，基顶标高不同，首层柱的结构高度也不同。

（1）柱在基础内的插筋及箍筋

KZ1：因 $h_j-c_j=500-40=460$（mm）$<l_{aE}=42d=42\times20=840$（mm），即基础高度不满足直锚，又保护层厚度 $>5d$，故采用"柱纵向钢筋在基础中构造（c）"，插筋在底部弯折 $15d$。

KZ2（边柱）：因 $h_j-c_j=550-40=510$（mm）$<l_{aE}=42d=42\times20=840$（mm），即基础高度不满足直锚，又保护层厚度 $>5d$，故采用"柱纵向钢筋在基础中构造（c）"，插筋在底部弯折 $15d$。

KZ2（中柱）：因 $h_j-c_j=1000-40=960$（mm）$>l_{aE}=42d=42\times22=924$（mm），即基础高度满足直锚，又保护层厚度 $=100+25=125$（mm）$>5d=5\times20=100$（mm），故采用"柱纵向钢筋在基础中

构造 (a)"，插筋在底部弯折后平直段为：max (6d, 150)＝max (6×22, 150)＝150 (mm)。

KZ3（边柱）：因 $h_j-c_j＝600-40＝560$ (mm) $<l_{aE}＝42d＝42×22＝924$ (mm)，即基础高度不满足直锚，又保护层厚度$>5d$，故采用"柱纵向钢筋在基础中构造 (c)"，插筋在底部弯折 $15d$。

KZ3（中柱）：因 $h_j-c_j＝1000-40＝960$ (mm) $<l_{aE}＝42d＝42×25＝1050$ (mm)，即基础高度不满足直锚，又保护层厚度＝$100+25＝125$ (mm) $>5d＝5×22＝110$ (mm)，故采用"柱纵向钢筋在基础中构造 (c)"，插筋在底部弯折 $15d$。

（2）首层柱

柱高 $H_1＝$ 二层楼面标高－基顶标高；柱净高 $H_{n1}＝H_1-h_b$，当 X 向和 Y 向梁高 h_b 不同时取大者。

（3）首层柱钢筋计算见表 8-2。

表 8-2   首层柱钢筋计算表

构件	单根柱钢筋计算式
KZ1	纵筋：12 Φ 20 $L＝12×(4.15+1.6-0.04+15×0.02+0.5)+6×35×0.02＝82.320$ (m) 箍筋：Φ 10@100/200 外箍： $L＝2×(0.5+0.5)-8×0.025+25.8×0.01＝2.058$ (m) $n_j＝max\{2, (0.5-0.1-0.04)/0.5+1)\}＝2$ (根) $H＝4.15+1.1＝5.250$ (m)，$H_n＝5.25-0.7＝4.550$ (m)，$H_n/3＝4.55/3＝1.517$ (m) max (4.55/6, 0.5, 0.5)＝0.758 (m) $n_1＝(1.517-0.05)/0.1+(0.758+0.7)/0.1+(4.55-1.517-0.758)/0.2+1＝43$ (根) $n＝n_j+n_1＝2+43＝45$ (根) 内箍： $L＝2 (b-2c)/3+2 (h-2c)+ 1.3D+27.1d$ $＝2 (0.5-2×0.025)/3+2×(0.5-2×0.025)+1.3×0.02+27.1×0.01＝1.497$ (m) $n＝2×43＝86$ (根) 总长＝$45×2.058+86×1.497＝221.352$ (m)
KZ2 边柱	角筋：4 Φ 22 $L＝4×(4.15+1.6-0.04+15×0.022+0.5)+2×35×0.022＝27.700$ (m) 中部筋：8 Φ 20： $L＝8×(4.15+1.6-0.04+15×0.02+0.5)+4×35×0.02＝54.880$ (m) 箍筋：Φ 10@100/200 （1）外箍： $L＝2.058$ (m) $n_j＝max\{2, (0.55-0.1-0.04)/0.5+1\}＝2$ (根) $H＝4.15+1.05＝5.2$ (m)，$H_n＝5.2-0.7＝4.5$ (m)，$H_n/3＝4.5/3＝1.5$ (m) max(4.5/6, 0.5, 0.5)＝0.75 (m) $n_1＝(1.5-0.05)/0.1+(0.75+0.7)/0.1+(4.5-1.5-0.75)/0.2+1＝43$ (根) $n＝n_j+n_1＝2+43＝45$ (根) （2）内箍： $L＝1.497$ (m) $n＝2×43＝86$ (根) 总长＝$45×2.058+86×1.497＝221.352$ (m)

构件	单根柱钢筋计算式
KZ2 中柱	角筋：4 Φ 22 $L=4\times(4.15+1.6-0.04+0.15+0.5)+2\times35\times0.022=26.980$（m） 中部筋：8 Φ 20： $L=8\times(4.15+1.6-0.04+0.15+0.5)+4\times35\times0.02=53.680$（m） 箍筋：$\Phi$ 10@100/200 （1）外箍： $L=2.058$（m） $n_j=\max\{2,(1.0-0.1-0.04)/0.5+1\}=3$（根） $H=4.15+0.6=4.75$（m），$H_n=4.75-0.7=4.05$（m），$H_n/3=4.05/3=1.35$（m） $\max(4.05/6,0.5,0.5)=0.675$（m） $n_1=(1.35-0.05)/0.1+(0.675+0.7)/0.1+(4.05-1.35-0.675)/0.2+1=39$（根） $n=n_j+n_1=3+39=42$（根） （2）内箍： $L=1.497$（m） $n=2\times39=78$（根） 总长$=42\times2.058+78\times1.497=203.202$（m）
KZ3 边柱	在标高 4.150 处变截面，$\Delta/h_b=100/650<1/6$，故多出的 2 根钢筋锚固 $1.2l_{aE}$ 后截断，其余偏位钢筋斜弯上去（计算时近似地取直线）。 角筋：4 Φ 25 与上部钢筋连接 $L=4\times(4.15+1.6-0.04+15\times0.025+0.5)+2\times35\times0.025=28.090$（m） 中部筋：2 Φ 22 在变截面处锚固 $1.2l_{aE}$ 后截断 $L=2\times(4.15+1.6-0.04+15\times0.022-0.7+1.2\times42\times0.022)=12.898$（m） 中部筋：8 Φ 22 与上部钢筋连接 $L=8\times(4.15+1.6-0.04+15\times0.022+0.5)+4\times35\times0.022=55.400$（m） 箍筋：$\Phi$ 10@100/200 外箍： $L=2\times(0.5+0.6)-8\times0.025+25.8\times0.01=2.258$（m） $n_j=\max\{2,(0.6-0.1-0.04)/0.5+1\}=2$（根） $H=4.15+1.0=5.15$（m），$H_n=5.15-0.7=4.45$（m），$H_n/3=4.45/3=1.483$（m） $\max(4.45/6,0.5,0.5)=0.742$（m） $n_1=(1.483-0.05)/0.1+(0.742+0.7)/0.1+(4.45-1.483-0.742)/0.2+1=43$（根） $n=n_j+n_1=2+43=45$（根） 内箍： X 向： $L=2\{[(h-2c-2d-D)/间距个数]\times内箍占间距个数+D+2d\}+2(b-2c)+2\times12.9d$ $=2\{[(0.6-2\times0.025-2\times0.01-0.022)/4]\times1+0.025+2\times0.01\}+2\times(0.5-2\times0.025)+2\times12.9\times0.01=1.502$（m） $n=43$（根） Y 向： $L=2(b-2c)/3+2(h-2c)+1.3D+27.1d$ $=2(0.5-2\times0.025)/3+2\times(0.6-2\times0.025)+1.3\times0.025+27.1\times0.01=1.704$（m） $n=43$（根） 单肢箍： $L=b-2c+27.8d=0.5-2\times0.025+27.8\times0.01=0.728$（m） $n=43$（根） 总长$=45\times2.258+43\times(1.502+1.704+0.728)=270.772$（m）

构件	单根柱钢筋计算式
KZ3 中柱	在标高 4.150 处变截面，$\Delta/h_b=100/650<1/6$，故多出的 2 根钢筋锚固 $1.2l_{aE}$ 后截断，其余偏位钢筋斜弯上去（计算时近似地取直线）。 角筋：4 ⏀ 25 与上部钢筋连接 $L=4\times(4.15+1.6-0.04+15\times0.025+0.5)+2\times35\times0.025=28.090$（m） 中部筋：2 ⏀ 22 在变截面处锚固 $1.2l_{aE}$ 后截断 $L=2\times(4.15+1.6-0.04+15\times0.022-0.7+1.2\times42\times0.022)=12.898$（m） 中部筋：8 ⏀ 22 与上部钢筋连接 $L=8\times(4.15+1.6-0.04+15\times0.022+0.5)+4\times35\times0.022=55.400$（m）
	箍筋：⏀ 10@100/200 外箍： $L=2.258$（m） $n_j=\max\{2,(1.0-0.1-0.04)/0.5+1\}=3$（根） $H=4.15+0.6=4.75$（m），$H_n=4.75-0.7=4.05$（m），$H_n/3=4.05/3=1.35$（m） $\max(4.05/6,0.5,0.5)=0.675$（m） $n_1=(1.35-0.05)/0.1+(0.675+0.7)/0.1+(4.05-1.35-0.675)/0.2+1=39$（根） $n=n_j+n_1=3+39=42$（根） 内箍： X 向： $L=1.502$（m），$n=39$（根） Y 向： $L=1.704$（m），$n=39$（根） 单肢箍： $L=0.728$（m），$n=39$（根） 总长 $=42\times2.258+39\times(1.502+1.704+0.728)=248.262$（m）

8.4.3　标准层柱钢筋计算

（1）柱高 H＝楼层层高；柱净高 $H_n=H-h_b$，当 X 向和 Y 向梁高 h_b 不同时取大者。

（2）KZ3 的 h 边在 4.150m 标高处截面有变化，钢筋根数有变化，此处钢筋斜弯上去，下柱比上柱多出的钢筋（2 根角筋）锚固 $1.2l_{aE}$ 后截断。

（3）标准层柱钢筋计算见表 8-3。

表 8-3　　　　　　　　　　　标准层柱钢筋计算表

构件	单根柱单层钢筋计算式
KZ1 二～四层	纵筋：12 ⏀ 20 $L=12\times3.3=39.600$（m）
	箍筋：⏀ 10@100/200 外箍： $L=2.058$（m） $H=3.3$（m），$H_n=3.3-0.7=2.6$（m），$\max(2.6/6,0.5,0.5)=0.5$（m） $n=(0.5-0.05)/0.1+(0.5+0.7)/0.1+(2.6-0.5-0.5)/0.2+1=26$（根） 内箍： $L=1.497$（m） $n=2\times26=52$（根） 总长 $=26\times2.058+52\times1.497=131.352$（m）

续表

构件	单根柱单层钢筋计算式
KZ2 二~四层	角筋：4 ⏀ 22 $L=4×3.3=13.200$（m） 中部筋：8 ⏀ 20 $L=8×3.3=26.400$（m）
	箍筋：⏀ 10@100/200 同 KZ1，总长=131.352（m）
KZ3 二~四层	角筋：4 ⏀ 22 $L=4×3.3=13.200$（m） 中部筋：4 ⏀ 22 $L=4×3.3=13.200$（m） 中部筋：4 ⏀ 20 $L=4×3.3=13.200$（m）
	箍筋：⏀ 10@100/200 同 KZ1，总长=131.352（m）

8.4.4　顶层柱钢筋计算

（1）顶层柱高 H＝楼层层高，柱净高 $H_n=H-h_b$，当 X 向和 Y 向梁高 h_b 不同时取大者。

（2）$l_{abE}=l_{aE}=42d$。

（3）角柱和边柱的内侧钢筋，以及中柱钢筋，因 $h_b-c=700-25=675$（mm）$<l_{aE}=42d$（$d=20$，22），故采用弯锚，弯折平直段为 $12d$。

（4）角柱和边柱的外侧钢筋采用 16G101-1 第 67 页的 2 或 3 节点构造（注：计算梁钢筋时也要执行此节点构造）。

（5）顶层柱钢筋计算见表 8-4。

表 8-4　　　　　　　　　　　顶层柱钢筋计算表

构件	单根柱顶层钢筋计算式
KZ1 中柱	纵筋：12 ⏀ 20 $L=12×(3.3-0.5-0.025+12×0.02)-6×35×0.02=31.980$（m）
	箍筋：⏀ 10@100/200 同标准层，总长=131.352（m）
KZ1 边柱	外侧筋：4 ⏀ 20 $L=4×(3.3-0.5-0.7+1.5×42×0.02)-2×35×0.02=12.040$（m） 内侧筋：8 ⏀ 20 $L=8×(3.3-0.5-0.025+12×0.02)-4×35×0.02=21.320$（m）
	箍筋：⏀ 10@100/200 同标准层，总长=131.352（m）
	角部附加钢筋：⏀ 10 $L=0.3+0.3=0.600$（m） $n=\max\{3,[(0.5-2×0.025)/0.15+1]\}=4$（根） 总长=$4×0.600=2.400$（m）
	角部支顶钢筋：⏀ 10 $L=0.5-2×0.025=0.450$（m） $n=1$ 根 总长=0.450m

构件	单根柱单层钢筋计算式
KZ1 角柱	外侧筋：7 Φ 20 $L=7\times(3.3-0.5-0.7+1.5\times42\times0.02)-3\times35\times0.02=21.420$（m） 内侧筋：5 Φ 20 $L=5\times(3.3-0.5-0.025+12\times0.02)-3\times35\times0.02=12.975$（m） 箍筋：$\Phi$ 10@100/200 同标准层，总长=131.352（m） 角部附加钢筋：Φ 10 $L=0.3+0.3=0.600$（m） 一侧 $n=$ max $\{3,\ [(0.5-2\times0.025)/0.15+1]\}=4$（根） 总根数 $n=2\times4-1=7$（根） 总长=$7\times0.600=2.400$（m） 角部支顶钢筋：Φ 10 $L=0.5-2\times0.025=0.450$（m） $n=2$ 总长=$2\times0.450=0.900$（m）
KZ2 中柱	角筋：4 Φ 22 $L=4\times(3.3-0.5-0.025+12\times0.022)-2\times35\times0.022=10.616$（m） 中部筋：8 Φ 20 $L=8\times(3.3-0.5-0.025+12\times0.02)-4\times35\times0.02=21.320$（m） 箍筋：$\Phi$ 10@100/200 同标准层，总长=131.352（m）
KZ2 边柱	外侧角筋：2 Φ 22 $L=2\times(3.3-0.5-0.7+1.5\times42\times0.022)-1\times35\times0.022=6.202$（m） 外侧中筋：2 Φ 20 $L=2\times(3.3-0.5-0.7+1.5\times42\times0.02)-1\times35\times0.02=6.020$（m） 内侧角筋：2 Φ 22 $L=2\times(3.3-0.5-0.025+12\times0.022)-1\times35\times0.022=5.308$（m） 内侧中筋：6 Φ 20 $L=6\times(3.3-0.5-0.025+12\times0.02)-3\times35\times0.02=15.990$（m） 箍筋：$\Phi$ 10@100/200 同标准层，总长=131.352（m） 角部附加钢筋：Φ 10，同 KZ1 边柱 角部支顶钢筋：Φ 10，同 KZ1 边柱
KZ3 中柱	角筋：4 Φ 22 $L=4\times(3.3-0.5-0.025+12\times0.022)-2\times35\times0.022=10.616$（m） 中部筋：4 Φ 22 $L=4\times(3.3-0.5-0.025+12\times0.022)-2\times35\times0.022=10.616$（m） 中部筋：8 Φ 20 $L=4\times(3.3-0.5-0.025+12\times0.02)-2\times35\times0.02=10.660$（m） 箍筋：$\Phi$ 8@100/200 外箍： $L=2\times(0.5+0.5)-8\times0.025+25.8\times0.008=2.006$（m） $H=3.3$（m），$H_n=3.3-0.7=2.6$（m），max $(2.6/6,\ 0.5,\ 0.5)=0.5$（m） $n=(0.5-0.05)/0.1+(0.5+0.7)/0.1+(2.6-0.5-0.5)/0.2+1=26$（根） 内箍： $L=2(0.5-2\times0.025)/3+2\times(0.5-2\times0.025)+1.3\times0.022+27.1\times0.008=1.445$（m） $n=2\times26=52$（根） 总长=$26\times2.006+52\times1.445=127.296$（m）

构件	单根柱单层钢筋计算式
KZ3 边柱	外侧角筋：2 Φ 22，同 KZ2 边柱，$L=6.202$（m） 外侧中筋：2 Φ 20，同 KZ2 边柱，$L=6.020$（m） 内侧角筋：2 Φ 22，同 KZ2 边柱，$L=5.308$（m） 内侧中筋：4 Φ 22 $L=4\times(3.3-0.5-0.025+12\times0.022)-2\times35\times0.022=10.616$（m） 内侧中筋：2 Φ 20 $L=2\times(3.3-0.5-0.025+12\times0.02)-1\times35\times0.02=5.330$（m）
	箍筋：Φ 8@100/200 同 KZ3 中柱，总长$=127.296$（m）
	角部附加钢筋：Φ 10，同 KZ1 边柱 角部支顶钢筋：Φ 10，同 KZ1 边柱

8.5　楼层梁钢筋计算

（1）本工程案例只计算二层楼层梁的钢筋，其余三层、四层、五层楼层梁钢筋计算类似，但是屋面梁钢筋计算不同，见 8.6 屋面梁钢筋计算。

（2）钢筋连接：当钢筋长度大于 9 米时要进行连接。当 $d\geqslant16$mm 时采用焊接连接，当 $d\leqslant14$mm 时采用绑扎搭接连接，搭接长度取 $l_{lE}=59d$。

（3）梁混凝土强度等级为 C25，抗震等级为三级，纵筋为 HRB400，梁钢筋保护层厚度 $c=25$mm，$l_{abE}=l_{aE}=42d$。

（4）框架梁在 B、C 轴处截面尺寸有变化，通过分析才能确定采用钢筋各自锚固构造还是斜弯构造，如 KL1，$\triangle_h/(h_c-50)=150/(500-50)=1/3>1/6$，所以采用钢筋各自锚固构造。

（5）非框架梁的端部"设计按铰接时"考虑。

（6）楼层梁钢筋计算见表 8-5。

表 8-5　　　　　　　　　　　　　　楼层梁钢筋计算表

构件	单根梁钢筋计算式
KL1	上部通长筋：2 Φ 22 $L=2\times[16.2+2\times(0.15-0.025+15\times0.022)]=34.220$（m） Ⓐ轴上部上筋：2 Φ 20 $L=2\times(6.2/3+0.5-0.025+15\times0.02)=5.683$（m） Ⓐ轴上部下筋：2 Φ 20 $L=2\times(6.2/4+0.5-0.025+15\times0.02)=4.650$（m） Ⓑ-Ⓒ轴上部上筋：2 Φ 22 $L=2\times[2\times(6.2/3)+2.1+2\times0.5]=14.467$（m） Ⓑ-Ⓒ轴上部下筋：2 Φ 22 $L=2\times[2\times(6.2/4)+2.1+2\times0.5]=12.400$（m） Ⓓ轴上部上筋：2 Φ 22 $L=2\times(6.2/3+0.5-0.025+15\times0.022)=5.743$（m） Ⓓ轴上部下筋：2 Φ 22 $L=2\times(6.2/4+0.5-0.025+15\times0.022)=4.710$（m）

构件	单根梁钢筋计算式
KL1	下部纵筋： Ⓐ—Ⓑ轴下部纵筋：2 Φ 25 $L=2\times[6.2+2\times(0.5-0.025+15\times0.025)]=15.800$（m） Ⓐ—Ⓑ轴下部纵筋：2 Φ 22 $L=2\times[6.2+2\times(0.5-0.025+15\times0.022)]=15.620$（m） Ⓑ—Ⓒ轴下部纵筋：2 Φ 18 $L=2\times(2.1+2\times42\times0.018)=7.224$（m） Ⓒ—Ⓓ轴下部纵筋：4 Φ 25 $L=4\times[6.2+2\times(0.5-0.025+15\times0.025)]=31.600$（m） 腰筋： Ⓐ—Ⓑ轴：4 Φ 12 $L=4\times(6.2+2\times15\times0.012)=26.240$（m） Ⓒ—Ⓓ轴：4 Φ 12 $L=4\times(6.2+2\times42\times0.012)=28.832$（m） 箍筋：Φ 10@100/200 第一、三跨： $L=2\times(0.3+0.65)-8\times0.025+25.8\times0.01=1.958$（m） $n=2[2\times(0.975-0.05)/0.1+(6.2-0.975\times2)/0.2+1]=86$（根） 第二跨： $L=2\times(0.3+0.5)-8\times0.025+25.8\times0.01=1.658$（m） $n=(2.1-2\times0.05)/0.1+1=21$（根） 总长$=86\times1.958+21\times1.658=203.206$（m） 拉筋：Φ 6 $L=0.3-2\times0.025+0.15+7.8\times0.006=0.447$（m） $n=2\times2\times[(6.2-2\times0.05)/0.4+1]=68$（根） 总长$=68\times0.447=30.396$（m） 附加箍筋：Φ 10：同该梁箍筋，仅在①⑥⑦轴 3 根梁上有。 $L=1.958$（m） $1=12$（根） 总长$=12\times1.958=23.496$（m）
KL2	上部通长筋：2 Φ 22 同 KL1，$L=34.220$（m） Ⓐ轴上部上筋：2 Φ 22 $L=2\times(6.4/3+0.5-0.025+15\times0.022)=5.877$（m） Ⓐ轴上部下筋：2 Φ 22 $L=2\times(6.4/4+0.5-0.025+15\times0.022)=4.810$（m） Ⓑ—Ⓒ轴上部上筋：2 Φ 22 $L=2\times[2.1+(0.3+6.4/3)+(0.5+6.2/3)]=14.200$（m） Ⓑ—Ⓒ轴上部下筋：2 Φ 22 $L=2\times[2.1+(0.3+6.4/4)+(0.5+6.2/4)]=12.100$（m） Ⓓ轴上部上筋：2 Φ 22 同 KL1，$L=5.743$（m） Ⓓ轴上部下筋：2 Φ 22 同 KL1，$L=4.710$（m）

构件	单根梁钢筋计算式
KL2	下部纵筋： Ⓐ-Ⓑ轴下部下筋：4 Φ 22（右支座为梁） $L=4\times(6.4+0.5-0.025+15\times0.022+12\times0.022)=29.876$（m） Ⓐ-Ⓑ轴下部上筋：2 Φ 20（右支座为梁） $L=2\times(6.4+0.5-0.025+15\times0.02+12\times0.02)=14.830$（m） Ⓑ-Ⓒ轴下部纵筋：2 Φ 20（左支座为梁） $L=2\times(2.1+12\times0.02+42\times0.02)=6.360$（m） Ⓒ-Ⓓ轴下部下筋：4 Φ 22 $L=4\times[6.2+2\times(0.5-0.025+15\times0.022)]=31.240$（m） Ⓒ-Ⓓ轴下部上筋：2 Φ 20 $L=2\times[6.2+2\times(0.5-0.025+15\times0.02)]=15.500$（m） 腰筋：Ⓐ-Ⓑ轴 4 Φ 12 $L=4\times(6.4+2\times15\times0.012)=27.040$（m） Ⓒ-Ⓓ轴：4 Φ 12 $L=4\times(6.2+2\times15\times0.012)=26.240$（m） 箍筋：Φ 10@100/200 第一跨：（右端不加密） $L=2\times(0.3+0.65)-8\times0.025+25.8\times0.01=1.958$（m） $n=(0.975-0.05)/0.1+(6.4-0.975-0.05)/0.2+1=38$（根） 第二跨： $L=2\times(0.3+0.5)-8\times0.025+25.8\times0.01=1.658$（m） $n=(2.1-2\times0.05)/0.1+1=21$（根） 第三跨： 同第一跨，$L=1.958$（m） $n=2\times(0.975-0.05)/0.1+(6.2-0.975\times2)/0.2+1=43$（根） 总长$=38\times1.958+21\times1.658+43\times1.958=193.416$（m） 拉筋：Φ 6 $L=0.3-2\times0.025+0.15+7.8\times0.006=0.447$（m） 第一跨：$n=2\times[(6.4-2\times0.05)/0.4+1]=34$（根） 第三跨：$n=2\times[(6.2-2\times0.05)/0.4+1]=34$（根） 总长$=2\times34\times0.447=30.396$（m） 附加箍筋：Φ 10，同该梁箍筋 $L=1.958$（m） $n=12$（根） 总长$=12\times1.958=23.496$（m）
KL3	上部通长筋：2 Φ 22 $L=2\times[16.2+1.8+2\times0.15-2\times0.025+(0.5-2\times0.025)+15\times0.022]=38.060$（m） Ⓐ轴上部筋：4 Φ 22（含悬挑端上部钢筋） $L=4\times[6.0/3+0.6+1.8-0.025+(0.5-2\times0.025)]=19.300$（m） Ⓑ-Ⓒ轴上部上筋：4 Φ 22 $L=4\times[2\times(6.0/3)+2.1+2\times0.6]=29.200$（m） Ⓑ-Ⓒ轴上部下筋：2 Φ 22 $L=2\times[2\times(6.0/4)+2.1+2\times0.6]=12.600$（m） Ⓓ轴上部筋：4 Φ 22 $L=4\times(6.0/3+0.6-0.025+15\times0.022)=11.620$（m）

构件	单根梁钢筋计算式
KL3	架立筋：$2×(2 \Phi 12)$ $L=4×(6.0-2×6.2/3+2×0.15)=8.667$（m） 下部钢筋： Ⓐ轴悬挑端下部筋：$4 \Phi 16$ $L=4×(1.8-0.025+15×0.016)=8.060$（m） Ⓐ—Ⓑ轴下部纵筋 $6 \Phi 22$ $L=6×[6.0+2×(0.6-0.025+15×0.022)]=46.860$（m） Ⓑ—Ⓒ轴下部纵筋：$4 \Phi 20$ $L=4×(2.1+2×42×0.02)=15.120$（m） Ⓒ—Ⓓ轴下部纵筋：$6 \Phi 22$ 同Ⓐ—Ⓑ轴下部纵筋，$L=46.860$（m） 腰筋：$2（4 \Phi 12）$ $L=8×(6.0+2×15×0.012)=50.880$（m） 箍筋：$\Phi 10@100/200$ 第一、三跨： 外箍： $L=2×(0.35+0.65)-8×0.025+25.8×0.01=2.058$（m） $n=2[2×(0.975-0.05)/0.1+(6.0-0.975×2)/0.2+1]=84$（根） 内箍： $L=2\{[(b-2c-2d-D)/间距个数]×内箍占间距个数+D+2d\}+2(h-2c)+2×12.9d$ $\quad=2\{[(0.35-2×0.025-2×0.01-0.022)/5]×1+0.022+2×0.01\}+2(0.65-2×0.025)+2×$ $\quad\quad12.9×0.01=1.645$（m） $n=84$（根） 第二跨、悬挑端： 外箍： $L=2×(0.35+0.5)-8×0.025+25.8×0.01=1.758$（m） $n=(2.1-2×0.05)/0.1+1+(1.8-2×0.05)/0.1+1=39$（根） 内箍： $L=2×\{[(0.35-2×0.025-2×0.01-0.022)/5]×1+0.022+2×0.01\}+2(0.5-2×0.025)+2×$ $12.9×0.01=1.345$（m） $n=39$（根） 总长$=84×2.058+84×1.645+39×1.758+39×1.345=432.069$（m） 拉筋：$\Phi 6$ $L=0.35-2×0.025+0.15+7.8×0.006=0.497$（m） $n=2×[(6.0-2×0.05)/0.4+1]=32$（根） 总长$=32×0.497=15.904$（m） 吊筋：$2 \Phi 20$，仅⑤轴有 $L=2×20×0.02+0.25+2×0.05+2×(0.65-2×0.025)×1.414=2.847$（m） $n=2$（根） 总长$=2×2.847=5.694$（m）

构件	单根梁钢筋计算式
KL4	上部通长筋：2 Φ 22 $L = 2 \times [31.8 + 2 \times (0.15 - 0.025 + 15 \times 0.022)] = 65.420$（m） ①轴上部筋：2 Φ 20 $L = 2 \times (3.0/3 + 0.5 - 0.025 + 15 \times 0.02) = 3.550$（m） ②轴上部筋：2 Φ 20 $L = 2 \times (2 \times 3.1/3 + 0.5) = 5.133$（m） ③轴上部上筋：2 Φ 22 $L = 2 \times (2 \times 6.4/3 + 0.5) = 9.533$（m） ③轴上部下筋：2 Φ 22 $L = 2 \times (2 \times 6.4/4 + 0.5) = 7.400$（m） ④轴上部上筋：2 Φ 22 $L = 2 \times (2 \times 6.4/3 + 0.5) = 9.533$（m） ④轴上部下筋：4 Φ 22 $L = 4 \times (2 \times 6.4/4 + 0.5) = 14.800$（m） ⑤轴上部上筋：2 Φ 22 $L = 2 \times (2 \times 6.7/3 + 0.5) = 9.933$（m） ⑤轴上部下筋：4 Φ 22 $L = 4 \times (2 \times 6.7/4 + 0.5) = 15.400$（m） ⑥轴上部上筋：2 Φ 22 $L = 2 \times (2 \times 6.7/3 + 0.5) = 9.933$（m） ⑥轴上部下筋：2 Φ 22 $L = 2 \times (2 \times 6.7/4 + 0.5) = 7.700$（m） ⑦轴上部筋：2 Φ 20 $L = 2 \times (3.0/3 + 0.5 - 0.025 + 15 \times 0.02) = 3.550$（m）
	下部纵筋： ①—②轴下部筋：4 Φ 20 $L = 4 \times (3.0 + 0.5 - 0.025 + 15 \times 0.02 + 42 \times 0.02) = 18.460$（m） ②—③轴下部筋：4 Φ 20 $L = 4 \times (3.1 + 2 \times 42 \times 0.02) = 19.120$（m） ③—④轴下部上筋：2 Φ 20 $L = 2 \times (6.4 + 2 \times 42 \times 0.02) = 16.160$（m） ③—④轴下部下筋：4 Φ 25 $L = 4 \times (6.4 + 2 \times 42 \times 0.025) = 34.000$（m） ④—⑤轴下部筋：6 Φ 25 $L = 6 \times (6.4 + 2 \times 42 \times 0.025) = 51.000$（m） ⑤—⑥轴下上筋：6 Φ 25 $L = 6 \times (6.7 + 2 \times 42 \times 0.025) = 52.800$（m） ⑥—⑦轴下部筋：4 Φ 20 同①—②轴下部筋，$L = 18.460$（m）
	腰筋： ①—⑤轴：4 Φ 12，2 处绑扎搭接 $L = 4 \times [2 \times (3.6 + 6.9) - 0.35 - 0.25 + 2 \times 15 \times 0.012 + 2 \times 59 \times 0.012)] = 88.704$（m） ⑤—⑥轴：4 Φ 14 $L = 4 \times (6.7 + 2 \times 42 \times 0.014) = 31.504$（m） ⑥—⑦轴：4 Φ 12 $L = 4 \times (3.0 + 2 \times 15 \times 0.012) = 13.440$（m）

构件	单根梁钢筋计算式
KL4	箍筋：$\Phi 10@100/200$ $L=2\times(0.3+0.7)-8\times0.025+25.8\times0.01=2.058$（m） $n_1=n_6=2\times(1.05-0.05)/0.1+(3.0-2\times1.05)/0.2+1=26$（根） $n_2=2\times(1.05-0.05)/0.1+(3.1-2\times1.05)/0.2+1=26$（根） $n_3=n_4=2\times(1.05-0.05)/0.1+(6.4-2\times1.05)/0.2+1=43$（根） $n_5=2\times(1.05-0.05)/0.1+(6.7-2\times1.05)/0.2+1=44$（根） $n=3\times26+2\times43+44=208$（根） 总长$=208\times2.058=428.064$（m） 拉筋：$\Phi 6$ $L=0.3-2\times0.025+0.15+7.8\times0.006=0.447$（m） $n_1=n_6=2\times[(3.0-2\times0.05)/0.4+1]=18$（根） $n_2=2\times[(3.1-2\times0.05)/0.4+1]=18$（根） $n_3=n_4=2\times[(6.4-2\times0.05)/0.4+1]=34$（根） $n_5=2\times[(6.7-2\times0.05)/0.4+1]=36$（根） $n=3\times18+2\times34+36=158$（根） 总长$=158\times0.447=70.626$（m） 吊筋：$2\Phi 18$，仅①轴有 $L=2\times20\times0.018+0.25+2\times0.05+2\times(0.65-2\times0.025)\times1.414=2.767$（m） $n=2$（根） 总长$=2\times2.767=5.534$（m）
KL5	上部通长筋：$2\Phi 22$ $L=2\times[31.8+2\times(0.15-0.025+15\times0.022)]=65.420$（m） ①轴上部上筋：$2\Phi 22$ $L=2\times(6.6/3+0.5-0.025+15\times0.022)=6.010$（m） ①轴上部下筋：$2\Phi 22$ $L=2\times(6.6/4+0.5-0.025+15\times0.022)=4.910$（m） ③轴上部上筋：$2\Phi 22$ $L=2\times(2\times6.6/3+0.5)=9.800$（m） ③轴上部下筋：$4\Phi 22$ $L=4\times(2\times6.6/4+0.5)=15.200$（m） ④轴上部上筋：$2\Phi 22$ $L=2\times(2\times6.4/3+0.5)=9.533$（m） ④轴上部下筋：$4\Phi 22$ $L=4\times(2\times6.4/4+0.5)=14.800$（m） ⑤轴上部上筋：$2\Phi 22$ $L=2\times(2\times6.7/3+0.5)=9.933$（m） ⑤轴上部下筋：$4\Phi 22$ $L=4\times(2\times6.7/4+0.5)=15.400$（m） ⑥轴上部上筋：$2\Phi 22$ $L=2\times(2\times6.7/3+0.5)=9.933$（m） ⑥轴上部下筋：$2\Phi 22$ $L=2\times(2\times6.7/4+0.5)=7.700$（m） ⑦轴上部筋：$2\Phi 20$ $L=2\times(3.0/3+0.5-0.025+15\times0.02)=3.550$（m）

构件	单根梁钢筋计算式
KL5	下部纵筋： ①—③轴下部筋：8 ⏀ 25 $L=8×(6.6+0.5-0.025+15×0.025+42×0.025)=68.000$（m） ③—④轴下部筋：6 ⏀ 25 $L=6×(6.4+2×42×0.025)=51.000$（m） ④—⑤轴下部筋：6 ⏀ 25 同③—④轴下部筋，$L=51.000$（m） ⑤—⑥轴下上筋：6 ⏀ 25 $L=6×(6.7+2×42×0.025)=52.800$（m） ⑥—⑦轴下部筋：4 ⏀ 20 同①—②轴下部筋，$L=18.460$（m） 腰筋： ①—⑦轴：4 ⏀ 12，3处绑扎搭接 $L=4×[31.8-2×0.35+2×15×0.012+3×59×0.012)]=134.336$（m） 箍筋：⏀ 10@100/200 $L=2×(0.3+0.7)-8×0.025+25.8×0.01=2.058$（m） $n_1=2×(1.05-0.05)/0.1+(6.6-2×1.05)/0.2+1=44$（根） $n_2=n_3=2×(1.05-0.05)/0.1+(6.4-2×1.05)/0.2+1=43$（根） $n_4=2×(1.05-0.05)/0.1+(6.7-2×1.05)/0.2+1=44$（根） $n_5=2×(1.05-0.05)/0.1+(3.0-2×1.05)/0.2+1=26$（根） $n=44+2×43+44+26=200$（根） 总长$=200×2.058=411.600$（m） 拉筋：⏀ 6 $L=0.3-2×0.025+0.15+7.8×0.006=0.447$（m） $n_1=2×[(6.6-2×0.05)/0.4+1]=36$（根） $n_2=n_3=2×[(6.4-2×0.05)/0.4+1]=34$（根） $n_4=2×[(6.7-2×0.05)/0.4+1]=36$（根） $n_5=2×[(3.0-2×0.05)/0.4+1]=18$（根） $n=36+2×34+36+18=158$（根） 总长$=158×0.447=70.626$（m） 附加箍筋：⏀ 10 同该梁箍筋，$L=2.058$（m） $n=6$（根） 总长$=6×2.058=12.348$（m） 附加吊筋：2 ⏀ 20 $L=2×20×0.02+0.3+2×0.05+2×(0.7-2×0.025)×1.414=3.038$（m） $n=2$（根） 总长$=2×3.038=6.076$（m）

续表

构件	单根梁钢筋计算式
L1	上部钢筋：2 Φ 16 $L=2\times(7.2+0.175+0.15-2\times0.025+2\times15\times0.016)=15.910$ （m） 下部钢筋：6 Φ 20 $L=6\times(6.875+2\times12\times0.02)=44.130$ （m）
	箍筋：Φ 8@200 $L=2\times(0.25+0.55)-8\times0.025+15.8\times0.008=1.526$ （m） $n=(6.875-2\times0.05)/0.2+1=35$ （根） 总长 $=35\times1.526=53.410$ （m） 吊筋：2 Φ 18 $L=2\times20\times0.018+0.35+2\times(0.55-2\times0.025)\times1.414=2.484$ （m） $n=2$ （根） 总长 $=2\times2.484=4.968$ （m）
L2	上部钢筋：2 Φ 14 $L=2\times(4.825+0.25+0.3-2\times0.025+2\times15\times0.014)=11.490$ （m） 下部钢筋：3 Φ 18 $L=3\times(4.825+2\times12\times0.018)=15.771$ （m）
	箍筋：Φ 8@200 $L=2\times(0.25+0.45)-8\times0.025+15.8\times0.008=1.326$ （m） $n=(4.825-2\times0.05)/0.2+1=25$ （根） 总长 $=25\times1.326=33.150$ （m）
L3	上部通长筋：2 Φ 20 $L=2\times[8.45-2\times0.025+2\times(0.5-2\times0.025)]=18.600$ （m） 上部中筋：2×(1 Φ 20) $L=2\times[0.6+0.35+(6.55/5)-0.025+(0.5-2\times0.025)]=5.370$ （m） 下部角筋：2 Φ 20 $L=2\times(8.45-2\times0.025)=16.800$ （m） 下部中筋：2 Φ 20 $L=2\times(6.55+2\times12\times0.02)=14.060$ （m）
	箍筋：Φ 8@150 $L=2\times(0.25+0.5)-8\times0.025+15.8\times0.008=1.426$ （m） $n=(6.55-2\times0.05)/0.15+1+2\times[(0.6-0.025-0.05)/0.15+1]=54$ （根） 总长 $=54\times1.426=77.004$ （m）

8.6 屋面梁钢筋计算

（1）梁的混凝土强度等级为 C25，抗震等级为三级，纵筋为 HRB400，梁钢筋保护层厚度 $c=25$ mm，$l_{abE}=l_{aE}=42d$。

（2）钢筋连接：当 $d\geqslant16$ mm 时采用焊接连接，当 $d\leqslant14$ mm 时采用绑扎搭接连接。

（3）在计算角柱和边柱钢筋时，采用了 16G101-1 第 67 页的 2 或 3 节点构造，所以屋面框架梁也采用此构造。

（4）屋面框架梁钢筋计算见表 8 - 6。

表 8 - 6　　　　　　　　　　　　　　　　屋面框架梁钢筋计算表

构件	单根梁钢筋计算式
WKL1	上部通长筋：2 Φ 22 $L=2\times[16.2+2\times(0.15+0.65-2\times0.025)]=35.400$（m） Ⓐ轴上部中筋：2 Φ 22 $L=2\times(6.2/3+0.5+0.65-2\times0.025)=6.333$（m） Ⓑ—Ⓒ轴上部上筋：1 Φ 22 $L=1\times[2\times(6.2/3)+2.1+2\times0.5]=7.233$（m） Ⓑ—Ⓒ轴上部下筋：2 Φ 22 $L=2\times[2\times(6.2/4)+2.1+2\times0.5]=12.400$（m） Ⓓ轴上部上筋：2 Φ 22 $L=6.333$（m） 下部纵筋： Ⓐ—Ⓑ轴下部纵筋：4 Φ 20 $L=4\times[6.2+2\times(0.5-0.025+15\times0.02)]=31.000$（m） Ⓑ—Ⓒ轴下部纵筋：2 Φ 16 $L=2\times(2.1+2\times42\times0.016)=6.888$（m） Ⓒ—Ⓓ轴下部纵筋：4 Φ 20 $L=31.000$（m） 腰筋：2（4 Φ 12） $L=8\times(6.2+2\times15\times0.012)=52.480$（m） 箍筋：$\Phi$ 10@100/200 第一、三跨： $L=2\times(0.3+0.65)-8\times0.025+25.8\times0.01=1.958$（m） $n=2[2\times(0.975-0.05)/0.1+(6.2-0.975\times2)/0.2+1]=86$（根） 第二跨： $L=2\times(0.3+0.5)-8\times0.025+25.8\times0.01=1.658$（m） $n=(2.1-2\times0.05)/0.1+1=21$（根） 总长$=86\times1.958+21\times1.658=203.206$（m） 拉筋：$\Phi$ 6 $L=0.3-2\times0.025+0.15+7.8\times0.006=0.447$（m） $n=2\times2\times[(6.2-2\times0.05)/0.4+1]=68$（根） 总长$=68\times0.447=30.396$（m）
WKL2	上部通长筋：2 Φ 22 同 WKL1，$L=35.400$（m）　· Ⓐ轴上部中筋：2 Φ 22 $L=2\times(6.4/3+0.5+0.65-2\times0.025)=6.467$（m） Ⓑ—Ⓒ轴上部上筋：1 Φ 22 $L=1\times[2.1+(0.3+6.4/3)+(0.5+6.2/3)]=7.100$（m） Ⓑ—Ⓒ轴上部下筋：2 Φ 22 $L=2\times[2.1+(0.3+6.4/4)+(0.5+6.2/4)]=12.100$（m） Ⓓ轴上部中筋：2 Φ 22 同Ⓐ轴上部中筋，$L=6.467$（m）

构件	单根梁钢筋计算式
WKL2	下部纵筋： Ⓐ—Ⓑ轴下部纵筋：4 ⊈ 20（右支座为梁） $L=4\times(6.4+0.5-0.025+15\times0.02+12\times0.02)=29.660$（m） Ⓑ—Ⓒ轴下部纵筋：2 ⊈ 16（左支座为梁） $L=2\times(2.1+12\times0.016+42\times0.016)=5.928$（m） Ⓒ—Ⓓ轴下部下筋：4 ⊈ 20 $L=4\times[6.2+2\times(0.5-0.025+15\times0.02)]=31.00$（m） 腰筋：Ⓐ—Ⓑ轴 4 ⊈ 12 $L=4\times(6.4+2\times15\times0.012)=27.040$（m） Ⓒ—Ⓓ轴：4 ⊈ 12 $L=4\times(6.2+2\times15\times0.012)=26.240$（m） 箍筋：⊈ 10@100/200 第一跨： 同 WKL1，$L=1.958$（m） （右端不加密），$n=(0.975-0.05)/0.1+(6.4-0.975-0.05)/0.2+1=38$（根） 第二跨： $L=2\times(0.3+0.5)-8\times0.025+25.8\times0.01=1.658$（m） $n=(2.1-2\times0.05)/0.1+1=21$（根） 第三跨： 同第一跨，$L=1.958$（m） $n=2\times(0.975-0.05)/0.1+(6.2-0.975\times2)/0.2+1=43$（根） 总长$=38\times1.958+21\times1.658+43\times1.958=193.416$（m） 拉筋：⊈ 6 同 WKL1，$L=0.447$（m） 第一跨：$n=2\times[(6.4-2\times0.05)/0.4+1]=34$（根） 第三跨：$n=2\times[(6.2-2\times0.05)/0.4+1]=34$（根） 总长$=2\times34\times0.447=30.396$（m）
WKL3	上部通长筋：2 ⊈ 22 同 WKL1，$L=35.400$（m） Ⓐ轴上部上筋：1 ⊈ 22 $L=1\times(6.2/3+0.5+0.65-2\times0.025)=3.167$（m） Ⓐ轴上部下筋：2 ⊈ 22 $L=2\times(6.2/4+0.5+0.65-2\times0.025)=5.300$（m） Ⓑ—Ⓒ轴上部上筋：2 ⊈ 22 $L=2\times[2\times(6.2/3)+2.1+2\times0.5]=14.467$（m） Ⓑ—Ⓒ轴上部下筋：2 ⊈ 22 $L=2\times[2\times(6.2/4)+2.1+2\times0.5]=12.400$（m） Ⓓ轴上部上筋：1 ⊈ 22 同Ⓐ轴上部上筋，$L=3.167$（m） Ⓓ轴上部下筋：2 ⊈ 22 同Ⓐ轴上部下筋 $L=5.400$（m） 下部纵筋： Ⓐ—Ⓑ轴下部纵筋：4 ⊈ 22 $L=4\times[6.2+2\times(0.5-0.025+15\times0.022)]=31.240$（m） Ⓑ—Ⓒ轴下部纵筋：2 ⊈ 18 $L=2\times(2.1+2\times42\times0.018)=7.224$（m） Ⓒ—Ⓓ轴下部纵筋：4 ⊈ 22 同Ⓐ—Ⓑ轴下部纵筋，$L=31.240$（m）

构件	单根梁钢筋计算式
WKL3	腰筋：2（4 Φ 12） $L=8\times(6.2+2\times15\times0.012)=52.480$（m） 箍筋：$\Phi$ 10@100/200 同 WKL1，总长 $=86\times1.958+21\times1.658=203.206$（m） 拉筋：$\Phi$ 6 同 WKL1，总长 $=68\times0.447=30.396$（m）
WKL4	上部通长筋：2 Φ 22 $L=2\times[31.8+2\times(0.15+0.7-2\times0.025)]=66.800$（m） ①轴上部中筋：2 Φ 18 $L=2\times(3.0/3+0.5+0.7-2\times0.025)=4.300$（m） ②轴上部筋：2 Φ 18 $L=2\times(2\times3.1/3+0.5)=5.133$（m） ③轴上部上筋：2 Φ 22 $L=2\times(2\times6.4/3+0.5)=9.533$（m） ③轴上部下筋：2 Φ 22 $L=2\times(2\times6.4/4+0.5)=7.400$（m） ④轴上部上筋：2 Φ 22 同③轴上部筋，$L=9.533$（m） ④轴上部下筋：2 Φ 22 同③轴上部下筋，$L=7.400$（m） ⑤轴上部上筋：2 Φ 22 $L=2\times(2\times6.7/3+0.5)=9.933$（m） ⑤轴上部下筋：2 Φ 22 $L=2\times(2\times6.7/4+0.5)=7.700$（m） ⑥轴上部上筋：2 Φ 22 同⑤轴上部上筋，$L=9.933$（m） ⑥轴上部下筋：2 Φ 22 同⑤轴上部下筋，$L=7.700$（m） ⑦轴上部筋：2 Φ 18 同①轴上部中筋，$L=4.300$（m） 下部纵筋： ①—②轴下部筋：4 Φ 18 $L=4\times(3.0+0.5-0.025+15\times0.02+42\times0.018)=18.124$（m） ②—③轴下部筋：4 Φ 18 $L=4\times(3.1+2\times42\times0.018)=18.448$（m） ③—④轴下部筋：6 Φ 22 $L=6\times(6.4+2\times42\times0.022)=49.488$（m） ④—⑤轴下部筋：6 Φ 22 同③—④轴下部筋，$L=49.488$（m） ⑤—⑥轴下部上筋：6 Φ 22 $L=6\times(6.7+2\times42\times0.022)=51.288$（m） ⑥—⑦轴下部筋：4 Φ 18 同①—②轴下部筋，$L=18.460$（m）

构件	单根梁钢筋计算式
WKL4	腰筋： ①—⑦轴：4 Φ 12，3 处绑扎搭接 $L=4\times[31.8-2\times0.35+2\times15\times0.012+3\times59\times0.012)]=134.336$（m）
	箍筋：Φ 10@100/200 $L=2\times(0.3+0.7)-8\times0.025+25.8\times0.01=2.058$（m） $n_1=n_6=2\times(1.05-0.05)/0.1+(3.0-2\times1.05)/0.2+1=26$（根） $n_2=2\times(1.05-0.05)/0.1+(3.1-2\times1.05)/0.2+1=26$（根） $n_3=n_4=2\times(1.05-0.050)/0.1+(6.4-2\times1.05)/0.2+1=43$（根） $n_5=2\times(1.05-0.05)/0.1+(6.7-2\times1.05)/0.2+1=44$（根） $n=3\times26+2\times43+44=208$（根） 总长 $=208\times2.058=428.064$（m）
	拉筋：Φ 6 $L=0.3-2\times0.025+0.15+7.8\times0.006=0.447$（m） $n_1=n_6=2\times[(3.0-2\times0.05)/0.4+1]=18$（根） $n_2=2\times[(3.1-2\times0.05)/0.4+1]=18$（根） $n_3=n_4=2\times[(6.4-2\times0.05)/0.4+1]=34$（根） $n_5=2\times[(6.7-2\times0.05)/0.4+1]=36$（根） $n=3\times18+2\times34+36=158$（根） 总长 $=158\times0.447=70.626$（m）
WKL5	上部通长筋：2 Φ 22 同 WKL4，$L=66.800$（m） ①轴上部上筋：2 Φ 22 $L=2\times(6.6/3+0.5+0.7-2\times0.025)=6.700$（m） ①轴上部下筋：2 Φ 20 $L=2\times(6.6/4+0.5+0.7-2\times0.025)=5.600$（m） ③轴上部上筋：2 Φ 22 $L=2\times(2\times6.6/3+0.5)=9.800$（m） ③轴上部下筋：3 Φ 22 $L=3\times(2\times6.6/4+0.5)=11.400$（m） ④轴上部上筋：2 Φ 22 $L=2\times(2\times6.4/3+0.5)=9.533$（m） ④轴上部下筋：2 Φ 22 $L=2\times(2\times6.4/4+0.5)=7.400$（m） ⑤轴上部上筋：2 Φ 22 $L=2\times(2\times6.7/3+0.5)=9.933$（m） ⑤轴上部下筋：2 Φ 22 $L=2\times(2\times6.7/4+0.5)=7.700$（m） ⑥轴上部上筋：2 Φ 22 同⑤轴上部上筋，$L=9.933$（m） ⑥轴上部下筋：2 Φ 22 同⑥轴上部上筋，$L=7.700$（m） ⑦轴上部筋：2 Φ 18 同 WKL4，$L=4.300$（m）

构件	单根梁钢筋计算式
WKL5	**下部纵筋：** ①—③轴下部筋：6 Φ 25 $L=6×(6.6+0.5-0.025+15×0.025+42×0.025)=51.000$（m） ③—④轴下部筋：6 Φ 25 $L=6×(6.4+2×42×0.025)=51.000$（m） ④—⑤轴下部筋：6 Φ 22 $L=6×(6.4+2×42×0.022)=49.488$（m） ⑤—⑥轴下上筋：6 Φ 22 $L=6×(6.7+2×42×0.022)=51.288$（m） ⑥—⑦轴下部筋：4 Φ 18 同 WKL4，$L=18.460$（m） **腰筋：** ①—⑦轴：4 Φ 12，3 处绑扎搭接 同 WKL4，$L=134.336$（m） **箍筋：10@100/200** 同 WKL4，$L=2.058$（m） $n_1=2×(1.05-0.05)/0.1+(6.6-2×1.05)/0.2+1=44$（根） $n_2=n_3=2×(1.05-0.050)/0.1+(6.4-2×1.05)/0.2+1=43$（根） $n_4=2×(1.05-0.05)/0.1+(6.7-2×1.05)/0.2+1=44$（根） $n_5=2×(1.05-0.05)/0.1+(3.0-2×1.05)/0.2+1=26$（根） $n=44+2×43+44+26=200$（根） 总长=200×2.058=411.600（m） **拉筋：Φ 6** $L=0.3-2×0.025+0.15+7.8×0.006=0.447$（m） $n_1=2×[(6.6-2×0.05)/0.4+1]=36$（根） $n_2=n_3=2×[(6.4-2×0.05)/0.4+1]=34$（根） $n_4=2×[(6.7-2×0.05)/0.4+1]=36$（根） $n_5=2×[(3.0-2×0.05)/0.4+1]=18$（根） $n=36+2×34+36+18=158$（根） 总长=158×0.447=70.626（m） **附加箍筋：Φ 10** 同该梁箍筋，$L=2.058$（m） $n=6$（根） 总长=6×2.058=12.348（m） **吊筋：20（根）** $L=2×20×0.02+0.4+2×(0.7-2×0.025)×1.414=3.038$（m） $n=2$（根） 总长=2×3.038=6.076（m）

8.7 楼板钢筋计算

(1) 楼板的混凝土强度等级为 C25，钢筋保护层厚度 $c=20$（mm），纵筋为 HRB400。

(2) 楼板钢筋计算不考虑抗震。

(3) 这里只计算三层楼板钢筋，其他楼层楼板（屋面板）的钢筋计算类似。

(4) 楼板钢筋计算分三块进行：板底钢筋、负筋（板顶钢筋）和负筋的分布筋。

8.7.1 楼板板底钢筋计算

(1) 楼板底部钢筋伸入支座长度取 max（梁中线，$5d$），根据本工程楼板钢筋直径的大小，均取伸至梁中线。

(2) 板底钢筋计算见表 8-7。

表 8-7　　楼板板底钢筋计算表

构件	钢筋计算式
LB1	轴线位置：①②ⒶⒷ、②③ⒶⒷ、⑥⑦ⒶⒷ、②③ⒸⒹ 净跨长：$l_{nx}=3.6-0.3=3.3$（m），$l_{ny}=6.9-0.3=6.6$（mm） 下部钢筋： X 方向：Φ10@150 $L=3.600$（m） $n=(6.6-0.15)/0.15+1=44$（根） 总长 $=44\times3.6=158.400$（m） Y 方向：Φ8@150 $L=6.900$（m） $n=(3.3-0.15)/0.15+1=22$（根） 总长 $=22\times6.9=151.800$（m） 轴线位置：⑤⑮⑯Ⓓ 净跨长：$l_{nx}=3.0-0.175-0.125=2.7$（m），$l_{ny}=5.1-0.125-0.15=4.825$（m） 下部钢筋： X 方向：Φ10@150 $L=3.000$（m） $n=(4.825-0.15)/0.15+1=33$（根） 总长 $=33\times3.0=99.000$（m） Y 方向：Φ8@150 $L=5.100$（m） $n=(2.7-0.15)/0.15+1=18$（根） 总长 $=18\times5.1=91.800$（m） 轴线位置：⑥⑮⑯Ⓓ 净跨长：$l_{nx}=4.2-0.125-0.15=3.925$（m），$l_{ny}=5.1-0.125-0.15=4.825$（m） 下部钢筋： X 方向：Φ10@150 $L=4.200$（m） $n=33$（根） 总长 $=33\times4.2=138.600$（m） Y 方向：Φ8@150 $L=5.100$（m） $n=(3.925-0.15)/0.15+1=27$（根） 总长 $=27\times5.1=137.700$（m）

构件	钢筋计算式
	轴线位置：③④Ⓐ⑧、③④Ⓒ⑩ 净跨长：$l_{nx}=6.9-0.15-0.175=6.575$（m），$l_{ny}=6.9-2\times0.15=6.6$（m） 下部钢筋： X 方向：$\Phi$ 10@140 $L=6.900$（m） $n=(6.6-0.14)/0.14+1=48$（根） 总长＝48×6.9=331.200（m） Y 方向：Φ 10@140 $L=6.600$（m） $n=(6.575-0.14)/0.14+1=47$（根） 总长＝47×6.6=310.200（m）
LB2	轴线位置：④⑤Ⓐ⑧、④⑤Ⓒ⑩ 净跨长：$l_{nx}=6.9-2\times0.175=6.55$（m），$l_{ny}=6.9-2\times0.15=6.6$（m） 下部钢筋： X 方向：$\Phi$ 10@140 $L=6.900$（m） $n=(6.6-0.14)/0.14+1=48$（根） 总长＝48×6.9=331.200（m） Y 方向：Φ 10@140 $L=6.900$（m） $n=(6.55-0.14)/0.14+1=47$（根） 总长＝47×6.9=324.300（m）
	轴线位置：⑤⑥Ⓐ⑧ 净跨长：$l_{nx}=7.2-0.175-0.15=6.875$（m），$l_{ny}=6.9-2\times0.15=6.6$（m） 下部钢筋： X 方向：$\Phi$ 10@140 $L=7.200$（m） $n=(6.6-0.14)/0.14+1=48$（根） 总长＝48×7.2=345.600（m） Y 方向：Φ 10@140 $L=6.900$（m） $n=(6.875-0.14)/0.14+1=50$（根） 总长＝50×6.9=345.000（m）
LB3	轴线位置：①②⑧Ⓒ、②③⑧Ⓒ、⑥⑦⑧Ⓒ 净跨长：$l_{nx}=3.6-2\times0.15=3.3$（m），$l_{ny}=2.4-2\times0.15=2.1$（m） 下部钢筋： X 方向：$\Phi$ 8@150 $L=3.600$（m） $n=(2.1-0.15)/0.15+1=14$（根） 总长＝14×3.6=50.400（m） Y 方向：Φ 8@150 $L=2.400$（m） $n=(3.3-0.15)/0.15+1=22$（根） 总长＝22×2.4=52.800（m）

构件	钢筋计算式
LB2	**轴线位置：③④Ⓑ©** 净跨长：$l_{nx}=6.9-0.15-0.175=6.575$ (m)，$l_{ny}=2.4-2\times0.15=2.1$ (m) 下部钢筋： X方向：Φ 8@150 $L=6.900$ (m) $n=(2.1-0.15)/0.15+1=14$（根） 总长$=14\times6.9=96.600$ (m) Y方向：Φ 8@150 $L=2.400$ (m) $n=(6.575-0.15)/0.15+1=44$（根） 总长$=44\times2.4=105.600$ (m) **轴线位置：④⑤Ⓑ©** 净跨长：$l_{nx}=6.9-2\times0.175=6.55$ (m)，$l_{ny}=2.4-2\times0.15=2.1$ (m) 下部钢筋： X方向：Φ 8@150 $L=6.900$ (m) $n=(2.1-0.15)/0.15+1=14$（根） 总长$=14\times6.9=96.600$ (m) Y方向：Φ 8@150 $L=2.400$ (m) $n=(6.55-0.15)/0.15+1=44$（根） 总长$=44\times2.4=105.600$ (m) **轴线位置：⑤⑥Ⓑ©** 净跨长：$l_{nx}=7.2-0.175-0.15=6.875$ (m)，$l_{ny}=2.4-2\times0.15=2.1$ (m) 下部钢筋： X方向：Φ 8@150 $L=7.200$ (m) $n=(2.1-0.15)/0.15+1=14$（根） 总长$=14\times7.2=100.800$ (m) Y方向：Φ 8@150 $L=2.400$ (m) $n=(6.875-0.15)/0.15+1=46$（根） 总长$=46\times2.4=110.400$ (m) **轴线位置：⑤⑥©** 净跨长：$l_{nx}=7.2-0.175-0.15=6.875$ (m)，$l_{ny}=1.8-0.15-0.125=1.525$ (m) 下部钢筋： X方向：Φ 8@150 $L=7.200$ (m) $n=(1.525-0.15)/0.15+1=11$（根） 总长$=11\times7.2=79.200$ (m) Y方向：Φ 8@150 $L=1.8$ (m) $n=(6.875-0.15)/0.15+1=46$（根） 总长$=46\times1.8=82.800$ (m)

8.7.2　楼板负筋（板顶钢筋）计算

（1）钢筋采用绑扎搭接连接，搭接长度取 $l_l = 56d$。

（2）在端支座负筋伸至端部减去梁保护层厚度再弯折 $15d$，梁保护层厚度 $c = 25\text{mm}$。

（3）负筋（板顶钢筋）计算见表 8-8。

表 8-8　　　　　　　　　　　　　负筋（板顶钢筋）计算表

构件	钢筋计算式
X 向 $\phi 8@150$	轴线位置：① ⑦ Ⓑ Ⓒ 钢筋绑扎搭接连接，3 处设接头，$l_l = 56d$ $L = 31.8 + 2 \times (15 \times 0.008 + 0.15 - 0.025) + 3 \times 56 \times 0.008 = 33.634$（m） $n = (2.4 - 0.3 - 0.15)/0.15 + 1 = 14$（根） 总长 = $14 \times 33.634 = 470.876$（m）
① $\phi 8@150$	轴线位置：①、②、⑦、Ⓐ、Ⓓ $L = 1.1 + 15 \times 0.008 + 0.12 - 2 \times 0.02 = 1.300$（m） $n = 3 \times [(6.9 - 0.3 - 0.15)/0.15 + 1] + 4 \times [(3.6 - 0.3 - 0.15)/0.15 + 1]$ $= 220$（根） 总长 = $220 \times 1.3 = 286.000$（m）
② $\phi 8@100$	轴线位置：② $L = 2 \times (1.1 + 0.12 - 2 \times 0.02) = 2.360$（m） $n = (6.9 - 0.3 - 0.1)/0.1 + 1 = 66$（根） 总长 = $66 \times 2.36 = 155.760$（m）
③ $\phi 10@100$	轴线位置：③、⑥ $L = 2 \times 1.8 + 0.12 + 0.15 - 4 \times 0.02 = 3.790$（m） $n = 3 \times [(6.9 - 0.3 - 0.1)/0.1 + 1] = 198$（根） 总长 = $198 \times 3.79 = 750.420$（m）
④ $\phi 12@120$	轴线位置：④、⑤ $L = 2 \times (1.8 + 0.15 - 2 \times 0.02) = 3.820$（m） $n = 3 \times [(6.9 - 0.3 - 0.12)/0.12 + 1] = 165$（根） 总长 = $165 \times 3.82 = 630.300$（m）
⑤ $\phi 10@100$	轴线位置：⑤ $L = 1.8 + 15 \times 0.01 + 0.15 - 2 \times 0.02 = 2.060$（m） $n = (6.9 - 0.3 - 0.1)/0.1 + 1 = 66$（根） 总长 = $66 \times 2.06 = 135.960$（m）
⑥ $\phi 8@150$	轴线位置：⑥、Ⓓ $L = 1.0 + 15 \times 0.008 + 0.12 - 2 \times 0.02 = 1.200$（m） $n = (5.1 - 0.15 - 0.125 - 0.15)/0.15 + (3.0 - 0.175 - 0.125 - 0.15)/0.15 + 2$ $= 51$（根） 总长 = $51 \times 1.2 = 61.200$（m）

续表

构件	钢筋计算式
⑦ $\Phi 10@120$	轴线位置：⑤（⑤⑥中间）
	$L=2\times(1.25+0.12-2\times0.02)=2.660$（m）
	$n=(5.1-0.125-0.15-0.12)/0.12+1=41$（根）
	总长$=41\times2.66=109.060$（m）
⑧ $\Phi 8@150$	轴线位置：⑥、ⓒ Ⓓ
	$L=1.25+15\times0.008+0.12-2\times0.02=1.450$（m）
	$n=(5.1-0.15-0.125-0.15)/0.15+(4.2-0.125-0.15-0.15)/0.15+2=60$（根）
	总长$=60\times1.45=87.000$（m）
⑨ $\Phi 8@150$	轴线位置：① ② Ⓑ ⓒ、⑥ ⑦ Ⓑ ⓒ
	$L=1.1+2.4+0.15-0.025+0.12-2\times0.02+15\times0.008=3.825$（m）
	$n=2\times[(3.6-0.3-0.15)/0.15+1]=44$（根）
	总长$=44\times3.825=168.300$（m）
⑩ $\Phi 8@100$	轴线位置：② ③ Ⓑ ⓒ
	$L=2\times1.1+2.4+2\times(0.12-2\times0.02)=4.760$（m）
	$n=(3.6-0.3-0.1)/0.1+1=33$（根）
	总长$=33\times4.76=157.080$（m）
⑪ $\Phi 10@100$	轴线位置：③ ⑤ Ⓑ ⓒ
	$L=2\times1.8+2.4+2\times(0.15-2\times0.02)=6.220$（m）
	$n=(6.9-0.15-0.175-0.1)/0.1+(6.9-0.35-0.1)/0.1+2=132$（根）
	总长$=132\times6.22=821.040$（m）
⑫ $\Phi 8@100$	轴线位置：⑤ ⑥ Ⓑ ⓒ
	$L=1.8+2.4+0.15-0.025+0.15-2\times0.02+15\times0.008=4.555$（m）
	$n=(7.2-0.175-0.15-0.1)/0.1+1=69$（根）
	总长$=69\times4.555=314.295$（m）
⑬ $\Phi 10@150$	轴线位置：③ ④ Ⓐ Ⓓ、④ ⑤ Ⓐ Ⓓ、⑤ ⑥ Ⓐ
	$L=1.8+15\times0.01+0.15-2\times0.02=2.060$（m）
	$n=2\times[(6.9-0.15-0.175-0.15)/0.15+1]+2\times[(6.9-0.35-0.15)/0.15+1]+[(7.2-0.175-0.15-0.15)/0.15+1]=222$（根）
	总长$=222\times2.06=457.320$（m）
⑭ $\Phi 8@100$	轴线位置：⑤ ⑥ ⓒ
	$L=1.8+0.15-0.025+1.25+15\times0.008+0.12-2\times0.02=3.375$（m）
	$n=(7.2-0.175-0.15-0.1)/0.1+1=69$（根）
	总长$=69\times3.375=232.875$（m）
⑮ $\Phi 8@200$	轴线位置：⑤ ⑥ ⓒ
	$L=0.7+15\times0.008+0.12-2\times0.02=0.900$（m）
	$n=2\times[(1.8-0.15-0.125-0.2)/0.2+1]=16$（根）
	总长$=16\times0.9=14.400$（m）

8.7.3　负筋的分布筋计算

（1）负筋的分布筋与同向的负筋搭接 $15d$。

（2）在端支座负筋伸至端部减去梁保护层厚度再弯折 $15d$，梁保护层厚度 $c=25\text{mm}$。

（3）负筋的分布筋计算见表 8-9。

表 8-9　　　　　　　　负筋的分布筋（$\phi 8@200$）计算表

轴线位置	钢筋计算式
①②Ⓐ Ⓑ	X 方向： $L=3.6+0.15-0.025-2\times1.1+2\times0.15=1.825$（m） $n=(1.1+0.025-0.3-0.1)/0.2+(1.1-0.15-0.1)/0.2+2=11$（根） 总长 $=11\times1.825=20.075$（m） Y 方向： $L=6.9+0.15-0.025-2\times1.1+2\times0.15=5.125$（m） $n=(1.1+0.025-0.3-0.1)/0.2+(1.1-0.15-0.1)/0.2+2=11$（根） 总长 $=11\times5.125=56.375$（m）
②③Ⓐ Ⓑ	X 方向： $L=3.6-1.1-1.8+2\times0.15=1.000$（m） 根数同轴线位置①②Ⓐ Ⓑ，$n=11$（根） 总长 $=11\times1.0=11.000$（m） Y 方向： 长度同轴线位置①②Ⓐ Ⓑ，$L=5.125$（m） $n=(1.1-0.15-0.1)/0.2+(1.8-0.15-0.1)/0.2+2=15$（根） 总长 $=15\times5.125=76.875$（m）
③④Ⓐ Ⓑ ③④Ⓒ Ⓓ	X 方向： $L=6.9-2\times1.8+2\times0.15=3.600$（m） $n=(1.8+0.025-0.3-0.1)/0.2+(1.8-0.15-0.1)/0.2+2=18$（根） 总长 $=18\times3.6=64.800$（m） Y 方向： $L=6.9+0.15-0.025-2\times1.8+2\times0.15=3.725$（m） $n=(1.8-0.15-0.1)/0.2+(1.8-0.175-0.1)/0.2+2=18$（根） 总长 $=18\times3.725=67.050$（m）
④⑤Ⓐ Ⓑ	X 方向： 长度和根数同上，$L=3.600\text{m}$，$n=19$（根） 总长 $=19\times3.6=68.400$（m） Y 方向： 长度同上，$L=3.725$（m） $n=2\times[(1.8-0.175-0.1)/0.2+1]=18$（根） 总长 $=18\times3.725=67.050$（m）
⑤⑥Ⓐ Ⓑ	X 方向： $L=7.2-2\times1.8+2\times0.15=3.900$（m） 根数同上，$n=19$（根） 总长 $=19\times3.9=74.100$（m） Y 方向： 长度和根数同轴线位置③④Ⓐ Ⓑ，$L=3.725\text{m}$，$n=18$（根） 总长 $=18\times3.725=67.050$（m）

轴线位置	钢筋计算式
⑥⑦Ⓐ Ⓑ	X 方向： $L=3.6+0.15-0.025-1.8-1.1+2\times0.15=1.125$（m） 根数同轴线位置①②Ⓐ Ⓑ，$n=11$（根） 总长$=11\times1.125=12.375$（m） Y 方向： 长度同轴线位置①②Ⓐ Ⓑ，$L=5.125$（m） $n=(1.8-0.15-0.1)/0.2+(1.1+0.025-0.3-0.1)/0.2+2=14$（根） 总长$=14\times5.125=71.750$（m）
②③Ⓒ Ⓓ	X 方向： $L=3.6+0.15-0.025-1.1-1.8+2\times0.15=1.125$（m） 根数同轴线位置②③Ⓐ Ⓑ，$n=11$（根） 总长$=11\times1.125=12.375$（m） Y 方向： 长度同轴线位置②③Ⓐ Ⓑ，$L=5.125$（m） $n=(1.1+0.025-0.3-0.1)/0.2+(1.8-0.15-0.1)/0.2+2=14$（根） 总长$=14\times5.125=71.750$（m）
④⑤Ⓒ Ⓓ	X 方向： $L=6.9+0.175-0.025-2\times1.8+2\times0.15=3.750$（m） 根数同轴线位置④⑤Ⓐ Ⓑ，$n=19$（根） 总长$=19\times3.75=71.250$（m） Y 方向： 长度同轴线位置④⑤Ⓐ Ⓑ，$L=3.725$（m） $n=(1.8-0.175-0.1)/0.2+(1.8+0.025-0.35-0.1)/0.2+2=17$（根） 总长$=17\times3.725=63.325$（m）
⑤⑥Ⓒ	X 方向： $L=7.2+2\times0.025-2\times0.7+2\times0.15=6.150$（m） $n=(1.8-0.15-0.125-0.2)/0.2+1=8$（根） 总长$=8\times6.15=49.200$（m）
⑤Ⓓ	X 方向： $L=3.0+0.175-0.025-1.0-1.25+2\times0.15=1.200$（m） $n=(1.25-0.125-0.1)/0.2+(1.0+0.025-0.3-0.1)/0.2+2=12$（根） 总长$=12\times1.2=14.400$（m） Y 方向： $L=5.1+0.15-0.025-1.0-1.25+2\times0.15=3.275$（m） $n=(1.0+0.025-0.35-0.1)/0.2+(1.25-0.125-0.1)/0.2+2=11$（根） 总长$=11\times3.275=36.025$（m）
⑥Ⓓ	X 方向： $L=4.2+0.15-0.025-2\times1.25+2\times0.15=2.125$（m） $n=(1.25-0.125-0.1)/0.2+(1.25+0.025-0.3-0.1)/0.2+2=13$（根） 总长$=13\times2.125=27.625$（m） Y 方向： $L=5.1+0.15-0.025-1.25-1.25+2\times0.15=3.025$（m） $n=(1.25-0.125-0.1)/0.2+(1.25+0.025-0.35-0.1)/0.2+2=13$（根） 总长$=13\times3.025=39.325$（m）

8.8 楼梯钢筋计算

(1) 楼梯的混凝土强度等级为 C25，抗震等级为三级，钢筋保护层厚度 $c=20\text{mm}$，纵筋为 HRB400，$l_{ab}=l_a=40d$，$l_{abE}=l_{aE}=42d$。

(2) 楼梯钢筋计算包括：梯板钢筋、梁上柱、梯梁。楼梯间平板钢筋计算略。

(3) 梯板不考虑抗震要求；梁上柱与其相连的梯梁组成框架，考虑抗震要求。

(4) 梯板底部钢筋伸入支座长度取 max（梁中线，5d），根据本工程梯板钢筋直径的大小，均取伸至梁中线。

(5) 在支座处梯板上部钢筋伸至端部减去梁保护层厚度再弯折 15d，梁保护层厚度 $c=25\text{mm}$。

(6) 楼梯钢筋计算见表 8-10。

表 8-10   楼梯钢筋计算表

构件	计算式
AT1	斜坡系数 $=(280^2+161.54^2)^{1/2}/280=1.154$
	下部纵筋：$\Phi14@160$ $L=(3.36+0.25)\times1.154=4.166$ (m) $n=(1.6-2\times0.02)/0.16+1=11$（根） 总长 $=11\times4.166=45.826$ (m)
	上部纵筋：$\Phi14@160$ $L=(3.36/4+0.25-0.025)\times1.154+15\times0.014+0.12-2\times0.02=1.519$ (m) $n=2\times[(1.6-2\times0.02)/0.16+1]=22$（根） 总长 $=22\times1.519=33.418$ (m)
	分布筋：$\Phi8@200$ $L=1.6-2\times0.02=1.560$ (m) $n_1=(3.36\times1.154-0.2)/0.2+1=20$（根） $n_2=n_3=(3.36/4\times1.154-0.2/2)/0.2+1=6$（根） $n=20+6+6=32$（根） 总长 $=32\times1.56=49.920$ (m)
BT2	$l_n=3.360$ (m)，$l_{sn}=2.7$ (m)，$l_{1n}=3.36-2.7=0.66$ (m) 斜坡系数 $=(300^2+165^2)^{1/2}/300=1.141$
	下部纵筋：$\Phi14@160$ $L=(2.7+0.125)\times1.141+(0.66+0.125)=4.008$ (m) $n=(1.6-2\times0.02)/0.16+1=11$（根） 总长 $=11\times4.008=44.088$ (m)

构件	计算式
BT2	上部纵筋：Φ 14@160 低端： $L=0.25-0.025+15\times0.014+0.66+40\times0.014=1.655$（m） $n=11$（根） 总长$=11\times1.655=18.205$（m） 弯折处附加钢筋： $L=40\times0.014+2.7/5\times1.141+0.12-2\times0.02=1.256$（m） $n=11$（根） 总长$=11\times1.256=13.816$（m） 高端： $L=(3.36/4+0.25-0.025)\times1.141+15\times0.014+0.12-2\times0.02=1.505$（m） $n=11$（根） 总长$=11\times1.505=16.555$（m）
	分布筋：Φ 8@200 $L=1.56$（m） $n_1=(0.66+2.7\times1.141-0.2)/0.2+1]=19$（根） $n_2=(0.66+2.7/5\times1.141-0.2/2)/0.2+1=7$（根） $n_3=(3.36/4\times1.141-0.2/2)/0.2+1=6$（根） $n=19+7+6=32$（根） 总长$=32\times1.56=49.920$（m）
AT3	斜坡系数$=(300^2+165^2)^{1/2}/300=1.141$
	下部纵筋：Φ 12@150 $L=(2.7+0.25)\times1.141=3.366$（m） $n=(1.6-2\times0.02)/0.15+1=12$（根） 总长$=12\times3.366=40.392$（m） 上部纵筋：$\Phi$ 12@150 $L=(2.7/4+0.25-0.025)\times1.141+15\times0.012+0.12-2\times0.02=1.287$（m） $n=2\times[(1.6-2\times0.02)/0.15+1]=24$（根） 总长$=24\times1.287=30.888$（m）
	分布筋：Φ 8@200 $L=1.560$（m） $n_1=(2.7\times1.141-0.2)/0.2+1]=16$（根） $n_2=n_3=(2.7/4\times1.141-0.2/2)/0.2+1=5$（根） $n=16+5+5=26$（根） 总长$=26\times1.56=40.560$（m）

构件	计算式
LZ1	首层柱高：$H=3.3$（m），$l_{abE}=42d$ 外侧钢筋：$3\,\Phi\,14$ $L=3\times(3.3+0.35-0.04+15\times0.014-0.4+1.5\times42\times0.014)=12.906$（m） 内侧钢筋：$1\,\Phi\,14$ $L=3.3+0.35-0.04+15\times0.014-0.025+12\times0.014=3.963$（m） 总长$=12.906+3.963=16.869$（m） 箍筋：$\Phi\,8@100/200$ $L=2(0.25+0.25)-8\times0.025+25.8\times0.008=1.006$（m） $n_j=2$（根） $H=3.3$（m），$H_n=3.3-0.4=2.9$（m），$H_n/3=2.9/3=0.967$（m） $\max(2.9/6,\ 0.5,\ 0.5)=0.5$（m） $n_1=(0.967-0.05)/0.1+(0.5+0.4)/0.1+(2.9-0.967-0.5)/0.2+1=28$（根） $n=n_j+n_1=2+28=30$（根） 总长$=30\times1.006=30.180$（m）<hr>二层～四层柱高：$H=3.33/2=1.650$（m） 外侧钢筋：$3\,\Phi\,14$ $L=3\times(1.65+0.65-0.025+15\times0.014-0.4+1.5\times42\times0.014)=8.901$（m） 内侧钢筋：$1\,\Phi\,14$ $L=1.65+0.65-0.025+15\times0.014-0.025+12\times0.014=2.628$（m） 总长$=8.901+2.628=11.529$（m） 箍筋：$\Phi\,8@100$ $L=1.006$（m） $n=3\times[(1.65-0.05-0.025)/0.1+1]=51$（根） 总长$=51\times1.006=51.306$（m）
TL1	上部钢筋：$3\,\Phi\,14$ $L=3\times[3.6+2\times(0.15-0.025+15\times0.014)]=12.810$（m） 下部钢筋：$4\,\Phi\,14$ $L=4\times[3.6+2\times(0.15-0.025+15\times0.014)]=17.080$（m） 箍筋：$\Phi\,8@150$ $L=2\times(0.25+0.4)-8\times0.025+25.8\times0.008=1.306$（m） $n=(3.6-2\times0.15-2\times0.05)/0.15+1=23$（根） 总长$=23\times1.306=30.038$（m）
TL2	上部钢筋：$3\,\Phi\,14$ $L=3\times(1.66+0.15-2\times0.025+2\times15\times0.014)=6.540$（m） 下部钢筋：$3\,\Phi\,14$ $L=6.540$（m） 箍筋：$\Phi\,8@150$ $L=2\times(0.25+0.3)-8\times0.025+25.8\times0.008=1.106$（m） $n=(1.66-0.25-0.35-2\times0.05)/0.15+1=8$（根） 总长$=8\times1.106=8.848$（m）
KLA	上部钢筋：$3\,\Phi\,16$ $L=3\times[3.6+0.15+0.25-2\times0.025+2\times15\times0.016]=13.290$（m） 下部钢筋：$3\,\Phi\,16$ $L=13.290$（m） 箍筋：$\Phi\,8@100/200$ $L=2\times(0.2+0.4)-8\times0.025+25.8\times0.008=1.206$（m） $n=2\times[(0.6-0.05)/0.1]+(3.6-0.35-0.25-2\times0.6)/0.2+1=22$（根） 总长$=22\times1.206=26.532$（m）

项目9　工程案例2——剪力墙结构

9.1　工程图纸说明

（1）本工程图纸不是一套完整的图纸，只涉及结构部分的主要构件，包括结构设计总说明、基础施工图，以及局部剪力墙柱、剪力墙梁、剪力墙身、楼层梁、楼板的施工图。

（2）计算顺序：基础→剪力墙柱→剪力墙身→剪力墙连梁→楼层梁。

（3）要注意构件节点处的钢筋构造，如果图纸中给出节点详图，则以此为依据；如果没给出节点详图，则以 16G101 系列图集为依据。

9.2　工　程　图　纸

本工程图纸见图 9-1～图 9-6。

标高 8.900 座梁配筋图

说明：1.未标注梁等柱位（墙）处及定轴线应中布置。

2.图中未注明梁阳加密受均入梁第3级（8900）方梁内锚固至他。

3.当梁的支座为梁时，设计按锚接考虑。

9.3　筏板基础钢筋计算

（1）筏板基础混凝土强度等级为 C35，下部钢筋保护层厚度 $c=50$mm，上部钢筋保护层厚度 $c=25$mm，侧面钢筋保护层厚度 $c=25$mm。

（2）筏板基础端部封边构造采用"纵筋弯钩交错封边方式"。

（3）钢筋连接：当 $d\geqslant16$mm 时采用焊接连接，当 $d\leqslant14$mm 时采用绑扎搭接连接。当 $d\geqslant12$mm 时，要考虑钢筋定长问题，一般情况下钢筋定长为 9m，当钢筋长度大于 9m 时要进行连接。当采用绑扎搭接时，同一区段搭接钢筋面积百分率取 50%，搭接长度取 $l_l=45d$。

（4）基础构件不考虑抗震。

（5）基础钢筋计算见表 9-1。

表 9-1　　　　　　　　　　　　　　基础钢筋计算表

构件	钢筋计算式
BPB	上部通长筋：Φ 20@150 X 向：3 处绑扎搭接 $L_1=29.72+2\times0.8-2\times0.025+2\times[(0.8-0.025-0.05)/2+0.075]+3\times45\times0.02=34.845$（m） $n_1=7.7/0.15+1=53$（根） $L_2=29.72+2\times0.14-2\times0.025+2\times[(0.8-0.025-0.05)/2+0.075]=30.825$（m） $n_2=2\times(2.96/0.15)=40$（根） $L_3=29.72-2\times(0.86+3.3)+2\times1.0-2\times0.025+2\times[(0.8-0.025-0.05)/2+0.075]=24.225$（m） $n_3=0.64/0.15=5$（根） 总长$=53\times34.845+40\times30.825+5\times24.225=3200.910$（m）
	Y 向： $L_1=1.8+3.9+2\times1.0-2\times0.025+2\times[(0.8-0.025-0.05)/2+0.075]=8.525$（m） $n_1=2\times[(0.8-0.14)/0.15]=10$（根） $L_2=12.26+0.16+1.2-2\times0.025+2\times[(0.8-0.025-0.05)/2+0.075]=14.445$（m） $n_2=2\times(3.3/0.15)=44$（根） $L_3=12.26+0.8+1.2-2\times0.025+2\times[(0.8-0.025-0.05)/2+0.075]=15.085$（m） $n_3=[2\times(3.6+3.9+3.2+1.0)]/0.15+1=157$（根） 总长$=10\times8.525+44\times14.445+157\times15.085=3089.175$（m）
	下部通长筋：Φ 20@150，同上部通长筋 X 向：总长$=3176.685$（m） Y 向：总长$=3089.175$（m）
	侧部构造筋：Φ 14@200，10 处绑扎搭接 简化计算取周长：$L=2\times(29.72+2\times0.8+12.26+0.8+1.2-4\times0.025)+10\times45\times0.02=99.960$（m） $n=(0.8-0.025-0.05)/0.2-1=3$（根） 总长$=3\times99.96=299.880$（m）
	板底悬臂附加放射筋： 阳角：7Φ20，共 10 处：$L=10\times7\times2.0=140.000$（m） 阴角：5$\Phi$20，共 6 处：$L=6\times5\times2.0=60.000$（m）

9.4　剪力墙柱（暗柱）钢筋计算

（1）抗震等级为三级，纵筋为 HRB400。

标高 -0.100m 以下：混凝土强度等级 C35，$l_{aE}=34d$，保护层厚度 $c=25\text{mm}$（外墙外侧是 50mm，为了计算方便，均取 25mm）；

标高 -0.100m 以上：混凝土强度等级 C30，$l_{aE}=37d$，保护层厚度 $c=20\text{mm}$。

（2）由于暗柱钢筋直径 $d=12\sim18\text{mm}$，所以钢筋连接统一采用焊接连接。

（3）暗柱钢筋计算包括基础内柱插筋和插筋的箍筋。

（4）暗柱在基础内，因 $h_j-c_j=0.8-0.050=0.750$（m）$>l_{aE}=34d_{max}=34\times0.018=0.612$（m），即基础高度满足直锚，又保护层厚度 $>5d$，故采用"边缘构件纵向钢筋在基础中构造（a）"，插筋在底部弯折后平直段为：$\max(6d_{max},0.150)=\max(6\times0.018,150)=0.150$（m）。

（5）剪力墙柱钢筋计算见表 9 - 2。

表 9 - 2　　　　　　　　　　　　剪力墙柱钢筋计算表

构件	墙柱钢筋计算式
GBZ1	基础层：$H=0.800$（m） $l_{aE}=34d_{max}=34\times0.018=0.612$（m），$\max\{35d,0.5\}=\max\{35\times0.018,0.5\}=0.630$（m） 纵筋：$14\,\underline{\Phi}\,18$ 角部纵筋 7 根：$L=7\times(0.8-0.05+0.15+0.5)+4\times0.63=12.320$（m） 非角部纵筋 7 根：$L=7\times(0.612+0.5)+3\times0.63=9.674$（m） 总长$=12.320+9.674=21.994$（m） 箍筋：$\underline{\Phi}\,6$ $L_1=2\times(0.25+0.54)-8\times0.025+0.15+5.8\times0.006=1.565$（m） $L_2=2\times(0.25+0.7)-8\times0.025+0.15+5.8\times0.006=1.885$（m） $L=1.565+1.885=3.450$（m） $n=\max\{[(0.8-0.05-0.1)/0.5+1],2\}=3$（根） 总长$=3\times3.45=10.350$（m） 地下室（基顶~$-0.100$）：$H=2.600$（m） $\max\{35\times0.018,0.5\}=0.630$（m） 在$-0.100\text{m}$处变截面，因 $\triangle_x=50>30$（mm），故 4 根钢筋弯折 12d 后截断；又，$\triangle_y=10<30$（mm），钢筋可以斜弯通过。 纵筋：$14\,\underline{\Phi}\,18$ $L=10\times2.6=26.000$（m） $L=4\times(2.6-0.5-0.025+12\times0.018)-2\times0.63=7.904$（m） 箍筋：$\underline{\Phi}\,6@150$ $L_1=2\times(0.25+0.54)-8\times0.025+0.15+5.8\times0.006=1.565$（m） $L_2=2\times(0.25+0.7)-8\times0.025+0.15+5.8\times0.006=1.885$（m） $L_3=0.25-2\times0.025+0.15+7.8\times0.006=0.397$（m） $L=1.565+1.885+0.397=3.847$（m） $n=(2.6-0.05)/0.15+1=18$（根） 总长$=18\times3.847=69.246$（m）

构件	墙柱钢筋计算式
GBZ1	一层（−0.100～2.900）：$H=3.000$（m） max $\{35\times0.018,\ 0.5\}=0.630$（m），$l_{aE}=37d_{max}=37\times0.018=0.666$（m） 在−0.100m 处变截面，因 $\triangle_x=50>30$（mm），故 4 根钢筋伸入下层 $1.2l_{aE}$，要弯锚；又， $\triangle_y=10<30$（mm），钢筋可以斜弯通过。 纵筋：14 Φ 18 $L=10\times3.0+[4\times(1.2\times0.666+3.0+0.5)+2\times0.63]=48.457$（m） 箍筋：$\Phi$ 6@150 $L_1=2\times(0.2+0.54)-8\times0.02+0.15+5.8\times0.006=1.505$（m） $L_2=2\times(0.24+0.7)-8\times0.02+0.15+5.8\times0.006=1.905$（m） $L_3=L=2\ \{[(b-2c-2d-D)/\text{间距个数}]\times\text{内箍占间距个数}+D+2d\}+2\ (h-2c)+2max\ (12.9d,\ 75+2.9d)$ $=2\ \{\ [\ (0.7-2\times0.02-2\times0.006-0.018)/4\ ]\times1+0.018+2\times0.006\}\ +2\ (0.24-2\times0.02)+0.15+$ $5.8\times0.006=0.960$（m） $L=1.505+1.905+0.960=4.370$（m） $n=(3.0-0.05)/0.15+1=21$（根） 总长$=21\times4.37=91.770$（m）
	二层（2.900～5.900）：$H=3.000$（m） 纵筋：14 Φ 18 $L=14\times3.0=42.000$（m） 箍筋：Φ 6@150 同一层，总长$=91.770$（m）
	三层（5.900～8.900）：$H=3.000$（m） max $\{35\times0.018,\ 0.5\}=0.630$（m），$l_{aE}=37d_{max}=37\times0.018=0.666$（m） 在 8.900m 处变钢筋根数，下柱多出 4 根钢筋向上伸入 $1.2l_{aE}$，板厚 $h=0.100$（m） 纵筋：14 Φ 18 $L=10\times3.0+[4\times(3.0-0.5-0.1+1.2\times0.666)-2\times0.63]=41.537$（m） 箍筋：$\Phi$ 6@150 同二层，总长$=91.770$（m）
	四层～十层（8.900～29.900）：每层 $H=3.000$（m），共 7 层 纵筋：10 Φ 12 $L=7\times10\times3.0=210.000$（m） 箍筋：$\Phi$ 6@200 $L_1=2\times(0.2+0.54)-8\times0.02+0.15+5.8\times0.006=1.505$（m） $L_2=2\times(0.24+0.7)-8\times0.02+0.15+5.8\times0.006=1.905$（m） $L_3=0.24-2\times0.02+0.15+7.8\times0.006=0.397$（m） $L=1.505+1.905+0.397=3.807$（m） $n=(3.0-0.05)/0.2+1=16$（根） 总长$=7\times16\times3.807=426.384$（m）
	顶层（29.900～32.900）：$H=3.000$（m） max $\{35d,\ 0.5\}=max\ \{35\times0.012,\ 0.5\}=0.500$（m） 纵筋：10 Φ 12 $L=10\times(3.0-0.5-0.02+12\times0.012)-5\times0.5=23.740$（m） 箍筋：$\Phi$ 6@200 同十层，$L=3.807$（m），$n=16$（根） 总长$=16\times3.807=60.912$（m）

构件	墙柱钢筋计算式
GBZ2	基础层：$H=0.800$（m） $l_{aE}=34d_{max}=34\times0.018=0.612$（m），$\max\{35d,0.5\}=\max\{35\times0.018,0.5\}=0.630$（m） 纵筋：8 Φ 18 角部纵筋 4 根：$L=4\times(0.8-0.05+0.15+0.5)+2\times0.63=6.860$（m） 非角部纵筋 4 根：$L=4\times(0.612+0.5)+2\times0.63=5.708$（m） 总长$=6.860+5.708=12.568$（m） 箍筋：Φ 6 $L=2\times(0.25+0.4)-8\times0.025+0.15+5.8\times0.006=1.285$（m） $n=\max\{[(0.8-0.05-0.1)/0.5+1],2\}=3$（根） 总长$=3\times1.285=3.855$（m）
	地下室（基顶～-0.100）：$H=2.600$（m） $\max\{35\times0.018,0.5\}=0.630$（m），$l_{aE}=37d=37\times0.018=0.666$（m） 在-0.100m处变截面和变钢筋根数，因∠$=50>30$（mm），故变截面一侧的 4 根钢筋弯锚，不变截面一侧的 1 根钢筋是下柱多出的钢筋要向上伸入$1.2l_{aE}$，板厚$h=0.100$（m）。 纵筋：8 Φ 18 $L=3\times2.6=7.800$（m） $L=4\times(2.6-0.5-0.025+12\times0.018)-2\times0.63=7.904$（m） $L=1\times(2.6-0.5-0.1+1.2\times0.666)=2.799$（m） 箍筋：Φ 6@150 $L_1=2\times(0.25+0.4)-8\times0.025+0.15+5.8\times0.006=1.285$（m） $L_2=0.25-2\times0.025+0.15+7.8\times0.006=0.397$（m） $L=1.285+0.397=1.682$（m） $n=(2.6-0.05)/0.15+1=18$（根） 总长$=18\times1.682=30.276$（m）
	一层（-0.100～2.900）：$H=3.000$（m） $\max\{35\times0.018,0.5\}=0.630$（m），$l_{aE}=37d_{max}=37\times0.018=0.666$（m） 在-0.100m处变截面，因∠$_x=50>30$（mm），钢筋不能斜弯通过，3 根钢筋伸入下层$1.2l_{aE}$。 纵筋：6 Φ 18 $L=3\times3.0+[3\times(1.2\times0.666+3.0+0.5)+2\times0.63]=23.158$（m） 箍筋：Φ 6@150 $L_1=2\times(0.2+0.4)-8\times0.02+0.15+5.8\times0.006=1.225$（m） $L_2=0.2-2\times0.02+0.15+7.8\times0.006=0.357$（m） $L=1.225+0.357=1.582$（m） $n=(3.0-0.05)/0.15+1=21$（根） 总长$=21\times1.582=33.222$（m）
	二层、三层（2.900～8.900）：每层$H=3.000$（m），共 2 层 纵筋：6 Φ 18 $L=2\times6\times3.0=36.000$（m） 箍筋：Φ 6@150 同一层，$L=1.582$（m），$n=21$（根） 总长$=2\times21\times1.582=66.444$（m）

构件	墙柱钢筋计算式
GBZ2	四层～十层（8.900～29.900）：每层 $H=3.000$（m），共 7 层 纵筋：6 Φ 12 $L=7×6×3.0=126.000$（m） 箍筋：Φ 6@200 同三层，$L=1.582$（m） $n=(3.0-0.05)/0.2+1=16$（根） 总长$=7×16×1.582=177.184$（m）
	顶层（29.900～32.900）：$H=3.000$（m） $\max\{35d, 0.5\}=\max\{35×0.012, 0.5\}=0.500$（m） 纵筋：6 Φ 12 $L=6×(3.0-0.5-0.02+12×0.012)-3×0.5=14.244$（m） 箍筋：$\Phi$ 6@200 同十层，$L=1.582$m，$n=16$（根） 总长$=16×1.582=25.312$（m）
YBZ15	基础层：$H=0.800$（m） $l_{aE}=34d_{\max}=34×0.016=0.544$（m），$\max\{35d, 0.5\}=\max\{35×0.016, 0.5\}=0.560$（m） 纵筋：16 Φ 16 角部纵筋 10 根：$L=10×(0.8-0.05+0.15+0.5)+5×0.56=16.800$（m） 非角部纵筋 6 根：$L=6×(0.544+0.5)+3×0.56=7.944$（m） 总长$=16.8+7.944=24.744$（m） 箍筋：$\Phi$ 8 $L_1=2×(0.2+0.5)-8×0.025+25.8×0.008=1.406$（m） $L_2=2×(0.2+0.7)-8×0.025+25.8×0.008=1.806$（m） $L_3=2×(0.2+0.4)-8×0.025+25.8×0.008=1.206$（m） $L=1.406+1.806+1.206=4.418$（m） $n=\max\{[(0.8-0.05-0.1)/0.5+1], 2\}=3$（根） 总长$=3×4.418=13.254$（m）
	地下室（基顶～-0.100）：$H=2.600$（m） 纵筋：16 Φ 16 $L=16×2.6=41.600$（m） 箍筋：Φ 8@100 同基础层，$L=4.418$（m） $n=(2.6-0.05)/0.1+1=27$（根） 总长$=27×4.418=119.286$（m）
	一层、二层（-0.100～5.900）：每层 $H=3.000$（m），共 2 层 纵筋：16 Φ 16 $L=2×16×3.0=96.000$（m） 箍筋：Φ 8@100 $L_1=2×(0.2+0.5)-8×0.02+25.8×0.008=1.446$（m） $L_2=2×(0.2+0.7)-8×0.02+25.8×0.008=1.846$（m） $L_3=2×(0.2+0.4)-8×0.02+25.8×0.008=1.246$（m） $L=1.446+1.846+1.246=4.538$（m） $n=(3.0-0.05)/0.1+1=31$（根） 总长$=2×31×4.538=281.356$（m）

构件	墙柱钢筋计算式
YBZ15	三层（5.900～8.900）：$H=3.000$（m） 在 8.900m 处变钢筋根数，下柱多出 2 根钢筋。max $\{35\times0.016,\ 0.5\}=0.560$（m） 纵筋：16 ⊕ 16 $L=14\times3.0+[2\times(3.0-0.5-0.02+12\times0.016)-1\times0.56]=46.784$（m） 箍筋：⊕ 8@100 同二层，$L=4.538$m，$n=31$（根） 总长 $=31\times4.538=140.678$（m） 四层～十层（8.900～29.900）：每层 $H=3.000$（m），共 7 层 纵筋：14 ⊕ 12 $L=7\times14\times3.0=294.000$（m） 箍筋：⊕ 6@200 $L_1=2\times(0.2+0.5)-8\times0.02+0.15+5.8\times0.006=1.425$（m） $L_2=2\times(0.2+0.7)-8\times0.02+0.15+5.8\times0.006=1.825$（m） $L_3=2\times(0.2+0.4)-8\times0.02+0.15+5.8\times0.006=1.225$（m） $L_4=0.2-2\times0.02+0.15+7.8\times0.006=0.357$（m） $L=1.425+1.825+1.225+0.357=4.832$（m） $n=(3.0-0.05)/0.2+1=16$（根） 总长 $=7\times16\times4.832=541.184$（m） 顶层（29.900～32.900）：$H=3.000$（m） max $\{35d,\ 0.5\}=$ max $\{35\times0.012,\ 0.5\}=0.500$（m） 纵筋：14 ⊕ 12 $L=14\times(3.0-0.5-0.02+12\times0.012)-7\times0.5=33.236$（m） 箍筋：⊕ 6@200 同十层，$L=4.832$m，$n=16$（根） 总长 $=16\times4.832=77.312$（m）
YBZ16	基础层：$H=0.800$（m） $l_{aE}=34d_{max}=34\times0.014=0.476$（m），max $\{35d,\ 0.5\}=$max $\{35\times0.014,\ 0.5\}=0.500$（m） 纵筋：14 ⊕ 14 角部纵筋 7 根：$L=7\times(0.8-0.05+0.15+0.5)+4\times0.5=11.800$（m） 非角部纵筋 7 根：$L=7\times(0.476+0.5)+3\times0.5=8.332$（m） 总长 $=11.8+8.332=20.132$（m） 箍筋：⊕ 8 $L_1=2\times(0.2+0.5)-8\times0.025+25.8\times0.008=1.406$（m） $L_2=2\times(0.2+0.7)-8\times0.025+25.8\times0.008=1.806$（m） $L=1.406+1.806=3.212$（m） $n=$max $\{[(0.8-0.05-0.1)/0.5+1],\ 2\}=3$（根） 总长 $=3\times3.212=9.636$（m）

续表

构件	墙柱钢筋计算式
	地下室（基顶～—0.100）：$H=2.600$（m） 纵筋：$14 \oplus 14$ $L=14×2.6=36.400$（m） 箍筋：$\oplus 8@100$ $L_1=2×(0.2+0.5)-8×0.025+25.8×0.008=1.406$（m） $L_2=2×(0.2+0.7)-8×0.025+25.8×0.008=1.806$（m） $L_3=L=2\{[(b-2c-2d-D)/间距个数]×内箍占间距个数+D+2d\}+2(h-2c)+2\max(12.9d,75+2.9d)$ $=2\{[(0.7-2×0.025-2×0.008-0.014)/4]×1+0.014+2×0.008\}+2(0.2-2×0.025)+2×12.9×0.008=0.876$（m） $L=1.406+1.806+0.876=4.088$（m） $n=(2.6-0.05)/0.1+1=27$（根） 总长$=27×4.088=110.376$（m）
YBZ16	一层、二层（—0.100～5.900）：每层$H=3.000$（m），共2层 纵筋：$14 \oplus 14$ $L=2×14×3.0=84.000$（m） 箍筋：$\oplus 8@100$ $L_1=2×(0.2+0.5)-8×0.02+25.8×0.008=1.446$（m） $L_2=2×(0.2+0.7)-8×0.02+25.8×0.008=1.846$（m） $L_3=L=2\{[(b-2c-2d-D)/间距个数]×内箍占间距个数+D+2d\}+2(h-2c)+2\max(12.9d,75+2.9d)$ $=2\{[(0.7-2×0.02-2×0.008-0.014)/4]×1+0.014+2×0.008\}+2(0.2-2×0.02)+2×12.9×0.008=0.901$（m） $L=1.446+1.846+0.901=4.193$（m） $n=(3.0-0.05)/0.1+1=31$（根） 总长$=2×31×4.193=259.966$（m）
	三层（5.900～8.900）：$H=3.000$（m） 在8.900m处变钢筋根数，下柱多出4根钢筋。$\max\{35×0.014,0.5\}=0.500$（m） 纵筋：$14 \oplus 14$ $L=10×3.0+[4×(3.0-0.5-0.02+12×0.014)-2×0.5]=39.592$（m） 箍筋：$\oplus 8@100$ 同二层，$L=4.193$（m），$n=31$（根） 总长$=31×4.193=129.983$（m）
	四层～十层（8.900～29.900）：每层$H=3.000$（m），共7层 纵筋：$10 \oplus 12$ $L=7×10×3.0=210.000$（m） 箍筋：$\oplus 6@200$ $L_1=2×(0.2+0.5)-8×0.02+0.15+5.8×0.006=1.425$（m） $L_2=2×(0.2+0.7)-8×0.02+0.15+5.8×0.006=1.825$（m） $L_3=0.2-2×0.02+0.15+7.8×0.006=0.357$（m） $L=1.425+1.825+0.357=3.607$（m） $n=(3.0-0.05)/0.2+1=16$（根） 总长$=7×16×3.607=403.984$（m）

构件	墙柱钢筋计算式
YBZ16	顶层（29.900～32.900）：$H=3.000$ （m） max $\{35d, 0.5\}=$max $\{35\times0.012, 0.5\}=0.500$ （m） 纵筋：10 Φ 12 $L=10\times(3.0-0.5-0.02+12\times0.012)-5\times0.5=23.740$ （m） 箍筋：Φ 6@200 同十层，$L=3.607$ （m），$n=16$ （根） 总长$=16\times3.607=57.712$ （m）
YBZ18	基础层：$H=0.800$ （m） $l_{aE}=34d_{max}=34\times0.012=0.408$ （m），max $\{35d, 0.5\}=$max $\{35\times0.012, 0.5\}=0.500$ （m） 纵筋：12 Φ 12 角部纵筋7根：$L=7\times(0.8-0.05+0.15+0.5)+4\times0.5=10.800$ （m） 非角部纵筋5根：$L=5\times(0.408+0.5)+2\times0.5=5.540$ （m） 总长$=10.8+5.54=16.340$ （m） 箍筋：Φ 6 $L=2\times[2\times(0.2+0.5)-8\times0.025+0.15+5.8\times0.006]=2.770$ （m） $n=$max $\{[(0.8-0.05-0.1)/0.5+1], 2\}=3$ （根） 总长$=3\times2.77=8.310$ （m）
	地下室（基顶～−0.100）：$H=2.600$ （m） 纵筋：12 Φ 12 $L=12\times2.6=31.200$ （m） 箍筋：Φ 6@150 同基础层，$L=2.770$ （m） $n=(2.6-0.05)/0.15+1=18$ （根） 总长$=18\times2.77=49.860$ （m）
	一层、二层（−0.100～5.900）：每层 $H=3.000$ （m），共2层 纵筋：12 Φ 12 $L=2\times12\times3.0=72.000$ （m） 箍筋：Φ 6@150 同地下室层，$L=2.770$ （m） $n=(3.0-0.05)/0.15+1=21$ （根） 总长$=2\times21\times2.770=116.340$ （m）
	三层（5.900～8.900）：$H=3.000$ （m） 在8.900m处变钢筋根数，下柱多出4根钢筋。max $\{35\times0.012, 0.5\}=0.500$ （m） 纵筋：12 Φ 12 $L=8\times3.0+[4\times(3.0-0.5-0.02+12\times0.012)-2\times0.5]=33.496$ （m） 箍筋：Φ 6@150 同二层，$L=2.850$ （m），$n=21$ （根） 总长$=21\times2.850=59.850$ （m）
	四层～十层（8.900～29.900）：每层 $H=3.000$ （m），共7层 纵筋：8 Φ 12 $L=7\times8\times3.0=168.000$ （m） 箍筋：Φ 6@200 同三层，$L=2.850$ （m） $n=(3.0-0.05)/0.2+1=16$ （根） 总长$=7\times16\times2.850=319.200$ （m）

构件	墙柱钢筋计算式
YBZ18	顶层（29.900~32.900）：$H=3.000$（m） $\max\{35d, 0.5\}=\max\{35\times0.012, 0.5\}=0.500$（m） 纵筋：8⊕12 $L=8\times(3.0-0.5-0.02+12\times0.012)-4\times0.5=18.992$（m） 箍筋：⊕6@200 同十层，$L=2.850$（m），$n=16$（根） 总长$=16\times2.850=45.600$（m）

9.5 剪力墙身钢筋计算

（1）抗震等级为三级，纵筋为 HRB400。

标高−0.100m 以下：混凝土强度等级 C35，$l_{aE}=34d$，保护层厚度 $c=25$mm（外墙外侧是 50mm，为了计算方便，均取 25mm）；

标高−0.100m 以上：混凝土强度等级 C30，$l_{aE}=37d$，保护层厚度 $c=15$mm。

（2）这里讨论的墙柱均为暗柱（直形或 L 形暗柱），无端柱，故钢筋均伸至暗柱端部弯折 $10d$ 或 $15d$。

（3）钢筋连接采用绑扎搭接连接。

（4）因 $h_j-c_j=0.8-0.05=0.750$（m）$>l_{aE}=34d=34\times0.01=0.340$（m），基础高度满足直锚，故墙身竖向分布钢筋在基础中构造选用（a）中 1−1 剖面的弯折长度 $\max\{6d, 0.15\}=0.150$（m）。

（5）剪力墙身钢筋计算见表 9-3 和表 9-4。

表 9-3   **Q1（②ⒻⒼ轴）钢筋计算表**

位置	钢筋计算式
基础层	净长 $l_n=0.760$（m），墙厚$=0.250$（m），左支座长$=0.400$（m），右支座长$=0.540$（m）
	1. 水平分布筋：⊕10@200 $L=0.76+0.4+0.54-2\times0.025+2\times10\times0.01=1.850$（m） $n=\max\{2, (0.8-0.1-0.05/0.5)+1\}=3$（根） 总长$=2\times3\times1.85=11.100$（m） 2. 竖向分布筋：⊕10@200 弯锚的钢筋：$L=0.8+0.15-0.05+1.2\times34\times0.01=1.308$（m） 直锚的钢筋：$L=(1+1.2)\times34\times0.01=0.748$（m） $n=(0.76-2\times0.1)/0.2+1=4$（根） 端部 2 根钢筋弯锚，中间 2 根钢筋直锚 竖向钢筋 2 排，故 4 根钢筋弯锚，4 根钢筋直锚 总长$=4\times(1.308+0.748)=8.224$（m）
	拉筋：⊕6@400（梅花状） $L=0.25-2\times0.025+17.8\times0.006=0.307$（m） $n=6$ 根（基础内画出草图——数出） 总长$=6\times0.307=1.842$（m）

续表

位置	钢筋计算式
地下室 （基顶～ −0.100）	净长 l_n=0.760（m），墙厚=0.250（m），左支座长=0.400（m），右支座长=0.540（m） 在−0.100m 处变截面，因 $\triangle_x$=50>30（mm），故变截面一侧竖向钢筋要弯折 $12d$ 后截断。 1. 水平分布筋：Φ 10@200 同基础层，L=1.850（m） n=（2.6−0.05）/0.2+1=14（根） 总根数=2×14=28（根） 2. 竖向分布筋：Φ 10@200 每侧钢筋根数 n=（0.76−2×0.1）/0.2+1=4（根） 不变截面一侧：L=2.6+1.2×34×0.01=3.008（m） 变截面一侧：L=2.6−0.025+12×0.01=2.695（m） 总长=28×1.85+4×（3.008+2.695）=74.612（m）
	拉筋：Φ 6@400（梅花状） 同基础层，L=0.307（m） n=2×［0.76×2.6/（0.4×0.4）］=26（根） 总长=26×0.307=7.982（m）
一层 （−0.100 ～2.900）	净长 l_n=0.760（m），墙厚=0.200（m），左支座长=0.400（m），右支座长=0.540（m） 在−0.100（m）处变截面，$\triangle_x$=50>30（mm），变截面一侧竖向钢筋伸入下层 $1.2l_{aE}$，向上伸出 $1.2l_{aE}$。 1. 水平分布筋：Φ 8@200 L=0.76+0.4+0.54−2×0.015+2×10×0.008=1.830（m） n=2×［（3−0.05）/0.2+1］=32（根） 总长=32×1.83=58.560（m） 2. 竖向分布筋：Φ 10@200 每侧钢筋根数 n=（0.76−2×0.1）/0.2+1=4（根） 不变截面一侧：L=3+1.2×37×0.01=3.444（根） 变截面一侧：L=（3+1.2×37×0.01）+2×1.2×37×0.01=4.332（m） 总长=4×（3.444+4.332）=31.104（m）
	拉筋：Φ 6@400（梅花状） L=0.2−2×0.015+17.8×0.006=0.277（m） n=2×3×0.76/（0.4×0.4）=29（根） 总长=29×0.277=8.033（m）
标准层 （2.900～ 29.900）	净长 l_n=0.760m，墙厚=0.200m，左支座长=0.400m，右支座长=0.540（m） 1. 水平分布筋：Φ 8@200 同一层，L=1.830（m），n=32（m）。 总长=9×32×1.83=527.040（m） 2. 竖向分布筋：Φ 10@200 L=3+1.2×37×0.01=3.444（m） n=2×［（0.76−2×0.1）/0.2+1］=8（根） 总长=9×8×3.444=247.968（m）
	拉筋：Φ 6@400（梅花状） 同一层，L=0.277m，n=29（根） 总长=9×29×0.277=72.297（m）

续表

位置	钢筋计算式
顶层 (29.900~ 32.900)	净长 $l_n=0.760$（m），墙厚=0.200（m），左支座长=0.400（m），右支座长=0.540（m） 1. 水平分布筋：Φ 8@200 同标准层，$L=1.830$m，$n=32$（根） 总长=$32\times1.83=58.560$（m） 2. 竖向分布筋：Φ 10@200 $L=3-0.015+12\times0.01=3.105$（m） $n=2\times[(0.76-2\times0.1)/0.2+1]=8$（根） 总长=$8\times3.105=24.840$（m）
	拉筋：Φ 6@400（梅花状） 同一层，总长=8.033（m）

表 9 - 4　　　　　　　　　**Q2（④Ⓕ-Ⓖ轴）钢筋计算表**

位置	钢筋计算式
	净长 $l_n=1.960$（m），墙厚=0.200（m），左支座长=0.500（m），右支座长=0.540（m）
基础层	1. 水平分布筋：Φ 10@200 $L=1.96+0.5+0.54-2\times0.025+2\times10\times0.01=3.150$（m） $n=\max\{2,[0.8-0.1-0.05/0.5]+1\}=3$（根） 总长=$2\times3\times3.15=18.900$（m） 2. 竖向钢筋：$\Phi$ 10@200 弯锚的钢筋：$L=0.8+0.15-0.05+1.2\times34\times0.01=1.308$（m） 直锚的钢筋：$L=(1+1.2)\times34\times0.01=0.748$（m） $n=(1.96-2\times0.1)/0.2+1=10$（根） 端部 2 根钢筋弯锚，再根据"隔二下一"原则，共弯锚 4 根钢筋，其余 6 根钢筋直锚。2 排竖向钢筋。 总长=$2\times(4\times1.308+6\times0.748)=19.440$（m）
	拉筋：Φ 6@400（梅花状） $L=0.2-2\times0.025+17.8\times0.006=0.257$（m） $n=15$ 根（基础内画出草图——数出） 总长=$15\times0.257=3.855$（m）
地下室	1. 水平分布筋：Φ 10@200 同基础层，$L=3.150$（m） $n=2\times[(2.6-0.05)/0.2+1]=28$（根） 总长=$28\times3.15=88.200$（m） 2. 竖向钢筋：$\Phi$ 10@200 $L=2.6+1.2\times34\times0.01=3.008$（m） $n=2\times[(1.96-2\times0.1)/0.2+1]=20$（根） 总长=$20\times3.008=60.160$（m）
	拉筋：Φ 6@400（梅花状） $L=0.2-2\times0.025+17.8\times0.006=0.257$（m） $n=2\times1.96\times2.6/(0.4\times0.4)=64$（根） 总长=$64\times0.257=16.448$（m）

位置	钢筋计算式
一、二层 （-0.100 ~5.900）	1. 水平分布筋：Φ8@200 $L=1.96+0.5+0.54-2\times0.015+2\times10\times0.008=3.130$（m） $n=2\times[(3-0.05)/0.2+1]=32$（根） 总长$=2\times32\times3.13=200.320$（m） 2. 竖向钢筋：Φ10@200 $L=3+1.2\times37\times0.01=3.444$（m） 同地下室，$n=20$（根） 总长$=2\times20\times3.444=137.760$（m）
	拉筋：Φ6@400（梅花状） $L=0.2-2\times0.015+17.8\times0.006=0.277$（m） $n=2\times1.96\times3/(0.4\times0.4)=74$（根） 总长$=2\times74\times0.277=40.996$（m）
标准层 （5.900~ 29.900）	1. 水平分布筋：Φ8@200 同一层，$L=3.130$m，$n=32$（根） 总长$=8\times32\times3.13=801.280$（m） 2. 竖向钢筋：Φ10@200 同一层，$L=3.444$ m，$n=20$（根） 总长$=8\times20\times3.444=551.040$（m）
	拉筋：Φ6@600（梅花状） 同一层，$L=0.277$（m） $n=2\times1.96\times3/(0.6\times0.6)=33$（根） 总长$=8\times33\times0.277=73.128$（m）
顶层 （29.900~ 32.900）	1. 水平分布筋：Φ8@200 同十层，$L=3.130$（m），$n=32$（根） 总长$=32\times3.13=100.160$（m） 2. 竖向钢筋：Φ10@200 $L=3-0.015+1.2\times0.01=2.997$（m） 同十层，$n=20$（根） 总长$=20\times2.997=59.940$（m） 拉筋：Φ6@600（梅花状） 同十层，$L=0.277$（m） $n=2\times1.96\times3/(0.6\times0.6)=33$（根） 总长$=33\times0.277=9.141$（m）

9.6　剪力墙梁钢筋计算

（1）剪力墙混凝土强度等级为 C30，剪力墙梁只有连梁，连梁钢筋保护层厚度取 $c=$ 15mm，抗震等级为三级，纵筋为 HRB400，混凝土强度等级 C35 时，$l_{abE}=l_{aE}=34d$；C30 时，$l_{abE}=l_{aE}=37d$。

（2）剪力墙连梁钢筋计算见表 9-5 和表 9-6。

表 9 - 5 　　　　　　　　　　**LL1（②轴）钢筋计算表**

标高	钢筋计算式
−0.100	净长 $l_n=0.900$（m），左支座长 0.400（m），$l_{aE}=34d=34\times0.018=0.612$（m），左支座弯锚，右支座直锚。 纵筋：上下各 2Φ18 $L=0.9+0.4-0.015+15\times0.018+0.612=2.167$（m） $n=4$（根） 总长 $=4\times2.167=8.668$（m） 净长 $l_n=0.900$（m），左支座长 0.400（m），$l_{aE}=34d=34\times0.01=0.340$（m），左、右支座均直锚。 梁侧腰筋：每侧 2Φ10 $L=0.9+2\times0.34=1.580$（m） $n=4$（根） 总长 $=4\times1.58=6.320$（m） 箍筋：Φ8@100 $L=2\times(0.25+0.4)-8\times0.015+25.8\times0.008-4\times0.01=1.346$（m） $n=(0.9-2\times0.05)/0.1+1=9$（根） 总长 $=9\times1.346=12.114$（m） 拉筋：Φ6@200 $L=0.25-2\times0.015+17.8\times0.006=0.327$（m） 横向根数：$n=(0.9-2\times0.05)/0.2+1=5$（根） 纵向根数：$n=2$（根） 总根数 $=5\times2=10$（根） 总长 $=10\times0.327=3.270$（m）
2.900~ 29.900	净长 $l_n=0.900$（m），左支座长 0.400（m），$l_{aE}=37d=37\times0.016=0.592$（m），左支座弯锚，右支座直锚。 纵筋：上下各 2Φ16 $L=0.9+0.4-0.015+15\times0.016+0.592=2.117$（m） $n=4$（根） 总长 $=10\times4\times2.117=84.680$（m） 净长 $l_n=0.900$（m），左支座长 0.400（m），$l_{aE}=37d=37\times0.01=0.370$（m），左、右支座均直锚。 梁侧腰筋：每侧 2Φ10 $L=0.9+2\times0.37=1.640$（m） $n=4$（根） 总长 $=4\times1.64=6.560$（m） 箍筋：Φ8@100 $L=2\times(0.2+0.4)-8\times0.015+25.8\times0.008-4\times0.01=1.246$（m） $n=(0.9-2\times0.05)/0.1+1=9$（根） 总长 $=10\times9\times1.246=112.140$（m） 拉筋：Φ6@200 $L=0.2-2\times0.015+17.8\times0.006=0.277$（m） 横向根数：$n=(0.9-2\times0.05)/0.2+1=5$（根） 竖向根数：$n=2$（根） 总根数 $=2\times5=10$（根） 总长 $=10\times10\times0.277=27.7$（m）

标高	钢筋计算式
32.900	净长 $l_n=0.900$（m），左支座长 0.400（m），$l_{aE}=37d=37\times0.016=0.592$（m），左支座弯锚，右支座直锚 纵筋：上下各 2 ⊉ 16 $L=0.9+0.4-0.015+15\times0.016+0.592=2.117$（m） $n=4$（根） 总长 $L=4\times2.117=8.468$（m）
	梁侧腰筋：每侧 2 ⊉ 10 同 29.900 标高处，总长=6.560（m）
	箍筋：⊉ 8@100 $L=2\times(0.2+0.4)-8\times0.015+25.8\times0.008-4\times0.01=1.246$（m） $n=(0.4-0.015-0.1)/0.15+(0.9-0.1)/0.1+(0.592-0.1)/0.15+1=15$（根） 总长=$15\times1.246=18.690$（m）
	拉筋：⊉ 6@200 $L=0.2-2\times0.015+17.8\times0.006=0.277$（m） 横向根数：$n=(0.4-0.015-0.1)/0.3+(0.9-0.1)/0.2+(0.592-0.1)/0.3+1=8$（根） 竖向根数：$n=2$（根） 总根数=$2\times8=16$（根） 总长=$16\times0.277=4.432$（m）

表 9-6　　　　　　　　　**LL3（⑥轴）钢筋计算表**

标高	钢筋计算式
−0.100	净长 $l_n=1.000$（m），左支座长 0.500（m），$l_{aE}=34d=34\times0.018=0.612$（m），左支座弯锚，右支座直锚。 纵筋：上下各 2 ⊉ 18 $L=1+0.5-0.015+15\times0.018+0.612=2.367$（m） $n=4$（根） 总长=$4\times2.367=9.468$（m）
	净长 $l_n=1.000$（m），左支座长 0.500（m），$l_{aE}=34d=34\times0.01=0.340$（m），左、右支座均直锚。 梁侧腰筋：每侧 2 ⊉ 10 $L=1.0+2\times0.34=1.680$（m） $n=4$（根） 总长=$4\times1.68=6.720$（m）
	箍筋：⊉ 8@100 $L=2\times(0.2+0.4)-8\times0.015+25.8\times0.008-4\times0.01=1.246$（m） $n=(1-2\times0.05)/0.1+1=10$（根） 总长=$10\times1.246=12.460$（m）
	拉筋：⊉ 6@200 $L=0.2-2\times0.015+17.8\times0.006=0.277$（m） 横向根数：$n=(1-2\times0.05)/0.2+1=6$（根） 纵向根数：$n=2$（根） 总根数=$6\times2=12$（根） 总长=$12\times0.277=3.324$（m）

标高	钢筋计算式
2.900~29.900	净长 l_n=1.000（m），左支座长 0.500（m），l_{aE}=37d=37×0.018=0.666（m），左支座弯锚，右支座直锚。 纵筋：上下各 2⌀18 L=1+0.5−0.015+15×0.018+0.666=2.421（m） n=4（根） 总长=10×4×2.421=96.840（m）
	净长 l_n=1.000（m），左支座长 0.500（m），l_{aE}=37d=37×0.01=0.370（m），左、右支座均直锚。 梁侧腰筋：每侧 2⌀10 L=1.0+2×0.37=1.740（m） n=4（根） 总长=4×1.74=6.960（m）
	箍筋：⌀8@100 同−0.0100 标高处，L=1.246（m），n=10（根） 总长=10×10×1.246=124.600（m）
	拉筋：⌀6@200 同−0.0100 标高处，L=0.277（m），n=12（根） 总长=10×12×0.277=33.240（m）
32.900	纵筋：上下各 2⌀18 同 29.900 标高处，L=2.421（m），n=4（根） 总长=4×2.421=9.684（m）
	梁侧腰筋：每侧 2⌀10 同 29.900 标高处，总长=4×1.74=6.960（m）
	箍筋：⌀8@100 同 29.900 标高处，L=1.246（m），n=(0.5−0.015−0.1)/0.15+(1.0−0.1)/0.1+(0.666−0.1)/0.15+1=17（根） 总长=17×1.246=21.182（m）
	拉筋：⌀6@200 同 29.900 标高处，L=0.277（m），n=12（根） 总长=12×0.277=3.324（m）

9.7 楼 层 梁 钢 筋 计 算

（1）本工程在 8.900m 标高处，剪力墙混凝土强度等级为 C30，梁钢筋保护层厚度取c=20mm，抗震等级为三级，纵筋为 HRB400，l_{ab}=l_a=35d，l_{abE}=l_{aE}=37d。

（2）本工程在剪力墙结构中设有框架梁、非框架梁以及悬挑梁，在标高 8.900m 处钢筋计算见表 9-7。

表 9 - 7   **楼层梁（标高 8.900m）钢筋计算表**

构件	钢筋计算式
KL1 ①轴	净长 $l_n=3.280$（m），$l_{aE}=37d=37\times0.016=0.592$（m） 左支座长 0.55（m），左端弯锚；右支座长 0.62（m），右端直锚。 上部通长筋：2 ⫟ 16 $L=2\times(3.28+0.55-0.02+15\times0.016+0.592)=9.284$（m） 上部非通长筋：1 ⫟ 16 $L=(3.28/3+0.55-0.02+15\times0.016)+(3.28/3+0.592)=3.549$（m）
	下部纵筋：3 ⫟ 16 $L=3\times(3.28+0.55-0.02+15\times0.016+0.592)=13.926$（m）
	箍筋：⫟ 8@100/200 $L=2\times(0.2+0.4)-8\times0.02+25.8\times0.008=1.247$（m） $n=2\times[(1.5\times0.4-0.05)/0.1]+(3.28-2\times1.5\times0.4)/0.2+1=24$（根） 总长度：$L=24\times1.246=29.904$（m）
KL2 ③轴	净长 $l_n=3.800$（m） 左端直锚 $l_{aE}=37d=37\times0.014=0.518$（m） 右支座为梁，设计按铰接考虑，$l_{ab}=35\times0.014=0.490$（m）＞梁宽 0.200（m），需弯锚，$0.35l_{ab}=0.35\times35\times0.014=0.172$＜梁宽 0.200（m）。 上部通长筋：2 ⫟ 14，净长 $l_n=3.800$（m） $L=2\times(3.8+0.518+0.2-0.02+15\times0.014)=9.416$（m） 左支座负筋：2 ⫟ 14 $L=2\times(3.8/3+0.518)=3.569$（m） 右支座负筋：1 ⫟ 14 $L=3.8/5+0.2-0.02+15\times0.014=1.150$（m）
	下部纵筋：3 ⫟ 14 $L=3\times(0.518+3.8+12\times0.014)=13.458$（m）
	箍筋：⫟ 8@100/200，左端加密右端不加密，有附加箍筋 $L=2\times(0.2+0.4)-8\times0.02+25.8\times0.008=1.246$（m） $n=(1.5\times0.4-0.05)/0.1+(3.8-1.5\times0.4-0.05)/0.2+1+6=29$（根） 总长 $L=29\times1.246=36.134$（m）
KL3 ④轴左	净长 $l_n=1.700$（m），$l_{aE}=37d=37\times0.016=0.592$（m） 左支座长 0.5（m），右支座长 0.4（m），均弯锚。 上部通长筋：2 ⫟ 16 $L=2\times(1.7+0.5+0.4-2\times0.02+2\times15\times0.016)=6.080$（m） 左支座负筋：1 ⫟ 16 $L=1.7/3+0.5-0.02+15\times0.016=1.287$（m）
	下部纵筋：3 ⫟ 14 $l_{aE}=37d=37\times0.014=0.518$（m） $L=3\times(1.7+0.5+0.4-2\times0.02+2\times15\times0.014)=8.940$（m）
	箍筋：⫟ 8@75 $L=2\times(0.2+0.3)-8\times0.02+25.8\times0.008=1.046$（m） $n=(1.7-0.05\times2)/0.075+1=23$（根） 总长度 $L=23\times1.046=24.058$（m）

构件	钢筋计算式
KL8 ⑨轴	净长 $l_n=3.200$（m），净挑长 $l=0.900$（m），$h_b=0.350$（m），$l<4h_b$，上部筋在端部不弯下。 左支座直锚 $l_{aE}=37d=37\times0.016=0.592$（m） 上部通长筋：3 ⊈ 16 $L=3\times(0.592+3.3+1.0+0.35-3\times0.02)=15.546$（m）
	下部纵筋： 框架部分：4 ⊈ 14，右支座为梁 $L=4\times(3.2+0.592+12\times0.014)=13.452$（m） 悬挑部分：2 ⊈ 14 $L=2\times(0.9+15\times0.014-0.02)$ $=2.180$（m）
	箍筋： $L=2\times(0.2+0.35)-8\times0.02+25.8\times0.008=1.146$（m） 框架部分：⊈ 8@100/200，左端加密右端不加密 $n=(1.5\times0.35-0.05)/0.1+(3.2-1.5\times0.35-0.05)/0.2+1=20$（根） 悬挑部分：⊈ 8@100 $n=(0.9-0.05-0.02)/0.1+1=10$（根） 总长度：$(20+10)\times1.146=34.380$（m）
KL20 ⓖ轴	$l_n=4.8-0.35-0.45=4.000$（m），$l_{aE}=37d=37\times0.016=0.592$（m） 左支座长=0.450（m），右支座长=0.550（m），需弯锚。 上部通长筋：2 ⊈ 16 $L=2\times(4.8+2\times0.1-2\times0.02+2\times15\times0.016)=10.880$（m） 右支座负筋：1 ⊈ 14 $L=4.0/3+0.55-0.02+15\times0.014=2.073$（m） 下部通长筋：3 ⊈ 18 $L=3\times(4.8+2\times0.1-2\times0.02+2\times15\times0.018)=16.500$（m）
	侧面受扭钢筋：2 ⊈ 12 左支座长=0.450（m），右支座长=0.550（m），$l_{aE}=37d=37\times0.012=0.444$（m），可以直锚。 $L=2\times(4.0+2\times0.444)=9.776$（m） 拉筋：⊈ 6@400 $L=0.2-2\times0.02+0.15+7.8\times0.006=0.357$（m） $n=(4.0-0.1)/0.4+1=11$（根） 拉筋总长：$11\times0.357=3.927$（m）
	箍筋：⊈ 8@100/200，两处有附加箍筋，共 12（根） $L=2\times(0.2+0.4)-8\times0.2+25.8\times0.008=1.264$（m） $n=2\times[(0.6-0.05)/0.1]+(4.0-2\times0.6)/0.2+1+12=39$（根） 总长：$L=39\times1.264=49.296$（m）
L4 ⓗ轴	上部通长筋：2 ⊈ 14 $L=2\times(2.7+2\times0.7+2\times0.1+2\times0.3-6\times0.02)=9.560$（m） 下部通长筋：2 ⊈ 14 $L=2\times(2.7+2\times0.7+2\times0.1-2\times0.02)=8.520$（m）
	箍筋：⊈ 6@150 $L=2(0.2+0.3)-8\times0.02+15.8\times0.006=0.935$（m） $n=2\times[(0.7-0.05-0.02)/0.15]+2.5/0.15+1=28$（根） 箍筋总长：$28\times0.935=26.180$（m）

构件	钢筋计算式
XL1 ④⑥ 轴旁	净挑长 $l=1.200$（m），$h_b=0.300$（m），$l=4h_b$，上部中筋在端部斜弯下。 左支座直锚 $l_{aE}=37d=37\times0.016=0.592$（m）。 上部角筋：2 Φ 16 $L=2\times(1.2+0.592+0.3-3\times0.02)=4.064$（m） 上部中筋：1 Φ 16 $L=0.592+1.2-0.02+(0.3-2\times0.02)\times0.414=1.880$（m） 下部通长筋：2 Φ 14 $L=2\times(1.2+15\times0.014-0.02)=2.780$（m）
	箍筋：Φ 8@75 $L=2(0.2+0.3)-8\times0.02+15.8\times0.008=0.966$（m） $n=(1.2-0.05-0.02)/0.075+1=17$（根） 箍筋总长：$0.966\times17=16.422$（m）

附　　　录

钢筋理论质量及截面面积表

钢筋直径 d （mm）	单根钢筋理论质量 （kg/m）	在下列钢筋根数时钢筋截面面积 A_S （mm²）								
		一根	二根	三根	四根	五根	六根	七根	八根	九根
6	0.222	28.3	57	85	113	141	170	198	226	255
8	0.395	50.3	101	151	201	251	302	352	402	452
10	0.617	78.5	157	236	314	393	471	550	628	707
12	0.888	113.1	226	339	452	566	679	792	905	1018
14	1.208	153.9	308	462	616	770	924	1078	1232	1385
16	1.578	201.1	402	603	804	1005	1206	1407	1608	1810
18	1.998	254.5	509	763	1018	1272	1527	1781	2036	2290
20	2.466	314.2	628	942	1256	1570	1885	2199	2513	2827
22	2.984	380.1	760	1140	1520	1900	2281	2661	3041	3421
25	3.853	490.9	982	1473	1964	2454	2945	3436	3927	4418
28	4.834	615.8	1232	1847	2463	3079	3695	4310	4926	5542
32	6.313	804.2	1609	2413	3217	4021	4826	5630	6434	7238

参 考 文 献

[1] 中国建筑标准设计研究院.混凝土结构施工图平面整体表示方法制图规则和构造详图（现浇混凝土框架、剪力墙、梁、板）(16G101-1).北京：中国计划出版社，2016.

[2] 中国建筑标准设计研究院.混凝土结构施工图平面整体表示方法制图规则和构造详图（现浇混凝土板式楼梯）(16G101-2).北京：中国计划出版社，2016.

[3] 中国建筑标准设计研究院.混凝土结构施工图平面整体表示方法制图规则和构造详图（独立基础、条形基础、筏形基础及桩基承台）(16G101-3).北京：中国计划出版社，2016.

[4] 中国建筑标准设计研究院.混凝土结构施工钢筋排布规则与构造详图（现浇混凝土框架、剪力墙、框架——剪力墙）(12G901-1).北京：中国计划出版社，2012.

[5]《建筑施工手册（第五版）》编委会.建筑施工手册.5版.北京：中国建筑工业出版社，2011.

[6] 陈青来.钢筋混凝土结构平法设计与施工规则.北京：中国建筑工业出版社，2007.

[7] 陈达飞.平法识图与钢筋计算释疑解惑.北京：中国建筑工业出版社，2007.

[8] 金燕.混凝土结构识图与钢筋计算.4版.北京：中国电力出版社，2017.